世界の食料生産と
バイオマスエネルギー
WORLD FOOD PRODUCTION AND BIOMASS ENERGY

2050年の展望

川島博之 [著]

東京大学出版会

World Food Production and Biomass Energy :
The Outlook for 2050

Hiroyuki KAWASHIMA
University of Tokyo Press, 2008
ISBN978-4-13-072102-8

はじめに

　近年，石油価格の高騰にともなってバイオマスエネルギーが注目されている．バイオマスは，エネルギー源として使用しても燃焼の際に発生するCO_2の量が成長過程で吸収したCO_2の量に等しいことから，大気中のCO_2濃度を高めない．このため，地球環境問題対策としても脚光を浴びている．だが，実用規模でバイオマスエネルギーを利用しようとすると極めて大量のバイオマスが必要になり，食料生産との競合という新たな問題が生じる．このためバイオマスエネルギーを語る上では，世界の食料生産について正確な知識を持つ必要がある．本書はその要請に答えるべく，世界の食料生産の現状と今後について解説したものである．

　本書では個々の情報を積み重ねるだけではなく，歴史の大きな流れの中で食料の生産をとらえたいと考えている．本文中で「マクロに見る」という言葉を多用したが（後述の「マクロに見る」参照），マクロな視点から見ると1950年頃から2050年頃までの100年間は，世界の食料生産にとって大きな転換期になっている．

　本書が扱う分野は農学から生態学，経済学，人口学まで多岐にわたっている．これは世界の食料生産は極めて多くの事象が複雑に絡み合った現象であり，多くの分野の知見から見ない限りその全体像をとらえられないためである．現在のところ，世界の食料生産のような複雑な事象を統一的に記述する手法はなく，いろいろな角度から見て，総合的に判断すべき課題と考える．十分に検討を重ねたつもりではあるが，多くの分野に首を突っ込んだため，不正確，未熟な部分が多々あると思う．読者の方々からの，ご指摘やご指導をいただければ幸いである．

　環境問題はサミットなどの国際会議でも話題の中心になりつつある．本書には国際機関が公表しているデータから筆者自身が作成した図表を多く掲載した

が，それらに基づいた議論が2050年に向けての日本の進路を考える上での一助になれば，筆者にとっては望外の幸せである．

検討した範囲

　地理的には全世界を検討範囲としたが，本書では世界は192カ国によって構成されているとした．これは2006年において日本が承認している国が190カ国であり，承認していないが無視のできない北朝鮮を加え，さらに日本を加えて192カ国となることによる（正井，2006）．2005年において192カ国には世界人口の99.7%が居住している．これに含まれない地域としては，パレスチナ，西サハラ，仏領ギアナなどがあるが，これらの地域についてはデータの欠損も多い．あえて検討には加えなかった．

　時間については2050年を検討の限度とした．環境問題などを考えるには30年から50年程度の未来を見通すことが重要と考えている．10年では短いし，100年先はなかなか実感がわかない．特に，食料や環境の問題において100年先の話を始めると，議論が粗雑になるきらいがあると思う．

　また，歴史的な流れを考えるために，多くのデータにおいて1961年にまで遡って解析している．これは，FAO（国連食料農業機関）データ（FAO, 2005）の多くが1961年から整備されていることも理由の一つであるが，1961年から2050年までを解析すると，現在（2008年）がほぼその中間点に位置することになるためでもある．予測する時間と同等の時間を振り返ることは，大きな流れを読む上で有効である．

　なお，本書では遺伝子改変作物や農薬が環境や健康に及ぼす影響については扱っていないことを記しておく．また，地球温暖化が食料生産におよぼす影響についても検討していない．2100年についてはわからないが，2050年を考えた場合，筆者は温暖化が食料生産に与える影響は軽微と考えている．地球温暖化に対し農業がどう対処すべきかは，温暖化対策がどのように進展するかを見極めた上で，2050年頃から考えても遅くはないであろう．

地理的区分

　世界192カ国すべてについて言及することは困難であるから，多くの場合，

世界を20の地域に分けて検討した．20の地域それぞれに含まれる国の詳細については，巻末の付表を参照していただきたい．大まかな区分について，以下に簡単にふれる．

アジアとヨーロッパは東西南北の4地域に，アフリカは東西南北に中央アフリカを加えて5地域とした．オーストラリアとニュージーランドは，合わせてオセアニアとした．パプアニューギニアやソロモン諸島などはオセアニアに分類されることが多いが，食料消費の傾向がオーストラリア，ニュージーランドと大きく異なることから，太平洋諸島として別のグループとした．アメリカ大陸は北米，中米，南米の3つに分けたが，カリブ諸島は中米に加えている．旧ソ連地域の食料の生産や消費は，ヨーロッパに分類される地域とアジアに分類される地域でその傾向が異なっている．このため，旧ソ連はヨーロッパとアジアに分けた．ただし，1991年以前については旧ソ連として一括して扱っている．

また，本書では穀物や食肉，牛乳などの消費量において，西洋と東洋に分けて分析を行った．これは，筆者が20の地域ごとに消費量を見ていて，いわゆる西洋と呼ばれている地域とアジアを中心とした地域には大きな違いがあることに気付いたためである．ヨーロッパ，北米，オセアニア，それに旧ソ連を加えた地域の食料の生産や消費の傾向は，その他の地域とは明らかに異なっている．その理由はこれらの地域が経済的に豊かであるということだけではなさそうである．これらの地域はハンチントン（Huntington, 1996）が世界の文明を分類した際に西欧とした地域にギリシャ正教圏を加えたものにほぼ一致している．文明の違いととらえる方がよいと思う．

西洋以外の地域では，アジアを1つのまとまりと考えることが可能に思える．アジアを東洋と一括りにするが，本書の東洋はアジア全域に北アフリカを加えた地域である．北アフリカにおける食料の消費傾向は西アジアによく似ている．歴史的なつながりを見ても，東洋に入れることが相応しいであろう．

ここで定義した東洋は21世紀の食料を考える場合，特に重要な地域になっている．まず，東洋には圧倒的に人口が多い．2005年において39億7,000万人が居住している．それに対して，本書で定義した西洋には11億6,000万人，サハラ以南アフリカには7億5,000万人，また中米と南米の合計には5億

6,000万人しか居住していない.

　東洋は人口が多いとともに，20世紀後半に著しい経済成長を遂げた地域でもある．この地域はこれまで穀物中心の食事をしていたが，現在，畜産物の摂取量が増加している．畜産物の生産には多くの穀物が必要であるから，東洋の動向は2050年の世界の食料生産を考える上でのキーポイントになっている．

本書の手法

　わが国においてよく引用される世界の食料を解説した書物に，レスター・ブラウン氏の著書（Brown, 1996・2004）や，彼が所長を務めていたワールドウォッチ研究所に関連する出版物（福岡，2004）などがある．同氏の予測は大変に悲観的なものとして知られている．一方，レスター・ブラウン氏の他にも，FAO（Alexandratos, 1995, Bruinsma, 2003），IFPRI（国際食料政策研究所）（IFPRI, 1995），世界銀行（Michell *et al.*, 1997）などにより世界の食料需給予測が行われている．これらの予測の中でFAO，IFPRIの報告書の基調はいわゆる楽観論に分類できるものであるが，世界銀行による予測はFAOやIFPRIの報告書と比較してもさらに楽観的に思える．このように，海外研究機関などの予測は過度な悲観論から楽観論まであるため，たとえば解説書を書くときなど，どの報告書を参考にするかによって，解説の内容が大きく異なることになる．報告書を引用するという手法は客観的なようで，実際には著者の主観が入りやすいといえる．

　また，海外の研究機関の報告は，FAOの本部がローマに，IFPRIや世界銀行の本部がワシントンに，また，ワールドウォッチ研究所もワシントンにあることから，どうしても欧米からの視点で書かれている．現在，欧米は食料の大量輸出国であり，日本とは立場が異なる．また，本書で述べるように，アジアの農業や食料消費形態は欧米と大きく異なっているが，国際機関の報告書ではアジアについて特に多くの関心が注がれることはない．アジアの農民が置かれた立場についての言及も乏しい．このような現状を踏まえて，世界の食料やバイオマスエネルギーを語る上では，日本との関わりで見た分析がぜひ必要と考えた．

　以上のような理由から，本書では海外の研究機関の報告書の引用はなるべく

避け，FAO や世界銀行が出しているデータを直接分析している．多くの図表を掲載したが，特に断りのない図表は，FAO の FAOSTAT 2005 のデータから筆者が作成したものである．世界銀行のデータを用いて作成した図表には，キャプションにその旨を明記した．これらの図表を丹念に見て行くと，わが国に広く流布している世界の食料に関する通説や定説には，誤解や間違いが多いことに気付くだろう．

マクロに見る

　本書では「マクロに見る」という言葉を，1つの立ち位置から広く総合的に俯瞰し，客観的に考えてみるといったニュアンスで使っている．現状を正しくとらえ，未来を展望するために「マクロに見る」姿勢は不可欠と考える．

　現代の学問分野は極めて細分化されている．また，それぞれの奥行きもずいぶん深くなっており，1つの学問分野に限定しても，そのすべてを理解することは容易なことではない．しかしながら，近年，私たちが直面している問題は，いろいろな学問分野が扱う領域にまたがっていることが多い．本書のテーマである，食料生産とバイオマスエネルギー生産の競合などは，その典型であろう．

　多くの領域にまたがる問題に対して，いくつもの分野の研究者が共同して検討を行うことがある．筆者もそのような研究会のメンバーになったことがあるが，そのような研究会が将来について明確なビジョンを打ち出すことはなかなか難しい．それぞれの分野が，それぞれの将来像を有しているためである．それらを総合して明確な未来像を示そうと思うと，扱う分野に軽重を付けることが必要になるが，実際には分野間に軽重を付けることは極めて難しいから，どの分野も平等に扱おうとした結果，結局のところ各分野の見解を併記したような結論になり，一貫した主張とならないことが多々生じる．和の精神を重んじる日本においては，この種の共同研究は特に難しいのかもしれない．このような状況に何度も接した筆者は，未来を展望するには，不完全でもよいから，1つの分野の視点を通して，広く十分な量の情報を分析してゆくことが重要との考えを強く抱くようになった．

　広く十分な量の情報は，世界の食料生産といった大きな事象を扱う上では，特に重要である．「群盲象をなぜる」ということわざがあるが，一部を見て全

体を推測することには常に危険が付きまとうからだ．幸いなことに，コンピューターやインターネットの発達により，一般の人でも居ながらにして世界各国のデータを入手することが可能な時代になっている．データ整理の労力さえ惜しまなければ，その分野の専門家でなくとも，世界がどのようになっているかを知ることができる．コンピューターやインターネットの発達が，「マクロに見る」ことを容易にしてきているといえるだろう．

将来を見通す上で意外に有力な手法と考えられるのは，ある数量の変化の歴史的変遷を追うことである．本書では多くのデータについて1961年まで，また，遡れるデータについては19世紀まで遡って，その歴史的変遷を検討している．未来は特別な時代ではない．過去のデータを見つめることから，歴史の流れのなかで私たちがどのような位置に立っているかが認識できるし，そこから未来も見えてくる．

十分なデータを入手したら，次に気を付けなければならないことは，思い入れやそれにともなう感情的な判断を避けて客観的に分析することであろう．本文中で「緑の革命」に批判的なヴァンダナ・シバ氏の説を紹介するが，あまりに強い思い入れは全体を見る目を曇らすことになる．「マクロに見る」ためには客観的で冷静な目が重要と考える．

また，将来予測の手法としては，昨今，数理モデルがよく用いられるので，ここでも少し触れておきたい．地球環境問題などに関連して研究が進められている．各種の数理モデルを組み合わせた統合モデルと称されるものは，「マクロに見る」こととよく似ているように思える．統合モデルは「マクロに見る」ことを，より定量的に，精密に，冷静に行うものと考えられなくもない．しかしながら筆者は，現状において統合モデルによって見通せることは極めて限定されていると考えているので，本書では，こうしたモデルを用いた分析は行っていない．筆者は大学院生時代から環境問題を扱う数理モデルの開発に関わってきたが，筆者の見るところ，数理モデルを用いた予測は，気象などの物理現象についてはかなり正確な予測ができるようになっているが，一方で，生物に関わる現象，たとえば水産資源量の増減などでは，その予測はいまだ不十分な段階にあるようだ．これが，政治や経済など社会現象の予測となると，現状では，数理モデルには手に負えない部分が多い．このため，人間活動と気候変動，

その生態系への影響などを総合的に扱うような統合モデルを作ろうとすると，予測精度の異なったモデルを組み合わさざるを得なくなり，そのようなモデルから有意な情報を得ることは容易な作業ではない．多くの数式が並ぶ数理モデルは，一見神秘的でどんなことも正確に解析できるように見えるが，モデルはあくまでも人間が作ったモデルである．万能ではないし，現実でもない．その性質や限界をよくわきまえて用いる必要があろう．

　本書で扱う情報を，読者の皆さんそれぞれの視点からぜひマクロに見ていただき，研究や仕事，生活へ生かしていただければ幸いである．

要　約

　本書の分析は多岐にわたっているため，個々に読み進むと，全体像をつかみにくいかもしれない．全体を俯瞰して各章の概要をとらえていただくために，以下に各章の要約を掲げる．

　第1章から第4章までが第Ⅰ部である．第Ⅰ部では世界の食料とエネルギー作物生産の現状について述べる．
　第1章では世界の土地利用について検討する．
　世界には農地とされている土地が約15.4億haあるが，このなかで実際に農作物が栽培されている面積は12.6億haほどにとどまる．米国と旧ソ連を中心に使用されていない農地が多く存在する．その一部では牧草が栽培されているが，休耕地も多い．
　また，世界には開墾可能な土地が多く残されている．開墾可能な土地の多くは南米とサハラ以南アフリカにあり，現在，その多くは森林になっている．農地の拡張は森林の破壊につながるが，世界に農地拡張の余地が多く残されていることは確かである．
　第2章では穀物と大豆を中心に農作物生産を検討する．
　20世紀は穀物単収が驚異的に増加した時代である．このことにより人類は栽培面積を増加させることなく生産量を大幅に増加させた．20世紀後半における穀物生産量の増加は人口増加を上まわっている．また，近年，大豆の生産量が急増しているが，これは大豆が飼料として大量に使われ始めたためである．大豆の生産は特に南米で増加している．
　一方，一人当たりの穀物消費量を見ると，そこには大きな地域差がある．これは特に飼料用穀物において顕著である．欧米を中心とした地域（西洋）の一人当たりの飼料用穀物消費量は，アジア（東洋）に比べて著しく大きい．

第3章では畜産物と水産物の生産について検討する．

現在，世界の食肉生産量は急速に増加しており，一人当たりの食肉消費量も順調に増加している．これには飼料となる穀物と大豆の生産量の増加が大きく貢献している．

一口に食肉といっても牛肉，豚肉，鶏肉，羊肉と多くの種類があるが，国や地域により生産されている肉の種類は大きく異なる．一般的な傾向として，放牧による牛肉や羊肉の生産が微増もしくは横這いであるのに対し，穀物飼料を用いた豚肉や鶏肉生産は増加している．特に鶏肉の増加が著しい．これは，インドやイスラム圏など，鶏肉を好む人々が住む地域で人口が急増しているためでもある．

また，一人当たりの食肉や牛乳消費量，特に牛乳の消費量は西洋と東洋で大きく異なる．これは経済格差だけでは説明できない．食文化の違いが根底にあると考えるべきである．

水産について見ると，海洋からの漁獲量は20世紀後半以降ほとんど増加していない．一方，中国を中心に養殖，特に淡水養殖が盛んになっている．淡水を中心とした養殖の増加は，21世紀における食肉需要の増加を緩和する可能性がある．

第4章ではエネルギー作物について検討する．

バイオマスエネルギーの原料となるエネルギー作物としては，サトウキビとオイルパームが優れている．現在のところ，そのどちらも栽培面積は穀物に比べて極めて少ないが，近年，マレーシア，インドネシアではオイルパームの栽培面積が急増している．サトウキビ，オイルパーム共に栽培に適する土地が熱帯に多く残されており，今後，栽培面積の拡張は続くと思われる．

一方で，エネルギー作物の栽培面積拡張は熱帯雨林の保護と対立する．このうち，サトウキビは降雨量がさほど多くない地域でも栽培が可能なため，熱帯雨林の保護と深刻な対立を生じることなく面積の拡張が可能と考えられる．これに対し，オイルパームは栽培に適する地域が熱帯雨林と重なる．その増産では熱帯雨林の保護とどう折り合うかが最大の課題になろう．

また，世界の砂糖需要の増加は穏やかなものであるが，食用油としてのパーム油の需要は開発途上国を中心に急増している．パーム油をエネルギーとして

利用する場合，食料との競合も問題となる．

　第5章から第7章までが第Ⅱ部である．第Ⅱ部では農業技術の革新が世界の食料生産，農民，食料貿易に与えた影響について検討する．

第5章では，20世紀における農業技術の革新について窒素肥料との関連で検討する．

　20世紀に空中窒素固定法が開発されたことは，世界の食料生産に大きな影響を与えた．空気中の窒素を工業的に固定して製造する窒素肥料（化学肥料）は農業生産の向上に大きく貢献している．窒素肥料はまず先進国に普及したが，20世紀後半には中国やインドにも普及し，その穀物生産量を大幅に増加させた．世界の食肉の生産量が大きく増加した背景には，窒素肥料の投入により飼料用穀物の生産量が大幅に増加したことがある．

第6章では世界の農業と農民について検討する．

　窒素肥料の大量投入が可能になったことにより，食料生産は過去に比べて極めて容易になった．このことにより，全世界で農業人口が急速に減少している．また，農業生産額が総生産額に占める割合も低下し続けている．農業人口割合が低下する速度よりも農業生産額が総生産額に占める割合が低下する速度が速いため，世界のほぼすべての国で，農民は農業以外の部門で働く人に比べて相対的に貧しくなっている．

　現在，世界の農民の7割はアジアに居住しているが，アジアには小農が多い．農業が国際競争力を有するためには規模拡大が必要であるが，小農は規模拡大よりも兼業に進む傾向がある．兼業化が進み規模拡大を阻む現象は日本だけの問題ではない．中国，タイなどにもその兆候が見られる．

　戦後，農業が衰退したことは日本固有の問題ではなく，大きな潮流のなかで生じたことである．21世紀において，多くのアジア諸国は20世紀に日本農業が直面した問題と同様の問題に直面するであろう．

第7章では食料貿易と自給率について検討する．

　食料の貿易量は飛躍的に増大しているが，20世紀後半からは欧米先進国が輸出し，主にアジアを中心とした開発途上国が輸入する図式になっている．食料貿易のなかでも穀物の貿易量が微増傾向であるのに対して，大豆，食肉，乳

製品の貿易量は大幅に増えている．特に大豆は1990年代以降アジアの輸入量が急増し，それに対応すべく南米からの輸出量が急増している．また，シンガポールなど一部の国では飼料用穀物の輸入量が減少し，食肉の輸入量が増加している．飼料用穀物を交易するのではなく，食肉や乳製品を直接交易する傾向が見え始めている．

また，穀物自給率についても検討するが，2004年において穀物を完全自給している国は192カ国中32カ国しかない．穀物自給率が50％に満たない国に合計で4億5,300万もの人々が居住している．近年，多くの国で穀物自給率は低下する傾向にあり，自給率の低下は日本だけに見られる現象ではない．

第8章から第10章までが第Ⅲ部である．第Ⅲ部では2050年における食料生産とバイオマスエネルギーについて展望する．まず，農業生産に関連する資源のなかで21世紀に枯渇や不足が懸念されるリンと水について検討し，第9章では日本での関心の高い地域の食料とバイオマスエネルギーについて予測する．最後に，第10章では世界全体の2050年を展望する．

第8章では食料生産と枯渇が懸念される資源の関係について検討する．

リンは窒素と並んで重要な肥料であるが，その原料となるリン鉱石は枯渇が懸念されている．枯渇を懸念する要因として消費量の増加が挙げられていたが，消費量は21世紀に入ってからはさほど増加していない．リンは土壌に吸着される性質があるため，先進国ではこれまでの投入により大量のリンが農地に蓄えられているが，この認識が広がり，西ヨーロッパを中心に投入が控えられている．また，採掘技術の進歩により可採埋蔵量も増加すると予想されることから，リン資源が21世紀中に枯渇することはない．

世界で人間が使用している水の約7割は農業に用いられている．世界の水需要と農業生産には密接な関係があり，水問題は農業問題としてとらえることができる．農業生産から考えると，21世紀において深刻な水不足が懸念される地域は，北アフリカや西アジアなどイスラム教徒が多く住む地域に限定される．一方，世界では水が余っている地域も多い．世界の水問題は，人類の食料を地球上のどこで作るべきかという観点からも議論する必要がある．

第9章では日本で関心が高いと考えられる課題に対し，個別にその2050年

を考える．西洋，中国，北朝鮮，サハラ以南アフリカにおける食料生産，またブラジルと東南アジアにおけるエネルギー作物生産を検討する．

20世紀後半において西洋は東洋やサハラ以南アフリカに食料を輸出していた．この輸出が21世紀にも継続するかを検討する．特に米国のバイオエタノール増産計画と穀物輸出の関係について検討するが，石油の価格が極端に暴騰しない限り西洋からの穀物輸出は継続されるものと考える．

中国の食料需給については，穀物の大量輸入国になるとするレスター・ブラウン氏の指摘が有名であるが，これまでのところ穀物の大量輸入国にはなっていない．しかしながら，1990年頃からは大豆を輸入し始めており，現在では大豆の輸入大国になっている．中国の食料供給は貧困とされる内陸部においても改善傾向が見られ，中国全体で見た場合，食料需要が急増する時代は終わりつつある．

北朝鮮の一人当たりの農地面積は日本や韓国に比べて広く，また，近年，減少した様子も見られない．北朝鮮の食料問題は窒素肥料の不足に起因している．エネルギーの不足により窒素肥料が生産できなくなったことが，北朝鮮の食料危機を招いたと考える．北朝鮮の経験は，エネルギーの確保が食料の安全保障の上でも重要であることを示唆している．

サハラ以南アフリカには食料生産余力が多く残されている．現状でも一人当たりの農地面積は広く，窒素肥料を投入すれば十分な量の食料の生産が可能である．一部の国では都市に富裕層が生まれ，食肉輸入量が急増している．このことから考えても，サハラ以南アフリカの食料問題は，農業生産の問題というよりも，政治や社会の問題としてとらえるべきである．

ブラジルは21世紀における農業開発が最も期待されている国である．セラードと呼ばれる台地を開発するだけでも，保有する農地面積を現在の2倍以上に増やすことが可能である．森林保護との関わりはあるが，ブラジルは2050年において食料とバイオマスエネルギー双方の一大生産地になる可能性がある．

東南アジアでは，多くの国で経済発展にともない一人当たりの米消費量が減少する段階にさしかかっている．人口増加率も鈍化していることから，今後，米余りが生じ休耕田が広がる可能性が高い．この休耕田を利用することにより，新たに森林を伐採することなくエネルギー作物の生産が可能である．その量は，

日本で休耕田を利用しエネルギー作物を生産するよりもはるかに大きなものになる．

　第10章では，これまでの検討を統合して，食料とバイオマスエネルギーの生産について2050年の姿を展望する．

　世界の人口増加率は低下傾向にある．また世界人口の6割を占めるアジアの食肉需要が大きく伸びる可能性が少ないことから，穀物需要の増加も鈍化傾向にある．21世紀において人類が世界規模の食料危機に直面することはない．食料の供給が問題となるのがサハラ以南アフリカなどに限定されよう．

　一方，バイオマスエネルギーの原料となる農産物の価格は，ブラジルで生産されるサトウキビ以外は，石油価格が高騰した現在（2008年4月）でも石油に比較して高い．石油価格が高騰した場合，投機資金が流入することにより，穀物価格も高騰する傾向が顕著に存在するためである．このことからブラジルのバイオエタノール以外が商業目的で生産される可能性は低いと考える．今後，石油価格がよほど高騰しない限り，バイオマスエネルギーの利用が食料生産におよぼす影響は限定的なものにとどまるだろう．

目　次

はじめに　i
要約　viii

第 I 部　食料をめぐる現状

第 1 章　土地利用と食料——広い休耕地/増やせる栽培面積——　2

  1.1　食料生産と土地　2
    1.1.1　FAO の土地分類　2
    1.1.2　偏在する農地，森林，草地　3
    1.1.3　農地 1 ha 当たりの扶養人口　6
  1.2　森林と農地　7
    1.2.1　伐採と農地の造成　7
    1.2.2　農地率の高い旧大陸　8
    1.2.3　農地率の低い新大陸　9
  1.3　休耕地　10
    1.3.1　農地と総栽培面積の定義　10
    1.3.2　農地面積と総栽培面積が語ること　11
    1.3.3　アフリカの事情　13
  1.4　農地面積の増減　14
    1.4.1　増加傾向の熱帯地域　14
    1.4.2　減少傾向の旧ソ連と東ヨーロッパ　16
  1.5　農地の拡張　16
    1.5.1　農地になり得る森林　16
    1.5.2　IIASA による推定　17

　　　　コラム：都市化と森林面積　　21

第 2 章　農作物
　　　　　　——倍増した穀物生産量/飼料需要が急伸する大豆——　23
2.1　栽培面積の内訳　23
2.2　穀物　25
　　2.2.1　人口を上まわる生産量の伸び　25
　　2.2.2　20世紀後半に急増した単収　26
　　2.2.3　種類別生産量　29
　　　　コラム：穀物といも類　32
2.3　大豆　33
　　2.3.1　急増する飼料としての需要　33
　　2.3.2　栽培面積の急増　34
　　2.3.3　偏在する生産地　35
2.4　いも類　36
　　2.4.1　増えない生産量，高い単収　36
　　2.4.2　減少しつつある一人当たり消費量　37
2.5　西洋と東洋　39

第 3 章　畜産物・水産物
　　　　　　——50年前の3倍になった食肉生産量/横ばいの漁獲量——　43
3.1　食肉　43
　　3.1.1　生産量　43
　　3.1.2　急速に進歩した畜産技術　44
　　3.1.3　地域による違い　45
　　3.1.4　牛，豚，鶏　48
3.2　牛乳　57
　　3.3.1　生産量　57
　　3.3.2　地域による違い　59

コラム：米，肉，牛乳　61
- **3.3** 卵　62
  - 3.3.1　生産量　63
  - 3.3.2　地域による違い　63
- **3.4** 水産物　65
  - 3.4.1　生産量の内訳　66
  - 3.4.2　資源の制約と養殖　67
  - 3.4.3　地域による違い　68
  - 3.4.4　魚食文化の広がりと淡水養殖　70

第4章　バイオマスエネルギー——熱帯雨林保護との衝突——　72
- **4.1** バイオマスエネルギーとは　72
- **4.2** 廃棄物　73
  - 4.2.1　食品系廃棄物　73
  - 4.2.2　木質系廃棄物　74
- **4.3** 植物原料　75
  - 4.3.1　エネルギー作物　75
  - 4.3.2　セルロースからのエネルギー生産　77
- **4.4** サトウキビ　79
  - 4.4.1　甜菜とサトウキビ　79
  - 4.4.2　生産量，栽培面積，単収　80
  - 4.4.3　砂糖需要量　81
  - 4.4.4　砂糖貿易量　82
  - 4.4.5　栽培適地　84

  コラム：日本のサトウキビ生産　86
- **4.5** オイルパーム　87
  - 4.5.1　急増する生産量　87
  - 4.5.2　栽培面積と単収　88
  - 4.5.3　伸びる貿易量　89

4.5.4　開発途上国で急増する需要　91
　　4.5.5　栽培適地　93
4.6　木材　95
　　4.6.1　生産量　95
　　4.6.2　燃料用としての使用地域　96

第Ⅱ部　技術革新による変化

第5章　窒素肥料――単収増加の立役者/深刻化する環境汚染――　100

5.1　窒素肥料と人類　100
　　5.1.1　肥料の歴史　100
　　5.1.2　世界の窒素肥料消費量　102
5.2　農作物生産との関わり　104
　　5.2.1　面積当たりの投入量　104
　　5.2.2　窒素肥料投入量が増える地域，減る地域　106
　　5.2.3　作物単収との関係　107
　　5.2.4　単収の増加は続く　109
5.3　栽培面積当たりの扶養人口　113
5.4　世界人口を増加させた立役者　115
5.5　窒素肥料と環境問題　116
　　5.5.1　地下水汚染，富栄養化，地球温暖化　117
　　5.5.2　バイオマスエネルギーと窒素肥料　118

第6章　農民と土地
　　　　　　――減少する農業人口/貧しい世界の農民――　119

6.1　大転換の時代　119
6.2　農業人口　120
　　6.2.1　減少する農業人口割合　123
　　6.2.2　農業人口割合と経済発展　125

6.2.3 歴史における農業人口　126
6.2.4 農業人口割合が低下する理由　127
6.3 農業生産額とGDP　129
6.3.1 農業生産額割合が低下する理由　131
6.3.2 農民の貧困化　133
6.3.3 なぜ貧しいか　135
6.4 世界の農民　136
6.4.1 大きな格差　136
6.4.2 世界は1つの市場へ　139
6.4.3 規模拡大　140
コラム：兼業に進むアジア　143
6.5 1ha当たりの生産額　144
6.5.1 1ha当たりの生産額と農民の所得　147
コラム：アジアにおける農業と伝統・文化・政治　150

第7章　食料貿易と自給率
――西洋が輸出，東洋が輸入/多くの国で低下する自給率――　152

7.1 穀物貿易　152
7.1.1 西洋が輸出，東洋が輸入　152
7.1.2 米貿易　155
7.1.3 小麦貿易　158
7.1.4 トウモロコシ貿易　159
7.1.5 大豆貿易　159
コラム：大豆の貿易量が増加する理由――国内政治　161
7.1.6 貿易率　162
7.1.7 輸出価格　165
コラム：サウジアラビアの自給率　166
7.2 食肉貿易　167
7.2.1 世界の貿易量　167

7.2.2　貿易率　169
7.2.3　輸出価格　170
7.3　自給率　171
7.3.1　世界の穀物自給率　171
7.3.2　自給率の変遷　173
7.3.3　農地面積と自給率　175
コラム：大英帝国の自給率　176
7.4　食料貿易と経済　177
7.4.1　食料輸入額と輸入総額　177
7.4.2　食料輸出と経済発展　179

第III部　2050年の展望

第8章　資源と農業生産——資源は不足していない——　184
8.1　リン資源　184
8.1.1　リン肥料使用量　185
8.1.2　減少する投入量　186
8.1.3　旧ソ連と東ヨーロッパの経験　188
8.1.4　21世紀中は枯渇しない　190
8.2　水資源　191
8.2.1　余っている地域，足りない地域　192
8.2.2　灌漑と農業　194
8.2.3　バーチャルウォーター　198

第9章　国，地域別の分析
——穀物の大量輸入国にならない中国/食料供給基地となるブラジル
　　　——202
9.1　西洋の2050年　202
9.1.1　米国のバイオエタノール生産　202

9.1.2　ヨーロッパの穀物生産　205
9.1.3　オーストラリアの食肉生産　208
9.1.4　旧ソ連地域の穀物輸入　211

9.2　中国は穀物の大量輸入国になるか　214
9.2.1　レスター・ブラウン氏の予測　214
9.2.2　食肉生産量と消費量　216
9.2.3　食肉生産と飼料　218
コラム：中国の食肉統計　220
9.2.4　食肉生産と大豆需要　221
9.2.5　淡水での養殖　222

9.3　FAOデータに見る北朝鮮の食料生産　223
9.3.1　人口と農地　223
9.3.2　一人当たり消費量　226
9.3.3　窒素肥料と穀物生産　227
9.3.4　北朝鮮をどう見るか，何を学ぶか　229

9.4　サハラ以南アフリカの農業と政治　230
9.4.1　人口と農地　230
9.4.2　上がらない単収　232
9.4.3　アフリカの食料貿易　233
9.4.4　問題の核心　235
コラム：コーヒー生産の光と影—アジアに翻弄されたアフリカ　237

9.5　ブラジル，東南アジアとエネルギー作物生産　240
9.5.1　ブラジルの農地と森林　240
9.5.2　セラード開発　241
9.5.3　東南アジアの農地と森林　234
9.5.4　休耕田とエネルギー作物　244
9.5.5　エネルギー作物の生産を可能とさせる条件　249

第 10 章　食料生産の未来
　　　　　──バイオマスエネルギーとの競合は起きない── 251
10.1　世界の人口　251
　　10.1.1　合計特殊出生率　252
　　10.1.2　2050 年の人口　255
　　コラム：アジアの農村と出生率　256
10.2　食肉生産量　258
　　10.2.1　アジアの動物性タンパク質消費量　259
　　10.2.2　食肉生産量予測　260
10.3　穀物生産量　263
　　10.3.1　飼料の需要量と供給量　263
　　10.3.2　飼料用需要予測　265
　　10.3.3　食用需要予測　267
　　10.3.4　栽培面積と単収　268
　　コラム：21 世紀の米貿易　269
10.4　バイオマスエネルギー生産と食料生産の競合　270
　　10.4.1　原料価格　270
　　10.4.2　食料との競合　272
　　10.4.3　2050 年におけるバイオマスエネルギー　275

巻末付表　278
参考文献・参考ウェブサイト　287
おわりに　294
索引　296

第 I 部
食料をめぐる現状

　第 I 部では，世界の土地がどのように利用され，また，どこで，どのような農作物がどの程度生産されているかを見る．さらに，畜産物・水産物，バイオマスエネルギーに関連する作物や木材の生産についても考えていくことにする．

1 土地利用と食料
広い休耕地/増やせる栽培面積

　食料[1]生産と土地は切っても切れない関係にある．このため，まず，世界の土地利用について考えていきたい．農地は余っているのであろうか．それとも，足りないのであろうか．また，足りないのなら拡張することは可能であろうか．それとも，拡大の余地はないのであろうか．これらは21世紀における食料やバイオマスエネルギーを考える上で，最も基本的な問いかけになる．このことから検討をはじめよう．

1.1 食料生産と土地

1.1.1 FAOの土地分類

　本書が対象とした192カ国の陸地面積の合計は，FAOデータによると129億ha[2]である．FAOデータでは陸地は，耕地（Arable Land），樹園地（Permanent Crops），草地（Permanent Pasture），森林（Forest and Woodland），その他（All Other Land）の5つに分類されている．

　ここで耕地の定義は，文字通り耕している土地である．これに対し，樹園地は果樹園など収穫が終わっても樹木が残る農地を指す．耕地と樹園地はともに農業が行われている土地であり，これらを合わせて本書では農地と呼ぶことにする．

---

1) 食糧と表記した場合は主に穀物が対象になるが，本書では食肉や牛乳なども対象としたため，食料と表記する．
2) これはデンマークの領土であるグリーンランドを含んでいない．グリーンランドはそのほとんどが氷河で覆われているから，食料生産を考える上では除いてもよいだろう．

草地はいわゆる草原であり，人類はこの草地で放牧を行っている．ただ，一口に草地といっても砂漠に近いところから緑豊かな草地まで，その幅は相当に広い．FAOでは耕地，樹園地，草地を合わせて農用地（Agricultural Land）としているが，これは人類が食料を得るために使用している土地といった意味である．ただ，草地は面積当たりの生産力が耕地や樹園地に比べて低いから，人類が食料生産に用いている土地は，実質的には耕地と樹園地だけと考えても大きな間違いにはならない．

森林はいわゆる森林や林であるが，この面積を特定することは簡単そうに見えて意外に難しい．ある境界まで木が密生しその境界から外は耕地や草地になっているような場合，面積の特定は容易である．ところが，草地にところどころ木が生えていてその密度が場所により異なる場合，どこまでが森林でどこからが草地かを決めることは難しい．こうした場合，ちょっとした定義の違いにより面積が大きく異なってしまう．この問題に対し，FAOでは衛星データなどを利用した解析により信頼性の向上に努めているとしているが（樫尾，1998），FAOの2005年版CD-ROMにおいても森林面積は1961年から1994年までしか記載されていない．開発途上国における森林面積については，毎年の更新が難しいようである．このため，本書の解析では最新の森林面積として1994年の値[3]を用いた．

その他に分類された土地は，以上の4つに分類できなかった土地である．これには砂漠や山岳地帯，またツンドラなどが含まれる．その他に分類された土地は食料やバイオマスエネルギーの生産には向かないと考えてよい．

1.1.2 偏在する農地，森林，草地

図1.1に世界（192カ国の合計）の土地利用において農地，森林，草地，その他が占める割合を円グラフで示す．先ほど述べたように，農地は耕地と樹園

---

[3] FAOでは世界森林白書（State of the World Forest）を2年ごとに発行している．2005年版（FAO, 2005）には2000年の値が記載されているが，この値と2005年版のCD-ROMに記載された1994年の値は若干異なっている．本書では1961年からのデータの継続性を重んじる意味でCD-ROMに記載されている値を用いた．なお，世界森林白書の値とCD-ROMの値の差異は小さいため，世界森林白書の値を用いても，検討結果に大きな違いが生じることはない．

4　第1章　土地利用と食料

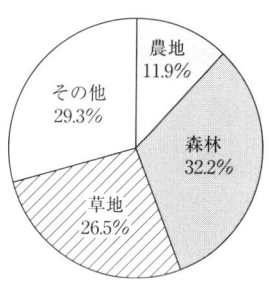

図 1.1　世界の土地利用

地の合計である．2003 年において耕地面積が 14 億 ha であるのに対し，樹園地は 1 億 3,700 万 ha にとどまるから，農地の多くは耕地と考えてよい．一方，森林は 41 億 6,000 万 ha，草地は 34 億 3,000 ha，その他に分類される土地は 37 億 9,000 ha であった．このように 4 つに分類した場合，森林に分類される面積が最も多く，これにその他，草地，農地が続いている．現在，人類が食料の生産に利用している土地は全陸地面積の約 12% である．

　この土地利用をもう少し細かく見てみよう．表 1.1 には 20 に分けた地域ごとに，それぞれの面積を示す．最も広い農地を有する地域は北米であり，これに南アジア，旧ソ連（ヨーロッパ）が続く．この 3 地域の農地面積の合計は 6 億 200 万 ha にもなり，上位 3 地域で世界の農地の 4 割近くを保有している（カバーの図も参照）．ここで，オセアニアの農地面積が意外に少ないことに気付かれよう．オセアニアの農地面積は実は西アジアよりも少ない．これはオーストラリアの中央部に砂漠が広がっているためである．

　一方，森林は南米，旧ソ連（ヨーロッパ），北米に多く存在し，これら上位 3 地域の面積の合計は 24 億 6,300 万 ha にものぼる．これは世界の森林面積の約 6 割に相当している．これに対して，アジアの森林面積は 4 地域を合計しても 5 億 3,600 万 ha にしかならない．これは世界の森林面積の 13% でしかない．アジアには森林が少ない．

　草地は東アジア，南米，オセアニアに多い．上位 3 地域の合計は 13 億 9,700 万 ha であり，世界の草地面積の約 4 割を占める．東アジアに草地が多い理由は，中国西部に沙漠が広がるためである．沙漠とは，砂漠に近い草地をいう．

表 1.1 世界の地域別土地利用（2003年，森林は1994年，単位は100万 ha）

	農地	森林	草地	その他
東アジア	166	183	530	270
東南アジア	95	230	17	93
南アジア	203	85	19	106
西アジア	71	38	288	294
オセアニア	51	153	405	186
太平洋諸島	2	47	0	3
北ヨーロッパ	8	60	3	45
西ヨーロッパ	41	34	34	28
南ヨーロッパ	36	29	22	15
東ヨーロッパ	44	35	19	17
旧ソ連（ヨーロッパ）	171	790	105	671
旧ソ連（アジア）	36	21	256	98
北アフリカ	28	14	71	460
東アフリカ	48	128	258	143
西アフリカ	83	92	183	247
中央アフリカ	25	323	81	100
南アフリカ	41	155	322	132
北米	228	749	249	599
中米	42	74	99	48
南米	121	924	462	236
全世界	1,539	4,163	3,425	3,791

マクロに見れば，アジアは農地と草地に覆われた地域といってよいだろう．

その他に分類される土地は旧ソ連（ヨーロッパ）と北米，北アフリカに多い．旧ソ連（ヨーロッパ）と北米ではその北部にツンドラが，北アフリカではそのほぼ全域に砂漠が広がっている．3位までの面積の合計は17億3,000万 ha になり，その他についても，その約半分は上位3地域に存在する．

農地，森林，草地，その他のすべてにおいて，上位3位までの面積の合計が世界全体の4割から6割を占めている．農地や森林，また草地やその他に分類される土地も，世界に遍在していることになる．

1.1.3 農地1ha当たりの扶養人口

　巻末の付表には20に分けた地域について，各地域の国名とともに人口，農地面積，また農地面積1ha当たりの人口を記載した．農地面積1ha当たりの人口は農地に対する人口密度とも呼べるものであり，草地は生産性が低いためその面積を考慮しないことにすると，これは各国において農地1haで養わなければならない人数を表していることになる．この人数は世界の食料問題を考えるとき，最も基本的な数字になる．

　現在，世界は1haの農地で4.2人を扶養している．しかし，その人数は地域，国により大きく異なる．これは人口が偏在しているためであるが，農地が偏在している影響も大きい．本書では西洋と東洋に分けて検討を行ったが，1ha当たりの扶養人口は西洋で1.9人，東洋で7.1人となっている．東洋の1ha当たりの扶養人口は，西洋の約4倍にもなっている．地域別に見ても，東洋である東アジアが9.2人，南アジアが7.2人であるのに対し，西洋であるオセアニアが0.5人，旧ソ連（ヨーロッパ）が1.2人，北アメリカが1.5人である．西洋のなかでも旧大陸であるヨーロッパの値は，新大陸に比べて大きい．

　国別に見たとき，その違いはより一層鮮明になる．ちなみに日本の1ha当たりの扶養人口は27.0人であり，これはシンガポール，クエート，バーレーンなどの小国を除くと，世界で最も大きな値になっている．このことは，日本の食料自給率が低い根源的な原因になっているが，自給率と一人当たり農地面積の関係については第7章でもう一度検討することにする．

　ここで大変大雑把な推定をしてみたい．それは，農地1haの当たりの扶養人口から，地球上にどれほど人間が住めるかを推定するというものである．こころみに，世界の農地1haの当たりの人口密度を東アジア並みに引き上げると，世界の人口は現在の2.2倍の141億人になる．

　これは，東アジアと同様の農業技術と食生活を仮定すると，現在の農地を用いるだけで，地球が141億人を扶養できることを示している．東アジアには日本，中国，韓国などが属するが，これらの国の食生活は西欧に比べれば動物性タンパク質の摂取量が少ないものの，さほど不満のない水準にあるといえる．むろん，これは1つの目安にしかならない．農地をより効率よく使えば，ここ

で試算した人数よりも多くの人口を扶養できよう．いずれにしろ，現在使用している農地に限った場合でも，地球の扶養可能人口は意外に大きい．

1.2 森林と農地

1.2.1 伐採と農地の造成

　農業が始まった約1万年前における世界の人口は約400万人であった．それまで狩猟や採集を中心に営まれていた社会は，ゆっくりとしたペースで農業中心の社会に変わっていった．狩猟・採集から農業への転換は4,000年から5,000年を要したとされる．現在の始祖とされる農業が始まったのは，パレスチナ，シリアからイランに至る地域であり，小麦，大麦，豆類などが栽培されたようである（Ponting, 1991）．

　その後，農業はナイル河，黄河，インダス河流域などで発達したが，それは大きな河川の下流地域に広がる沖積平野は土が柔らかく耕作しやすかったためと考えられる．河川の下流域は，洪水時に肥沃な土が大量に運ばれてくることも農業には都合がよかった．しかしながら人口が増えると，沖積平野だけでは十分な食料を生産することが難しくなり，人類はその周辺に広がっていった（Carter & Dale, 1973）．

　その際，どこで食料を生産するかについて，人類は試行錯誤を繰り返したのであろう．通常，砂漠で農業を営むことはできない．また，草地も降雨量の少ない地域に広がっているから，農地に変えることが難しい．中国の西部新疆ウイグル自治区では天山山脈に降った雨を長い地下水路で運び，砂漠のなかで農業を行っているところがあると聞くが，そのような農業は例外中の例外といえよう．人類は森林を伐採して農地に変えることが，最も効率的な方法であることに気付いたはずだ．

　現在農地となっている土地の大部分は，人類が農耕を始める前は灌木林や森林であった．現在でも，アマゾン河流域などでは森林から農地が造成されているが，似たようなことが世界各地で行われてきたのであろう．もし何らかの事情で人類が地上から姿を消した場合，多くの農地は長い年月をかけて森林に戻

っていく．こう考えると，ある地域における農地と森林の割合は，その地域におけるこれまでの人間活動の強弱を表していることになる．つまり，農地と森林の割合から，人類の歴史をうかがい知ることができる．

ここで，人間が森林を伐採して農地を造成した程度を知るために，農地率を定義したい．

$$農地率（\%）= \frac{農地面積}{農地面積 + 森林面積} \times 100$$

ある地域の農地率が100%であれば，その地域ではすべての森林が農地になったことを示す．また，0%であれば農地は存在せず，すべての森林が残っていることになる．

1.2.2 農地率の高い旧大陸

図1.2は192カ国それぞれの農地率を求め，それを地図上に濃淡により示したものである．これを見ると，人類の歴史がアジアとヨーロッパに北アフリカを加えた地域で営まれてきたことがよくわかる．

4大文明はナイル川，チグリス・ユーフラテス川，インダス川，黄河流域に興ったとされるが，図1.2を見ると4大河川とその周辺において農地率が高い．ナイル川が流れるエジプトの農地率は99%にもおよぶ．

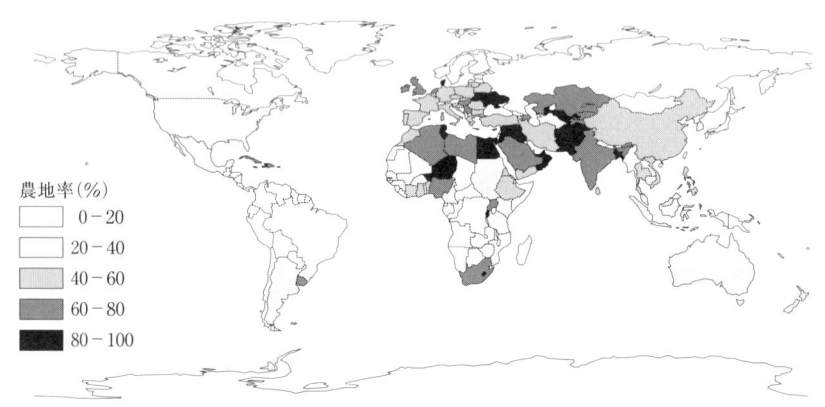

図1.2　国単位で見た農地率の分布

チグリス・ユーフラテス川が流れる西アジアでも，イラクが97%，イランが62%と，農地率が高い．北アフリカや西アジアは砂漠が広がる地域でもある．もともと森林が少なかった上に，その少ない森林が，人口が増えるにしたがい農地に変えられていった．

南アジアはインダス文明が栄えた地域であるが，その農地率はインドが71%，パキスタンが85%と，やはり高くなっている．また，黄河文明が栄えた中国でも農地率は54%と高い．

4大文明が栄えた地域ほどではないが，ヨーロッパも長い歴史を有する地域である．そのヨーロッパでは東，西，南ヨーロッパにおいて農地率が55%前後と高くなっている．ヨーロッパ文明は森林を切り開くことにより作られた（堀米編，1975）といわれるが，このことは農地率からもうかがえる．ただ，北ヨーロッパには森林が残っている．これは，北ヨーロッパでは森林を伐採しても，寒冷であることから，そこで農作物を栽培することが難しかったためと思われる．

1.2.3 農地率の低い新大陸

新大陸である北米，南米，オセアニア，またサハラ以南アフリカでは農地率が低い．ただ，サハラ以南でも南アフリカ共和国の農地率は高い．南アフリカ共和国は白人入植者が多かった国であるが，このことは農地率にも表れている．中央アフリカや南米は特に農地率が低い．これは，アフリカ中央部やアマゾン河流域には熱帯雨林が広がるが，熱帯雨林ではマラリアなどの病が猖獗し，最近になるまで人間の侵入を拒み続けて来たためと考えられる．

日本にとって身近な地域である東南アジアの農地率も低い．特にマレーシア，インドネシアなど島嶼部で低くなっている．タイの農地率は比較的高いが，そのタイでも農地の拡張は1960年代以降に行われている．タイは長い歴史を有する国であるが，その東北部で農地面積が拡大したのは1960年代以降のことである（八田ら，2005）．農地率を見る限り，東南アジアは新大陸といってよい．

このように，世界の森林分布には人類が深く関わっている．現在，森林の多くはユーラシア大陸の北部と赤道付近に存在する．多くの人間が長く住み着い

た中緯度地域では，過去 4,000 年ほどの間に，多くの森林が農地に変わってしまった．森林の保護は環境問題のなかでも重要な位置を占めているが，農地の多くが元は森林であったことをよく認識しておく必要がある．このことは森林の保護を考える上で重要な論点といえよう．

現在，赤道付近の一部の開発途上国において，森林が農地に変えられようとしている．人類の歴史を考えたとき，このことを中緯度に位置する先進国が一方的に咎めることは難しい．先に開発を行った者が，後から開発するものを非難する権利はないからである．化石燃料を用いて発展した先進国が開発途上国における化石燃料消費量の増加を咎めることは難しいが，同様の構造が熱帯雨林伐採問題にも存在する．

1.3 休耕地

1.3.1 農地と総栽培面積の定義

農地は農業にとって最も基本的なものであるが，その定義には若干の注意を要する．1.1.1 でも見たように，FAO データにおいて農地は（Arable and Permanent Crops）と表記されているが，この農地面積は各国が農地としている面積であり，そのすべてで農業が行われているとは限らない．このことは，わが国の休耕田を考えれば容易に理解できよう．

FAO データには農地面積の他に，作物毎に収穫面積（Harvesting Area）が記載されている．収穫面積とは作物を収穫した面積である．栽培を行ってもまったく収穫ができなかった場合，その面積は収穫面積に計上されないから，収穫面積と栽培面積はまったく同じではない．しかし，収穫がまったくなくなってしまうことは稀であるから，収穫面積を栽培面積と考えても大きな誤差は生じない．本書では収穫面積を栽培面積とした．

穀物，油脂作物，大豆，豆類，いも類，野菜，果物，繊維作物，サトウキビ，オイルパーム，コーヒー，天然ゴム，ナッツ類，ココア，甜菜大根，タバコ，お茶，17 品目の栽培面積の合計を，ある国で実際に農業が行われている面積と考えた．世界では，ここに挙げたもの以外にも胡椒などのスパイス類が栽培

されているが，その面積はわずかである．本書では以下この17品目の栽培面積の合計を総栽培面積と表記する．

1.3.2 農地面積と総栽培面積が語ること

世界には使われていない農地が多く存在する．このことを農地面積と総栽培面積の差として見てみよう．表1.2には地域別の総栽培面積を示す．世界の総栽培面積は12億5,500万ha（2003年）であった．総栽培面積が最も広いのは南アジアで，これに東アジア，北米が続く．

農地面積と総栽培面積とを比べると，そのすべてで農地面積と総栽培面積は一致しなかった．少々の違いは統計誤差とも考えたが，多くの地域で誤差とは考え難いほどの違いが見られた．ほとんどの地域では総栽培面積が農地面積よ

表1.2 総栽培面積と休耕地（2003年，単位は100万ha）

	(A)総栽培面積	(B)休耕地	B/(A+B)(%)
東アジア	174	-3	-2
東南アジア	99	-4	-4
南アジア	227	-21	-10
西アジア	50	22	30
オセアニア	26	27	51
太平洋諸島	1	0	18
北ヨーロッパ	5	3	40
西ヨーロッパ	31	11	26
南ヨーロッパ	26	9	25
東ヨーロッパ	35	11	24
旧ソ連（ヨーロッパ）	82	96	54
旧ソ連（アジア）	27	9	26
北アフリカ	21	7	26
東アフリカ	45	4	8
西アフリカ	94	-11	-13
中央アフリカ	18	7	28
南アフリカ	25	16	39
北米	131	95	42
中米	26	16	38
南米	112	17	13
全世界	1,255	311	20

り少なかったが，東アジア，東南アジア，南アジア，西アフリカの4地域では総栽培面積が農地面積を上回っていた．

　農地面積が総栽培面積より大きい場合，その差は休耕地になっていると考えられる．日本の休耕田を連想すればよいであろう．ただ，小麦が栽培されている地方では，昔ながらの輪作体系のなかで休耕が行われている可能性がある．この統計からでは，休耕が輪作体系のなかで行われているものか，ただ耕作されていないだけかを知ることができない．ここでいえるのは耕作されている面積の合計が農地とされている面積より少ないということだけである．この差を本書では便宜上，休耕地と呼ぶことにする．

　一方，総栽培面積が農地面積を上まわる場合（休耕地の面積が負の値になる）には，多期作，多毛作が行われていると考えられる．多期作とは同じ作物を同一の農地で一年間に何度も栽培することであり，多毛作とは種類を変えて栽培することである．

　休耕地の面積が負になったのは東アジア，東南アジア，南アジア，西アフリカであるが，この4地域は米作が盛んな地域でもある．米は2期作，場所によっては3期作が可能な作物であるが，この4地域では広い範囲で米の多期作が行われ，その結果休耕地面積が負になったと考えられる．

　北米や，旧ソ連（ヨーロッパ）では休耕地面積が1億ha近くにもなっている．また，オセアニア，西アジアでも，その面積は2,000万haを上回っている．南米，南アフリカ，中米，西ヨーロッパ，東ヨーロッパでも1,000万haを超えている．旧ソ連（ヨーロッパ）やオセアニアでは休耕している面積は，耕作している面積よりも大きい．北米でも休耕地は耕作面積の73%に達する．

　北米，旧ソ連，ヨーロッパでは，休耕地が採草地として利用されている可能性も排除できない．しかし，最大の休耕地を有する北米では，トウモロコシや大豆を飼料とする畜産が主流であり，採草地はそれほど必要ない．現在，ヨーロッパや旧ソ連地域でも飼料用穀物を与える畜産が主流になっているから，北

---

4) 2005年版のCD-ROMには明確な数字が示されていなかったが，FAOウェブサイト（2008年3月）にはかいばなどの収穫面積（area harvested selected fodder crops）が記載されている．それによると，かいばなどの収穫面積は全世界で3,630万ha（2006年）であり，これは休耕地と計算される面積の約1割である．採草地として用いられている面積は，休耕地のごく一部と考えてよいだろう．

米と同様に広い採草地は必要でない[4]．窒素肥料が普及した現在，単収を維持させるために小麦と牧草を交互に栽培する必要性も薄れている．このように考えれば，米国や旧ソ連に広大な休耕地が存在する理由は，耕作しても大した利益にはならないためと思われる．経済的な理由で休耕地になっていると考えられる．

世界の休耕地面積を合計すると3億5,000 haにもなる（表1.2の合計は負の値も考慮しているため，この値とは一致しない）．これは2005年におけるわが国の総栽培面積319万haの110倍にも相当する．世界の休耕地面積は極めて大きい．

なお，同様の手法でわが国の休耕地面積を求めると，2003年において154万haになる．一方，1961年の面積は－133万haであった．これは日本でも1961年には多期作や多毛作が行われていたことを示している．日本で休耕地面積がマイナスからプラスに転じるのは1970年であるが，これは減反政策がとられた時期とほぼ一致する．日本の休耕地面積は1970年代前半に急拡大し，現在も拡大し続けている．

1.3.3 アフリカの事情

南アフリカや中央アフリカなど食料の供給に問題があるとされる地域にも，実は多くの休耕地が存在する．本当に食料が足りないのなら，すべての農地で耕作が行われるはずである．たとえば，食料が極度に不足した戦中戦争直後の日本では，多くの家庭において庭でイモやカボチャなどが栽培されていた．アフリカの統計には問題が多いといっても，これだけ多くの面積が統計のミスにより休耕地にされるとは考えにくい．試みに2003年以前についても調べてみたが，ほぼ同様の面積が休耕地と計算され，2003年だけが特別な年ではない．2003年の値に基づくと，南アフリカでは39％，中央アフリカでも28％の農地で耕作が行れていないことになる．畜産がさほど盛んでないサハラ以南アフリカに広大な採草地が存在するとも思えない．

このことはサハラ以南アフリカにおいて，もっと多くの食料を生産することが可能であることを示している．これは，第9章でも触れるが，アフリカの食料問題が農業や食料生産の問題ではなく，内戦や部族紛争に絡んだ政治問題で

あることを示している.

1.4 農地面積の増減

1.4.1 増加傾向の熱帯地域

ここまでで世界の農地の現状をつかんでいただけたと思う.この農地面積は増えているのであろうか,それとも減っているのであろうか.本節では総栽培面積の経年変化より,農地面積の増減を推定する.

世界の総栽培面積の変化を図 1.3 に示す.世界の総栽培面積は 1961 年に 10 億 ha だったものが,2004 年には 12 億 6,000 万 ha に増加している.これは年率 0.5% の増加に相当する.ただ,全世界において均一に増加したわけではない.

表 1.3 には地域ごとに 1961 年の総栽培面積に対する 2004 年の値を示すが,この値が 1 より大きければ面積が増えたことになり,1 より小さければ減少したことになる.表 1.3 を見ると,面積の増加が特に著しいのはオセアニアと西アフリカである.1961 年に比べた 2004 年の面積は,オセアニアで 2.80 倍,西アフリカで 2.33 倍にもなっている.この他でも南米,東アフリカで,東南アジア,太平洋諸島,中央アフリカにおいて増加が著しい.増加が著しいこれら 7 地域は,オセアニアを除いてすべて赤道付近に位置している.オセアニアでもオーストラリアの北部は熱帯に属する.総栽培面積の増加を農地面積の増加

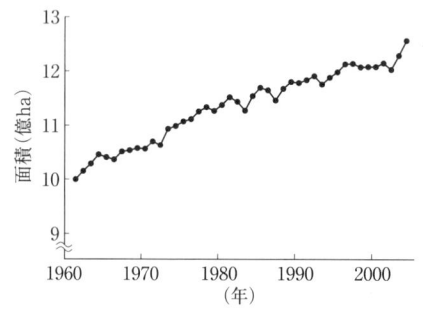

図 1.3 世界の総栽培面積の変遷

と考えると，赤道付近において農地面積が増加したことになる．この7地域をあわせると1961年から2004年までの間に，農地面積が1億9,700万haも増加している．

　この増加は森林を伐採し農地を造成した結果と見てよいであろう．表1.1から計算すると7地域の森林面積の合計は18億9,900万ha（1994年）であるから，この地域では，過去43年間に森林の10%以上が農地に変わったことになる．森林面積の推定には1.1.1で述べたように森林の定義に関わる問題があるから，農地面積の増減から森林面積の増減を推定することは有力な手法である．熱帯地域における森林面積の減少については多くの報告（石，1998；2003，湯

表1.3　総栽培面積の増減
（2004年と1961年との比）

	[−]
東アジア	1.13
東南アジア	1.90
南アジア	1.22
西アジア	1.36
オセアニア	2.80
太平洋諸島	1.63
北ヨーロッパ	1.02
西ヨーロッパ	1.01
南ヨーロッパ	0.84
東ヨーロッパ	0.78
旧ソ連（ヨーロッパ）	*0.72
旧ソ連（アジア）	*0.72
北アフリカ	1.47
東アフリカ	1.98
西アフリカ	2.33
中央アフリカ	1.62
南アフリカ	1.32
北米	1.15
中米	1.25
南米	2.03
全世界	1.26

* ソ連全体の値．

本，1999）があるが，農地面積の増加から見ても，過去45年ほどの間に熱帯地域で2億haほどの森林が減少したことは確実と思われる．

1.4.2 減少傾向の旧ソ連と東ヨーロッパ

反対に，総栽培面積が減少している地域もある．旧ソ連地域と南ヨーロッパ，東ヨーロッパである．旧ソ連地域に関する統計は1991年まではソ連として一括されている．ここでは，旧ソ連（ヨーロッパ）と旧ソ連（アジア）を統合し，旧ソ連として扱う．

2004年の栽培面積と1961年の面積との比は，旧ソ連で0.72，東ヨーロッパで0.78，南ヨーロッパで0.84である．旧ソ連地域では実に4,240万haも栽培面積が減少している．また，東ヨーロッパで995万ha，南ヨーロッパでも514万ha減少している．この3地域はもともと人口増加率が低い地域である上に，旧ソ連地域と東ヨーロッパでは1990年代以降人口が減少しているから，新たに市街地を造成するために農地がつぶされたとは考えにくい．総栽培面積の減少は休耕地の増加を意味しよう．この3地域は先進的な地域でもあり窒素肥料も普及しているから，輪作に関連した計画的な休耕とは考えられない．耕作放棄地が増加することにより栽培面積が減少したのであろう．3地域における栽培面積の減少は合計で5,749万haにものぼるが，これはわが国の総栽培面積の18倍にも相当する．

熱帯地域で農地面積が増加する一方で，旧ソ連や東ヨーロッパ，南ヨーロッパでは農地面積が大きく減少している．世界の農地面積は一方的に増加しているわけではない．

1.5 農地の拡張

1.5.1 農地になり得る森林

農地拡大の余地を検討することは，21世紀における食料問題とバイオマスエネルギーの利用を考える上で極めて重要である．これまで何度も言及してきたように，現在農地として使用している土地の多くは森林を伐採して造成した

ものである．このため，今日森林として残っている41億6,300万haについても，その何割かを農地に変えることが可能であろう．森林を農地に変えることには自然保護の立場からの批判があろうが，食料危機やバイオマスエネルギーの利用を語る上では，農地になり得る面積を知っておくことも重要と考える．

　一口に森林を農地に変えるといっても，農地に変えやすいかどうかには大きな差がある．シベリアやカナダには針葉樹林帯が多く残されているが，極めて寒冷な地域であるため，伐採して農地にすることは難しい．また，現在，森林の多くは山岳地帯に残っているが，急斜面にある森林を農地に変えることも難しい．日本の農地率は16%と極めて低いが，これは森林の多くが急峻な斜面に存在しているためである．

　一方，農地面積は気候や地形など自然条件だけで決まるものではなく，人間の努力に依存する割合も大きい．日本の段々畑や棚田を思い浮かべればわかるように，斜面にある森林も農地に変えられる．また，寒冷な土地で育つ品種ができれば，寒冷な土地も農地となり得る．江戸時代には北海道に水田は存在しなかった．しかし，北海道でも生育する水稲が品種改良により作られたため，現在では，北海道は水田面積が最も多い都道府県になっている．土地技術の発達や品種の改良により，拡張可能な農地面積は広がることになる．

1.5.2　IIASAによる推定

　FAOは以前から世界の農地面積をどれほど拡張できるかについて研究を行っている．ここでは，最近FAOがIIASA（国際応用システム研究所）と共同で行った研究の一部を紹介する（IIASAウェブサイト）．

　IIASAは地理情報システム（GIS）を用い，作物ごとに栽培適地の推定を行った．1990年代にGISが急速な発展を遂げたことから，いままで，勘と経験に頼りながら地図上に線を引くような方法で行われていたこの種の作業は，急速に精度が向上している．ただ，GISが急速に発達しても，この種の研究に問題がないわけではない．以下のことに注意する必要がある．

　IIASAの研究においては，農地拡張に対する人間の努力をInput（投入量）として抽象的に表現している．このInputは多分に抽象的な概念であり，具体的に労力や資金，また肥料や農薬の投入量が明示されているわけではない．

Input は「高：high」,「中：middle」,「低：low」の 3 段階に分けた検討が行われている．また，農地としての適性を「好適：very suitable」,「適：suitable」,「普通：middle」,「限界：marginal」の 4 段階に分けているが，その区分も抽象的である．農地にするための努力と，農地として適しているかどうかの評価を厳密に数字に置き換えて議論することは難しく，定義を少し変えれば面積が大幅に変化し得る．こういったことを念頭に置きながら，IIASA の研究結果を見てみよう．

IIASA による検討結果の一部を表 1.4 に示す．表 1.4 は，穀物の栽培において Input を「高」とした場合に，「好適」と「適」に分類される面積の合計を示している．IIASA では 27 の作物について個別に検討しているが，本書では穀物についてのみ紹介し他は割愛した．穀物には温暖，湿潤な地域に適する

表 1.4　穀物の栽培適地面積（単位は 100 万 ha）

	栽培適地面積	拡張可能面積
東アジア	122	-43
東南アジア	118	22
南アジア	191	-12
西アジア	12	-58
オセアニア	74	23
太平洋諸島	7	5
北ヨーロッパ	12	4
西ヨーロッパ	66	25
南ヨーロッパ	13	-22
東ヨーロッパ	53	9
旧ソ連（ヨーロッパ）	241	70
旧ソ連（アジア）	6	-30
北アフリカ	4	-24
東アフリカ	164	115
西アフリカ	181	97
中央アフリカ	245	221
南アフリカ	182	141
北米	289	61
中米	45	3
南米	692	571
全世界	2,718	1,179

水稲から，比較的乾燥し寒冷な地域に適する小麦まで多くの種類があり，その栽培適地面積はサトウキビやオイルパームなどよりはるかに広い．このため穀物栽培適地面積は，農地の拡張可能性を議論する際に最も適した指標になる．なお，IIASA の推定は天水（雨水）に依存した農業を前提にしている．

IIASA の推定では，上記の条件において穀物の栽培に適するとされる面積は 27 億 1,800 万 ha である．ちなみに Input を「中」とした場合には 24 億 9,000 万 ha になり，「低」とした場合には 23 億 8,000 万 ha に減少する．また，「好適」，「適」だけでなく，「普通」，「限界」を加えた場合には，31 億 2,000 万 ha に増加する．

穀物栽培適地面積の 27 億 1,800 万 ha は，表 1.1 に示した現在の農地面積 15 億 3,900 万 ha の 1.8 倍に相当する．つまり，世界の農地面積は現在より 11 億 7,900 万 ha 拡張できる．地域別に見ると，南米や中央アフリカで拡張の余地が大きい．現在のサハラ以南アフリカの農地面積は 1 億 9,700 万 ha（表 1.1）であるが，IIASA の推定では，これを 7 億 7,200 万 ha にまで拡張可能である．サハラ以南アフリカでは，現在の農地面積を約 4 倍に増やせることになる．

これに対して，東アジア，南アジア，西アジア，南ヨーロッパ，旧ソ連（アジア），北アフリカでは，拡張可能面積がマイナスになる．これは，この地域では農地となり得る土地のすべてが農地に変えられ，本来，農地にあまり適していない土地も農地として用いられていることを示している．拡張可能面積がマイナスになっているのは，どこも人類が古くから活発に活動している地域である．

ここで，旧ソ連（アジア）以外では長い時間をかけて農地に適さない土地が農地に変えられていったため，そこで行われている農業の持続可能は高いと思われる．しかし，旧ソ連（アジア）では，以下の理由によりその持続可能性に疑問が呈されている．

IIASA の推定では，気温や地形とともに降雨量が農業に適する土地かどうかを判断する上で重要な条件になっている．旧ソ連（アジア）には平地が多く，また気温も比較的高い．しかし，降雨量が少ないことから，栽培適地面積は 600 万 ha と少ない．だが，実際には，灌漑によって農地面積は 3,610 万 ha も存在する．その 77% はカザフスタンとウズベキスタンに存在するが，両国に

またがって存在するアラル海は，過剰灌漑により湖沼面積が大きく縮小した湖として有名である．つまり，旧ソ連（アジア）の農業は，アラル海を縮小させるほどの灌漑によって成り立っており，その持続可能性には疑問がある．このことは大きくマイナスとなった拡張可能面積からもうかがい知ることができる．

最後に IIASA の推定の信頼性について触れておきたい．IIASA の推定では気温，日照，降雨量や地形などを考慮しているが，数理モデルを用いた推定としては当然のことであるが，ある条件の下での推定になっている．この条件を少し変化させると結果が大きく異なることが，数理モデルを用いた推定ではしばしば生じる．だが，このことを考慮に入れても，筆者は今回の IIASA の推定をある程度の信頼がおけるものと考えている．その理由は以下の通りである．

第一には耕作に適するかどうかは気温や降雨量，地形などにより判断されるが，これらは地球の表面に関する情報である．そのようなデータの精度は，先にも述べたが，GIS 技術や人工衛星を利用した観測が進歩することにより，近年，飛躍的に向上している．今回の推定では，以前に比べてはるかに精度の高いデータが用いられており，これにより信頼性が向上したと考えてよいであろう．

第二には，本書では先に農地率を検討したが，このことからも南米やサハラ以南アフリカに農地が少なく，森林が多く残っていることは明らかである．南米やサハラ以南アフリカの森林も他の地域の森林と同様にその一部を農地にすることは可能と考えるが，このことは IIASA の推定と一致している．南米とサハラ以南アフリカには，これまで人類が手を付けて来なかった，農地になる森林が膨大に残されている．

第三の理由としては，ブラジルの研究所がブラジル国内にあるセラードと呼ばれる台地を開発するだけでも 1 億 2,700 万 ha にもおよぶ農地を造成できるとしていることである（9.5.2 参照）．IIASA のように数理モデルに基づいた推計ではなく，実際に現地を見ている研究機関も膨大な農地の拡張可能性に言及している．以上の 3 点から，IIASA の推定はある程度信頼できると考えている．

第 1 章で検討したことをまとめてみると，次のようなことになろう．現在，人類は世界で約 12 億 ha の農地を使用しているが，なお 3 億 ha ほど使用して

いない農地がある．また，森林を破壊することにはつながるが，南米やサハラ以南アフリカを中心に新たに 11 億 ha ほど農地を造成することが可能である．現在使用している農地（総栽培面積）と使用していない農地（休耕地），それに拡張可能な農地を合わせると 26 億 ha にもなる．これは現在農地として使用している面積の 2 倍以上である．世界には休耕地も多く，また，農地拡張の余地も大きい．

〈コラム：都市化と森林面積〉

　森林面積の減少は，主に農地拡張の結果と考えられる．一方，宅地や工場用地のために農地が減少する割合はわずかである．これは次のような試算から検証できる．東京都の区部人口密度は 134 人/ha（2003 年）（東京都総務局ホームページ）であるから，ここでは市街地の人口密度を 100 人/ha と仮定しよう．ここで市街地には住宅だけでなく，道路や市役所などの公共施設，また工場やオフィスビルもあると考える．東京都で最も人口密度の高い中野区の人口密度は 201 人/ha であるから，市街地の人口密度を 100 人/ha としたことは，市街地面積を多めに推測することにつながる．妥当な仮定といえよう．

　日本の人口が約 1.2 億人であることから，市街地として必要な面積は 120 万 ha になるが，日本の農地面積は 474 万 ha であるから，市街地面積は農地の約 1/4 に過ぎない．FAO データより計算すると日本には約 155 万 ha の休耕地が存在するが，休耕地面積は市街地面積を上回っている．

　戦後の高度経済成長期に，身近にあった平地林が住宅地や工場用地に変わっていったのを目にしたため，私たちは住宅地や工場用地の造成が森林破壊の元凶との印象を持つようなった．ただ，これはマクロに見ると正しい認識とはいえない．1961 年において日本の人口は 9,500 万人であったから，45 年ほどの間に約 3,000 万人増えたことになる．この間に人口密度 100/ha の市街地が造られたと考えると，1961 年以降に増えた市街地面積は 30 万 ha だけである．日本の森林面積は現在 2,460 万 ha あるから，戦後に造成された市街地は森林面積の 1.2% にしかならない．都市の拡張が森林面積を大きく減少させたとはいえない．ただ，都市周辺の平地林を減少させたことは事実であろう．

　一方，農地面積は 1961 年には 601 万 ha あったものが，2005 年には 474 万 ha にまで減少している．減少した面積は 127 万 ha にもおよぶから，市街地が農地を潰したとする議論も，大都市の近郊ではその通りであろうが，マクロに見ればその一部を説明するに過ぎない．

この推定は農地が少なく人口の多い日本の話である．世界の市街地についても同様の推定を行ってみよう．世界の市街地の人口密度も 100/ha と仮定してみると，現在，世界の人口は 65 億人であるから，市街地に必要な面積は 6,500 万 ha になる．一方，世界の森林面積は 41 億 6,000 万 ha，農地が 15 億 4,000 万 ha，1.3.2 で計算した休耕地とされる面積は 3 億 5,000 ha であるから，休耕地だけでも市街地の 5 倍以上存在することになる．市街地の拡大が森林を破壊している部分はごくわずかと考えられる．農地の拡張が森林破壊の主な原因といってよいであろう．

2 農作物
倍増した穀物生産量/飼料需要が急伸する大豆

本章では世界の農作物生産を概観する．第4章で検討するエネルギー作物と合わせて見ると，世界のどこで何がどの程度生産されているか知ることができよう．

2.1 栽培面積の内訳

世界の農地では何が最も多く栽培されているのであろうか．このことを種類別の栽培面積から見てみよう．種類別の栽培面積を図2.1に示す．この図を見ると，世界で最も多く栽培されている農作物が穀物であり，総栽培面積の約半分で穀物が栽培されていることがわかる．穀物の次に栽培面積が多いのは油用作物である．FAOデータでは，大豆は豆類ではなく油用作物に分類されるが，大豆を含んだ油用作物の栽培面積は世界2004年の時点で2億4,600万haにも

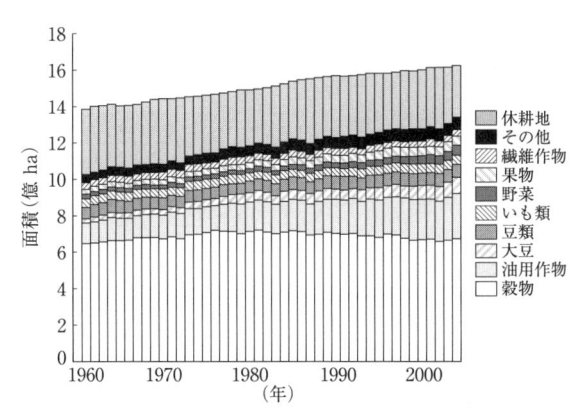

図 2.1 主要農作物の栽培面積

のぼり，総栽培面積の約20%を占めている．また，その面積は少しずつ増えている．近年，バイオマスエネルギーに関連して植物油を利用したバイオディーゼルが話題にのぼるが，人類は食用油を生産するだけでも多くの土地を必要としていることを記憶にとどめておく必要がある．

一方，穀物と油用作物以外の栽培面積はずっと小さくなる．油用作物に続くのは豆類，いも類であるが，どちらの栽培面積も1億haを大きく下回り，図2.1では細い帯にしか見えない．また，野菜は私たちの食卓には欠かせないものであるが，その栽培面積はさらに少なく世界で5,150万haでしかない．これは穀物栽培面積の4%である．

野菜を工場で生産しているところがあるが，これは野菜の単収[*]が大きいからできるのである．野菜の世界平均単収は16.9 [t/ha]（2005年），日本の単収は27.0 [t/ha]にものぼる．また，野菜は実を食べるのではなく葉や茎，根を食べるものであるから一般に収穫までの時間が短く，1年間に複数回収穫できるものも多い．そのため実際に必要な面積がここに示した面積より少なくて済むことも，工場生産に向いている所以である．

野菜工場からの連想か，「将来，農作物は工場で作られるようになる」というような話を聞くことがあるが，野菜では可能なことであっても，栽培面積の大半を占める穀物や油用作物を工場で作ることは，単収から見て不可能である．また，それを試みれば，大変なエネルギーの無駄遣いになる．環境保護の観点からも勧められるものではない．

人類は農作物から衣服の原料となる繊維も得ている．しかしながら，繊維作物を栽培している面積は食料を生産している面積に比べて極めて少ない．2004年の栽培面積は3,870万haであり，これは世界の総栽培面積の3%でしかない．世界の農地は食料生産のために使われているといってよい．

図2.1には，1.3.1にて検討した17品目の栽培面積をすべて示したが，穀物，油用作物，豆類，いも類，野菜，果物，繊維作物以外についての栽培面積

---

1) 単収：単位面積当たりの収穫量．単位は [t/ha] である．わが国では反収なる用語も使われていたが，これは1反当たりの収穫量という意味である．反は面積を表す単位であり，メートル法で991.7m^2に相当する．1反がほぼ10aであることから，最近まで1反当たりの収穫量という意味で反収が用いられてきた．しかし，本書ではすべてをメートル法で表記したため単収と表記する．

は極めて少ないため，その他にまとめている．バイオマスエネルギーとの関連で話題になるサトウキビはその他に入っているが，サトウキビの栽培面積を個別に示すと一本の細い糸にしか見えない．

以上を概観すれば，人類は農地の7割以上を穀物と植物油を生産するために使用していることになる．豆類やいも類，野菜や果物，繊維作物，バイオマスエネルギーに関連したサトウキビの栽培面積は，穀物の栽培面積に比べれば極めて少ない．また，第1章で検討した休耕地面積を図2.1に示すと，その面積が極めて大きなものであることが実感できる．

2.2 穀物

2.2.1 人口を上まわる生産量の伸び

穀物の生産量がどのように変化してきたか，人口との対比で見てみよう．世界の穀物生産量と人口の変遷を図2.2に示す．この図では生産量，人口ともに1961年の値を1とし，生産量と人口の伸びの比較がしやすいようにしている．以下でも，この表示法は2つの数値の伸びを比較する場合に用いる．

1961年の世界人口は約30億人であったが，2001年には約60億人と2倍になった．これに対して，穀物生産量は多少変動しているものの，同じ期間に2.4倍に増加し，2005年の生産量は22億4,000万tであった．

生産量を人口で割ると一人当たり生産量が得られるが，穀物生産量の伸びが

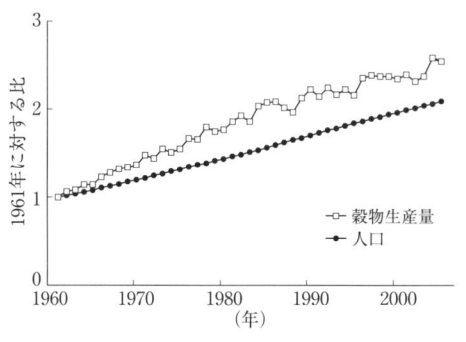

図2.2 穀物生産量と人口の増加

人口の伸びを上回ったことから，一人当たりの穀物生産量が増加している．1961年に285 kgだった一人当たり生産量は1976年に350 kgを超え，それ以降，多少の変動はあるものの350 kg前後で推移している．

　一人当たりの穀物生産量が年間350 kgといわれてもなかなか実感がわきにくいので，これを一日当たりの熱量に換算してみよう．ここでは，穀物を米として計算を行った．

　FAOデータに示される穀物生産量は籾を含んだ値であるが，米を食べるには脱穀して籾をのぞかなければならない．米は脱穀すると重量が30%ほど減少するから，米350 kgは玄米245 kgに相当する．通常は玄米を白米にするが，これによりさらに5%ほど目減りする．玄米にした時点で食用となるので，ここでは玄米を基準として一人当たりの供給熱量を計算してみよう．

　玄米245 kgを365日で割ると，一日当たりの供給量は671 gになる．米100 gは356 kcalの熱量を有するから（p 32のコラム中の表を参照），671 gの米は2,390 kcalの熱量を有していることになる．現在，日本の食料供給量は一日当たり2,750 kcalであるが，当然のことであるが人間は穀物だけを食べるわけではない．肉や魚も食べれば，砂糖や植物油も摂取する．たとえば，現在，日本人は穀物から944.7 kcalを摂取しているに過ぎない（食料需給表，2006）．こう考えれば，世界平均である一人当たり350 kgの穀物は人類を養うに十分な量と考えられる．もし，世界で生産される穀物が人類に平等に配られるならば，すべての人々は十分な量の穀物を食べることができる．これがそうなっていないのは，多くの穀物が飼料として用いられているためである．

2.2.2　20世紀後半に急増した単収

　人類はどのようにして穀物の生産量を増やして来たのであろうか．生産量を増やすには，栽培面積か単収のどちらかを増やすことになる．20世紀後半において人類がどちらの方法を取ったのか検証してみよう．図2.3には栽培面積と単収について1961年以来の変遷を示す．ここでも両者の比較が容易なように1961年の値を1としている．図2.3から，単収が増加しているのに対して栽培面積は増加していないことがわかる．つまり，20世紀後半においては人類は単収を増加させることによって，より多くの穀物を手に入れたといえる．

このことは歴史的に見て大事件であった．人類が農耕を始めてから第二次世界大戦頃（1945年頃）までは，穀物単収を増大させることは極めて難しかったからである．第二次世界大戦以前において穀物単収が有意に増加したのは，江戸期時代後期から明治にかけての日本ぐらいであるが，このことは世界でも特異な現象といってよい．

ここで，歴史的なデータを見てみよう．図2.4はフランスにおける19世紀初頭からの小麦単収の変遷を示したものである．この図はミッチェルが収集したデータ（Mitchell, 1998）とFAOデータを組み合わせることにより作成した．ミッチェルが収集したデータのなかでは，フランスの小麦データが最も古い年代にまで遡ることができる．

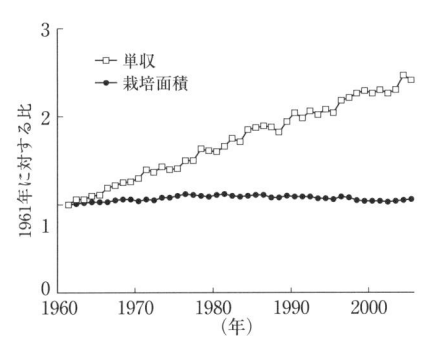

図2.3 穀物栽培面積と単収

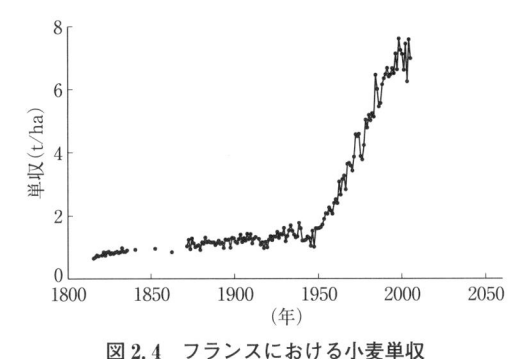

図2.4 フランスにおける小麦単収

出典）1960年までミッチェル（1998年），1961以降FAO（2005年）より作成．

フランスの小麦単収は，第二次世界大戦以前はそれほど増加していない．1820年代の単収は0.8［t/ha］であるが，100年経過した1920年代においても単収は1.4［t/ha］にとどまっている．100年間で1.7倍にしか増えていない．この100年は科学技術が急速に進歩した時代でもあったが，その時代においても単収はさほど増加していないから，それ以前は推して知るべしであろう．また，図2.4をよく見ると，第一世界大戦（1914年から1919年）と第二次世界大戦（1939年から1945年）のときに単収が落ち込んでおり，戦争の爪痕を読み取ることができる．

長らく一定であった単収は，第二次世界大戦が終了した頃から急速に増加し始め，2000年には7.3［t/ha］にもなった．1820年からの100年間で1.7倍にしか増えなかった単収は，1950年からの50年間で5.6倍に増えた．これは第5章で述べる窒素肥料（化学肥料）の投入により達成されたと考えられる．多収量品種の導入や窒素肥料の普及による単収の増加，いわゆる「緑の革命」は開発途上国での出来事と思いがちであるが，実際には開発途上国よりも，むしろ先進国で著しい成果を上げている．

現在においても，窒素肥料投入量が極端に少ないサハラ以南アフリカの単収は1［t/ha］程度であり，19世紀のフランスとほとんど変わらない．穀物の単収は「緑の革命」が生じるまでは，世界のどこでも1［t/ha］程度（谷野，1997）であったと考えられる．

余談になるが，筆者は人類が土地や領土に固執する原因が図2.4にあると考えている．長い間穀物の単収が一定であったため，ある国や地域で人口が増加すると穀物栽培面積を増やす必要が生じた．単収と一人が消費する穀物量が一定である場合，栽培面積，穀物生産量，人口の間には比例関係が生じることになる．このため，ある民族やある国家が勢いを増す（人口を増やす）ためには，領土（栽培面積）の拡大が必要となる．

最近は農地ではなく石油や天然ガスといった地下資源が出る地域をめぐっての係争が多いが，領土問題となるとどの国の人も眼の色が変わるようである．領土が大切，との考えは昔も今も人類の心に深く根ざしているように思える．

2.2.3 種類別生産量

米，小麦，トウモロコシ：3大穀物

現在，世界で多く生産されている穀物は，米，小麦，トウモロコシであり，これらは3大穀物と呼ばれている．穀物にはこの3種以外にも，大麦，ライ麦，粟，稗など多くの種類があるが，近年，この3種の生産量が特に増加している．

米，小麦，トウモロコシ，その他の穀物に分けて，それぞれの生産量を図2.5に示す．図2.5を見ると，米，小麦，トウモロコシの生産量は1961年以来ほぼ同じ傾向で増加していることがわかる．2005年における世界の生産量は，小麦6億3,000万t，米6億1,800万t，トウモロコシ7億200万tであった．21世紀に入ってからは，トウモロコシの生産量が米，小麦の生産量をやや上まわっている．その他の穀物の生産量は1970年代中頃までは米や小麦とほぼ同様に増えていたが，1980年頃から伸び悩み，1990年代以降は減少傾向にある．2005年の生産量は2億9,000万tにとどまる．

3大穀物のなかで米は主にアジアで生産されている．東アジア，東南アジア，南アジアの合計生産量は5億5,400万t（2005年）になり，これは全生産量の90%を占めている．この割合は1961年において92%であったから，そのシェアは44年経ってもほとんど変わっていない．米はアジアの穀物といえる．

国別に見ると，米の生産量が最も多いのは中国で1億8,300万t，これにインドの1億3,100万t，インドネシアの5,400万tが続いている．ちなみに日本

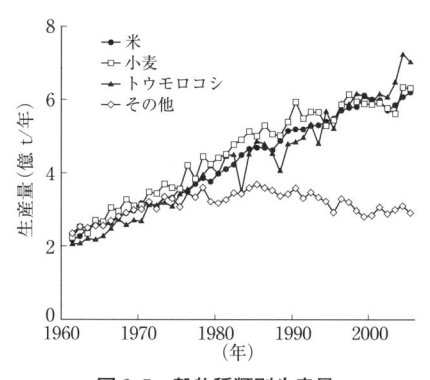

図2.5 穀物種類別生産量

の生産量は1,130万tで，世界第10位である．米の貿易交渉などでなにかと話題になる米国の生産量は1,010万tであり，日本に次いで第11位になっている．アジア以外では南米の生産量が多く，南米全体で2,400万tが生産されているが，その半分以上の1,310万tはブラジルで生産されている．

FAOのFood Balance Sheet（2002年）によると，飼料として用いられる米は全生産量の1.8%に過ぎず，そのほとんどは食用となっている．飼料として用いられる割合が少ないことが米の特徴といえる．

次に，小麦を見てみる．小麦は欧米の作物と思われがちであるが，意外なことにアジアで多く生産されている．地域別に見たとき生産量が最も多いのは東アジアであり，2005年の生産量は9,810万tになっている．このなかでは中国の生産量が9,700万tと圧倒的に多く，全体の99%を占めている．東アジアに続いて南アジアの生産量が多く9,600万tである．これに北米の8,280万t，西ヨーロッパの8,130万tが続いている．北米や西ヨーロッパよりも東アジアや南アジアの生産量が多い．小麦はこの他にも，旧ソ連（ヨーロッパ）や南米，オーストラリアで生産されている．一方，東南アジア，サハラ以南アフリカ，中米，太平洋諸島など，降雨量が多い熱帯ではほとんど生産されていない．

小麦が飼料として用いられる割合は全生産量の18%である．米に比べると飼料の割合が高くなっている．これは近年ヨーロッパや旧ソ連（ヨーロッパ）で，小麦が飼料として大量に用いられるようになったためである．一例としてフランスを見ると，1961年における飼料割合は23%であったが，2003年には50%に増加している．この背景には，図2.4に見られるように小麦の単収が急激に増加したため，従来は食料として貴重であった小麦が余りぎみになっていることがある．

トウモロコシはどうだろうか．トウモロコシは北米で多く生産されているが，そのなかでも米国の生産量が多い．米国の生産量は2億8,200万t（2005年）にもおよび，これは全生産量の40%を占めている．米国に次いで中国の生産量が多く，また中米，南米，ヨーロッパの生産量も多い．トウモロコシの特徴として，飼料として用いられる割合が米や小麦に比べて際立って高いことが挙げられ，2002年において全生産量の66%が飼料として用いられている．

大麦,ソルガム,ミレット,ライ麦

3大穀物以外で生産量が多いものは,大麦,ソルガム(高粱),ミレット(粟,稗の総称),ライ麦である.この4種でその他の穀物生産量の85%(2005年)を占める.この4種についてもう少し詳しく見てみよう.

その他の穀物生産量が全生産量に占める割合は1961年には27%であったが,2005年には13%にまで低下している.図2.6でその内訳の変遷を見てみよう.図2.6には大麦,ソルガム,ミレット,ライ麦の生産量を示したが,その他の穀物のなかでは大麦の生産量が圧倒的に多いことがわかる.大麦はヨーロッパや旧ソ連(ヨーロッパ)など寒冷な地域において,現在でもかなりの量が生産されている.

大麦というと私たちはビールやウイスキーの原料を連想するが,FAOのFood Balance Sheetによるとビールやウイスキーの原料になっている割合は18%に過ぎず,その66%は飼料として用いられている.ライ麦もその多くは飼料用であり,主にヨーロッパ,旧ソ連(ヨーロッパ)で生産されている.

ヨーロッパや旧ソ連(ヨーロッパ)では,大麦やライ麦は小麦の栽培に向かない条件の悪い土地で栽培されていた.特に,ライ麦は痩せた土地で栽培され,貧者の作物とされていたようである.しかしながら,図2.4で見たように小麦の単収が飛躍的に増加するなかで,痩せた土地で無理をして大麦やライ麦を生産する意義は薄れていった.大麦やライ麦における生産量の低迷は,食料危機の到来ではなく,ヨーロッパや旧ソ連(ヨーロッパ)で食料事情が改善したことを意味している.

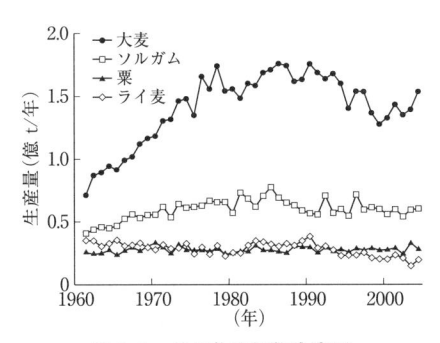

図2.6 その他の穀物生産量

〈コラム：穀物といも類〉

　人類の主食は穀物以外にもいも類が考えられる．いも類は穀物に比べ単収が高く，食べるところが根で地中にあるため，虫害や鳥害なども受けにくい．また，一般に痩せた土地でも育ち冷害や干ばつにも強い．いも類は太古から人類に食されてきたと考えられるが，現在，いも類は世界の多くの地域で主食ではない．いも類はなぜ主食になれなかったのであろうか．穀物がいも類よりおいしいというほかにも理由があるはずだ．

　まず，穀物が優れているのは，乾燥させると常温で長期保存が可能な点であろう．穀物を貯蔵しておけば，凶作の年も凌げる．この保存性に優れるという点は，食肉や魚など狩猟生活で得てきたものにはなかったものである．いも類も保存が可能であるが，穀物ほどの長期保存には向かない．人類は穀物を生産するようになって初めて，余剰や余暇を持つことができ，文明が発達したとされる．

　ここで穀物といも類の栄養価を比較してみよう．表には米，小麦，トウモロコシ，ジャガイモ，サツマイモそれぞれの100gに含まれる熱量とタンパク質の量を示す．穀物である米，小麦，トウモロコシが単位重量に含有する熱量は，いも類であるジャガイモやサツマイモよりも多い．また，いも類がほとんどタンパク質を含んでいないのに対し，小麦などは多くのタンパク質を含んでいる．小麦のタンパク質含有量は11%であるが，肉のタンパク質含有量が18.3%（食料需給表，2006）であることを考えると，穀物は思いのほか多くのタンパク質を含んでいる．穀物は食べておいしいだけでなく栄養価においても優れているのである．

表．穀物といも類，100g当たりの熱量とタンパク質量

	熱量(kcal)	タンパク質(g)
米	356	6.1
小麦	368	11.0
トウモロコシ	378	8.2
サツマイモ	132	1.2
ジャガイモ	76	1.6

出典）食料需給表（2006年）．

　もし，いも類から穀物と同量の熱量を摂取しようとすると，穀物の3倍ほどの量を食べなければならない．現在，外食産業などではジャガイモを揚げ物（フレンチフライ）にして販売していることが多いが，これは油により熱量を

補填しているとも考えられる．しかし，3倍食べたとしても，摂取できるタンパク質の量は同じ熱量を有する穀物を食べた場合よりも少ない．

　穀物は熱量とタンパク質を同時に摂取できる極めて便利な食料である．現在，いも類を主食とする民族は，太平洋の離島や中央アフリカの一部にしか残っていない．そこでも，いも類は主食でなくなりつつある．草原に起こった文明を除けば，これまで世界に現れた文明は，米，小麦，トウモロコシのいずれかを栽培している．

2.3 大豆

2.3.1 急増する飼料としての需要

　世界の食料生産において大豆が占める役割が重要性を増している．現在，大豆の重要性は穀物に引けを取らない．わが国では大豆は枝豆として直接食べるほか，豆腐や納豆，味噌，醤油の原料として広く利用されてきた．しかし，大豆を料理の素材にしたり加工食品の原料にしたりする国は中国，日本，韓国ぐらいで，多くの国では大豆は油を搾るものである．また，油を搾ったかすは大豆ミール（FAO では Soybean Cake と表記している）と呼ばれ，家畜のよい飼料になっている．近年，この家畜の飼料としての大豆の需要が急拡大している．

　大豆そのものには 33.6%（食料需給表，2006）のタンパク質が含まれているが，そのタンパク質は搾油した際に，搾りかすである大豆ミール側に残る．このため，大豆ミールのタンパク質含有量は 42% にもなる．トウモロコシのタンパク質含有量は 8.2% であるから，大豆ミールがいかに多くのタンパク質を多く含んでいるか理解できよう．現在，この大豆ミールは，家畜の生産効率を高めることに役立っている．

　経済成長が続く国では食肉と食用油の需要がともに増加するケースが多いが，そのような国では，大豆は食用油と飼料需要を同時に満たすことができる一石二鳥の作物になっている．

　図 2.7 には大豆ミールと飼料用穀物の消費量の変化を示す．双方とも 1961 年の値を 1 とした値を示した．図 2.7 を見ると，飼料用穀物の消費量も増加し

34　第2章　農作物

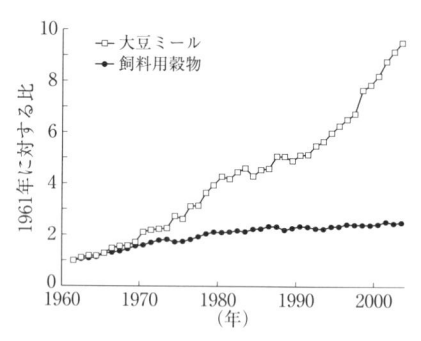

図 2.7　飼料用の穀物と大豆ミールの消費量

ているが，それ以上に大豆ミールが増加していることがわかる．ただ，1960年代中頃までは穀物と大豆ミールの伸びに大きな差は見られない．差が見え始めるのは1970年代に入ってからであり，1980年代に入るとその差は一段と顕著になっている．

2003年において世界では飼料として穀物が6億7,900万t，大豆ミールが1億2,600万t使用されている．ただ，大豆ミールのタンパク質含有量は穀物の約5倍であるから，タンパク質の供給源としては，穀物と大豆ミールはほぼ同様の役割を果たしていることになる．

図2.7から考えて21世紀において飼料用穀物の消費量が大きく増加する可能性は少ないといえる．これに対して，大豆ミールの消費量は一層増加するだろう．飼料として大豆が大量に使用されるようになったことは，世界の食料生産に大きな影響をおよぼすようになっている．

2.3.2　栽培面積の急増

図2.8には世界の大豆生産量と栽培面積を示す．2005年における大豆の生産量は2億1,400万t，栽培面積は9,140万haである．大豆の生産量は1961年から2005年までの間に8.0倍に増加したが，この増加は同時期の穀物生産量の増加が2.6倍であることを考えると著しく大きい．大豆は1961年以来，生産量が急増した農産物の1つである．

穀物の場合，生産量が増加したにもかかわらず栽培面積はほぼ一定であった（図2.3）．一方，大豆は生産量の増加にともない栽培面積も増加している．

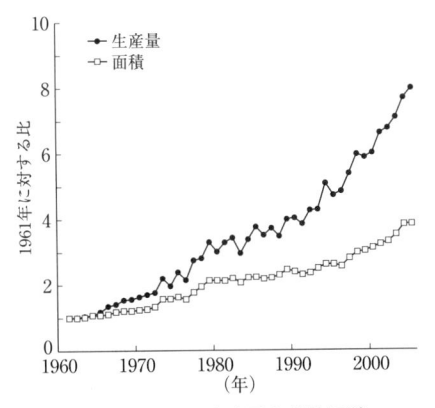

図 2.8 大豆の生産量と栽培面積

2005年の栽培面積は1961年の3.8倍になっており，特に1990年代に入ってからの増加が著しい．この理由としては，需要の急増もあるが，大豆の単収が穀物のように増加しなかったことも大きい．2005年における大豆の世界平均単収は2.3［t/ha］にとどまり，図2.4に示したフランスの小麦のように大きく増加していない．

穀物の単収向上には窒素肥料の投入が大きな役割を果たしが，大豆は根に共生する根粒菌により窒素を得ているため，窒素肥料の投入によって単収を増加させることが見込めない．このため，よほどの品種改良が成功しない限り，21世紀においても単収が大きく増加することはないであろう．需要の増加を賄うために，大豆の栽培面積は21世紀も増え続けることになろう．

2.3.3 偏在する生産地

穀物は人類にとって極めて重要な食物であるから，世界のほとんどすべての地域で栽培されてきた．それに対して，大豆の生産地は極めて限定されている．これはこれまでに大豆が重要な食料とは見なされてこなかったことに関連する．大豆が注目されるようになったのは，食用油や飼料としての需要が伸びてからであり，図2.8で見たように，生産量が増加したのは1960年代以降のことである．

図2.9には地域別の大豆生産量を示すが，1990年代に入ってから南米の生

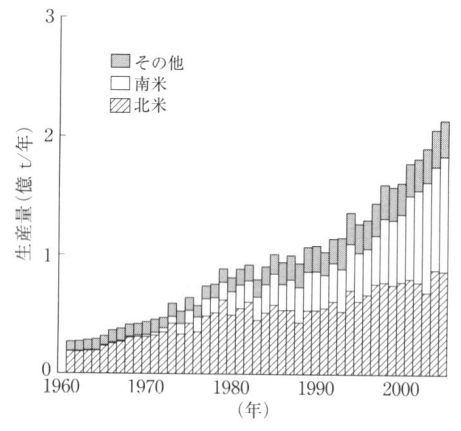

図2.9 大豆の地域別生産量

産が急増している．現在，その生産は北米と南米が二分する形になっている．ただ，北米といってもカナダの生産量は少なく，生産は米国に集中している．また，南米においても，アルゼンチンとブラジルに集中している．このため，2005年において，米国，アルゼンチン，ブラジルの3国で世界の生産量の82%を生産している．このように生産がある国に集中している農産物は，大豆以外では，ゴムとオイルパームぐらいである．大量に生産した大豆を米国，アルゼンチン，ブラジルの国内だけで消費するわけはないから，大豆は輸出を前提に作られる農産物でもある．

2.4 いも類

2.4.1 増えない生産量，高い単収

穀物，大豆と並んで重要な作物にいも類がある．日本ではサツマイモは日常の食べ物であるとともに，飢饉の際の命綱でもあった．江戸時代，サツマイモが多くの人々の命を救ったことはよく知られた話である．また，江戸時代だけでなく戦中戦後の食料が不足した時代においても，サツマイモは多く食された．
ここではサツマイモだけではなく，いも類全体の生産について見てみよう．

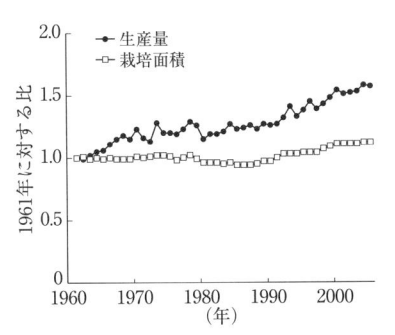

図 2.10 いも類の生産量と栽培面積

現在，人類が食しているいも類は，サツマイモ以外にもジャガイモ，キャッサバなどがある．サツマイモ，ジャガイモは日本でもなじみの食品であるが，キャッサバはなじみが薄い．キャッサバは主に熱帯で生産される作物で，その味は里芋に似ている．

なお，いも類は飼料やアルコールなどを作る原料としても用いられるが，食用としての利用が多い．世界全体では供給量の 58%，日本では 72% が食用である（2002 年）．

世界におけるいも類の生産量と栽培面積の変遷を図 2.10 に示す．これはサツマイモ，ジャガイモ，キャッサバ，その他のいも類の合計である．これも 1961 年の値を 1 として示した．2005 年におけるいも類の生産量は 7 億 1,300 万 t であるが，これは 1961 年の生産量に比べると 1.6 倍にしか増えていない．また，その栽培面積はほぼ横ばいになっている．

2.1 でも言及したが，いも類の栽培面積は穀物などに比べて少ない．全世界の栽培面積は 5,330 万 ha（2005 年）に過ぎないが，これは単収が高いためでもある．いも類の世界平均単収は 13.4 [t/ha]（2005 年）にものぼり，これは穀物の 3.3 [t/ha] や大豆の 2.3 [t/ha] に比べて著しく高い．このことは，ちょっとした空地でも多くの収穫が期待できることにつながり，戦争や内乱など非常時の食べ物としていも類が重用される理由になっている．

2.4.2 減少しつつある一人当たり消費量

いも類の世界平均の一人当たり生産量は 1961 年には 148 kg であったが，

2005年には111kgにまで減少している．これは，人類の食生活が，全体として穀物や肉類を主体にしたものに変わりつつあることを示している．

いも類は太平洋諸島やサハラ以南アフリカの一部で常食となっているほか，ヨーロッパでも多く食されている．ヨーロッパの庶民の食事にジャガイモは欠かせない．しかしながら，そのヨーロッパでも一人当たり消費量は急速に減少している．東ヨーロッパの1961年の一人当たりジャガイモ消費量は582kgであったが，それは2005年には165kgにまで減少した．北ヨーロッパでも260kgから147kgに減少している．これはヨーロッパが豊かになり，肉や油脂類の摂取量が増えたためと思われる．伝統的にジャガイモを多く食していたヨーロッパでも，ジャガイモは副菜的存在に変わりつつある．

いも類を主食としてきた太平洋諸島でも，穀物が入手できるようになると穀物を食するようになった．太平洋諸島のなかで最大の人口を擁するのはパプアニューギニアであり，太平洋諸島人口の73%を占めている．2005年の人口は588万人である．そのパプアニューギニアにおける1961年の一人当たり穀物消費量は17kgであったが，これは2004年には73kgにまで増加した．反対にいも類の消費量は357kgから255kgに低下している．

パプアニューギニアにおける1961年の穀物生産量は1,850tと極めて少なかった．その後，消費量が増加したにもかかわらず，生産量は1.1万t（2005年）にとどまっている．このため，輸入量は41万t（2004年）にまで増加し，その結果，穀物自給率はわずか3%になっている．穀物はそれまでいも類しか食べたことのない人々にとってもおいしく，一度味を覚えると忘れられないようである．輸入してまで穀物を食べるようになったため，その代金を支払うために，熱帯雨林の木材が乱伐されているとの話も聞く．

このようにいも類は食料としての重要性を減じつつあるが，サハラ以南アフリカの一部の地域では，現在においても，いも類は食料として重要な役割を果している．中央アフリカでは，現在も一人当たり388kg（2004年）と大量のいも類を消費している．中央アフリカの一人当たり穀物消費量は後に表2.1に見るように極めて少ないから，いも類は現在でも人々の命をつなぐ食物になっている．コンゴ民主共和国の政情不安などを背景に，中央アフリカにおける一人当たり穀物消費量はいまだ増加の兆しを見せていないから，育てやすいいも

類は21世紀においても食料として重要な位置を占め続けることになろう．

2.5 西洋と東洋

一人当たり消費量の違い

世界の食料問題においては，世界平均とともに地域の特徴を見ることも重要である．表2.1には地域ごとの一人当たりの食用，飼料用穀物消費量を示した．ここで，消費量はFAOデータに記載されている生産量に輸入量を加え輸出量を引いた値である．これを人口で除して一人当たり消費量とした．FAOデータには国内で消費した飼料の量が記載されているから，消費量全体から飼料を引いた値を食用とした．ただ，このようにして計算した食用穀物には酒類など

表2.1 一人当たり穀物消費量（2003年，単位はkg/人/年）

	食用	飼料用	合計
東アジア	214	70	284
東南アジア	313	38	352
南アジア	214	6	220
西アジア	242	107	349
オセアニア	942	353	1,295
太平洋諸島	82	0	82
北ヨーロッパ	179	538	717
西ヨーロッパ	131	266	397
南ヨーロッパ	177	349	526
東ヨーロッパ	194	354	548
旧ソ連（ヨーロッパ）	177	231	408
旧ソ連（アジア）	250	101	352
北アフリカ	298	83	382
東アフリカ	135	5	140
西アフリカ	192	10	202
中央アフリカ	69	1	70
南アフリカ	156	33	189
北米	376	583	958
中米	227	127	353
南米	181	147	328
世界平均	224	108	332

の原料も含まれるから，これがすべて食されるわけではない．

　表2.1を見ると，オセアニア，北米では食用と飼料を合計した消費量が極めて大きくなっている．その他，北ヨーロッパ，南ヨーロッパ，東ヨーロッパ，旧ソ連（ヨーロッパ）などの値も大きい．さらによく見ると，これらの地域では，食用はさほど多くなく，飼料用が多い．

　これに対して，中央アフリカ，東アフリカ，南アフリカでは，食用と飼料用の合計も 200 kg を下まわっている．特に中央アフリカの消費量は少なく 70 kg に過ぎない．2.2.1 において年間の穀物消費量と一日あたりの供給熱量の関係について述べたが，年間 70 kg は一日の供給熱量として 683kcal にしかならない．これでは生きていけない．2.4.2 で述べたように，中央アフリカでは穀物の他にいも類を大量に摂取することにより人々の生命が維持されているが，他地域に比べ格段に少ない穀物消費量からも，中央アフリカの困難な食料事情をうかがい知ることができよう．

　オセアニアの合計消費量は，中央アフリカの 18.5 倍にも達する．北米の合計消費量も中央アフリカの 14 倍である．その格差は特に飼料用で著しく，中央アフリカの飼料用穀物消費量はわずか 1 kg であるのに対して，北米のそれは 583 kg もある．世界には極めて大きな格差が存在し，それは特に飼料用において著しい．

　なお，表2.1においてオセアニアの食用としての消費量が 942 ［kg/人/年］と大きな値になっているが，これは 2003 年の輸出量が少なかったためである．ただ，2003 年に輸出されなかった穀物は貯蔵され，翌年に輸出されている．オセアニアの人々が 2003 年に穀物を大量に食したわけではない．

　また，表2.2からは本書において西洋と定義した地域で飼料用穀物消費量が多いことがわかる．ここでは，西洋，東洋に分けて一人当たり穀物消費量の変遷を見てみることにしよう．まず，食用について図2.11(a)に示す．この図において，西洋における一人当たり消費量が大きく変動しているが，これは干ばつなどの影響で，米国とオーストラリアの生産量が大きく変動しているためである．先ほど述べたように，食用は生産量に輸入量を加え輸出量を引いたものから，さらに飼料用を引いたものである．このため生産量が変動すると食用も変動することになる．ただ，実際には在庫による調整があるため，食用にま

わる分が毎年大きく変動しているわけではない．図の移動平均（前後数年の平均値）が西洋における実際の食用穀物消費量と考えられるが，この値は東洋の値とほぼ一致している．西洋でも東洋でも直接食用とする穀物の量にはあまり大きな違いはない．

ここで東洋における一人当たり食用穀物消費量についてさらに詳しく見てみると，1960年代から1990年代中頃にかけて少しずつ増加していることがわかる．東洋では穀物主体の食生活をしているから，この時期における増加は，東洋における食料事情の改善を表していることになる．しかし1990年代の終わりからは，一人当たり消費量が若干減少ぎみになっている．この減少は日本，

図 2.11 (a)　一人当たり穀物消費量（食用）

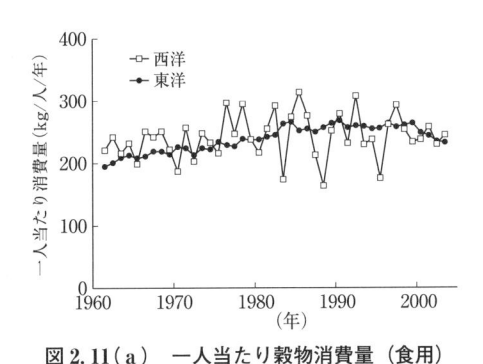

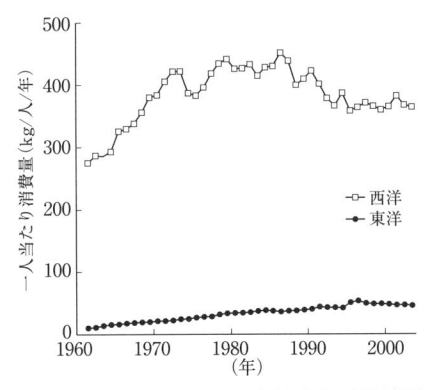

図 2.11 (b)　一人当たり穀物消費量（飼料用）

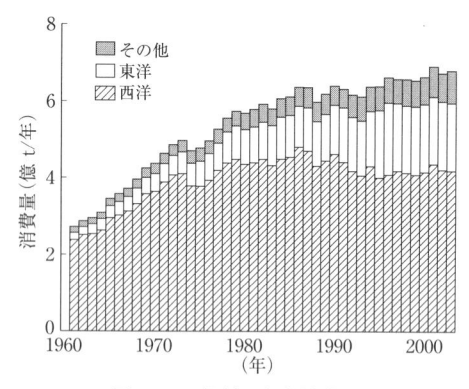

図2.12 飼料用穀物消費量

中国，韓国や東南アジアの一部の国で食肉消費量が増え穀物消費量が減ったことにより生じたものであり，矛盾するようであるが，これも東洋における食料事情の改善を表している．

図2.11(b)には一人当たりの飼料用穀物消費量の変遷を示すが，これを見ると西洋の消費量が東洋に比べて圧倒的に多いことがわかる．西洋の消費量は1961年においても多かったが，1961年から1970年代初頭にかけてさらに増加し，その後，多少の増減はあるものの1990年代以降は約300 kgで一定になっている．それに対して，東洋における一人当たり飼料用穀物消費量は増加しているが，それでも西洋に比べて圧倒的に少ない．2003年における一人当たり消費量は51.5 kgであり，西洋の1/6に過ぎない．

次に，一人当たりではなく飼料用穀物消費量の総量を見ることにしよう．図2.12には西洋と東洋に分けて消費量を示す．この図には参考のために西洋と東洋以外の消費量もその他として示したが，西洋と東洋以外では飼料用穀物があまり消費されていないことがわかる．

東洋の消費量が増加しているのに対し，西洋の消費量は1980年代以降横ばいになっている．ただ，東洋の消費量が増えているといっても絶対量は西洋よりはかなり少なく，また，東洋の消費量も1990年頃からは伸び悩んでいる．この理由は2.3.1で説明したように大豆ミールの消費量が増加したためである．21世紀の穀物需要については第10章にて検討するが，図2.12を見ても，その需要は今後爆発的には増加しないであろうことが理解できよう．

3 畜産物・水産物
50年前の3倍になった食肉生産量/横ばいの漁獲量

　食肉生産には多くの穀物や大豆が使われているため，食肉生産を知ることは世界の食料生産を理解する上で重要なポイントになっている．本章では牛乳や卵，水産物も含めて，世界の動物性タンパク質生産について検討する．

3.1 食肉

　動物性タンパク質を含む食材としては，肉，牛乳，卵，魚などがある．わが国では魚も多く食されるが，世界全体で見ると動物性タンパクの摂取は食肉からが最も多いため，まず，食肉から見ていくことにしよう．

3.1.1 生産量

　図3.1(a)には世界の食肉生産量の変遷を示すが，この図も1961年の値を1としている．世界の食肉生産量は1961年には7,130万tであったが2005年に

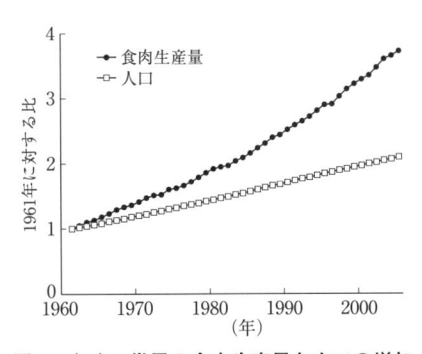

図3.1(a) 世界の食肉生産量と人口の増加

は 2 億 6,500 万 t になっており，44 年間で 3.3 倍に増えた．この間に人口は 2.1 倍にしか増えていないから，食肉生産量の増加は人口を大きく上回ったことになる．肉を多く食することを豊かな食生活と考えるなら，人類は確実に豊かになった．

ここで，食肉生産量は FAO データにおいては Carcass として示されている値であることに触れておきたい．Carcass とは屠殺時の家畜の重量であるが，日本の食料需給表（平成 16 年度）では，食料として供給される量は屠殺時の重量に対して，牛肉と豚肉が 63%，鶏肉が 71% とされている．日本では内臓などはあまり食べないが，諸外国には内臓や頭部，皮膚，血液までもいろいろと加工して食べる習慣があるから，その歩どまりは日本より高いと思われる．

図 2.2 に示したように穀物生産では 1980 年頃から増加率が低下しているが，食肉生産にはそのような傾向は見られない．きれいな指数曲線を描いて増加しており，1980 年代以降，その増加はますます加速している．生産された穀物の約 1/3 は飼料に用いられているが，穀物生産量が伸び悩むなか，なぜ食肉生産量は順調に増加し続けるのであろうか．ここに 21 世紀の食料生産を考える重要なカギが隠されている．

3.1.2 急速に進歩した畜産技術

畜産技術は 20 世紀後半に大きく進歩した．特に鶏肉生産において進歩が著しい．50 年ほど前までは世界のどこでも，農家の庭先で落ち穂をついばませるなどして鶏を飼育していた．現在でも開発途上国の農村を訪ねると，そのような光景を目にすることができる．それはおよそ管理された生産とはいいがたいし，このような方式で生産される鶏肉や卵の量も限られていた．日本でも戦前においては，卵は貴重品であり，鶏肉も現在のように安い食肉の代表ではなかった．

鶏肉の生産量はブロイラーの生産技術が確立された後，飛躍的に増大した．ブロイラーとは，食肉用に飼育され，生まれて数週間で出荷される鶏の総称である．丸焼（broil）に適する大きさであるため，ブロイラーと呼ばれるようになった．生育期間は 1970 年代には 10 週間程度であったが，現在は 6 週間程度に短縮されている．ブロイラーは 2.5 kg の飼料で 1 kg の肉を生産すること

ができる．1 kg の肉を作るのに 8 kg の飼料を要する牛肉に比べると，必要とされる飼料の量が極めて少ない（Smil, 2000）．通常，室温や明るさなどが制御された鶏舎で飼育されており，ブロイラーの生産は農業というよりも，工場で工業製品を作るようなものになっている．

　豚肉の生産技術も鶏肉と同じように進歩している．現在でも，開発途上国では農家の庭先で残飯などにより豚が飼育されていることがある．このような方式は残飯の再利用という観点からは環境にやさしい技術といえようが，その飼料効率は決して高くない．これに対し，ブロイラーと同様に工場のようなところで営まれる養豚では，効果的に肥育させる方法が常に研究されており，今日では 1 kg の豚肉を生産するのに要する飼料は 4 kg とされる（Smil, 2000）．穀物の有効利用という観点からは，明らかに農家の庭先より近代的な畜産に理がある．

　このような畜産技術の進歩により，鶏肉や豚肉を大量に生産することが可能な時代になっている．

3.1.3　地域による違い

　世界平均の一人当たりの食肉生産量は 1961 年には 23.2 kg であったが，2005 年には 41.1 kg になった．ただ，世界の消費量には大きな地域差がある．まず，西洋と東洋の消費量の違いを見てみよう．

　一人当たり食肉消費量を西洋と東洋に分けて図 3.1（b）に示す．ここで，一

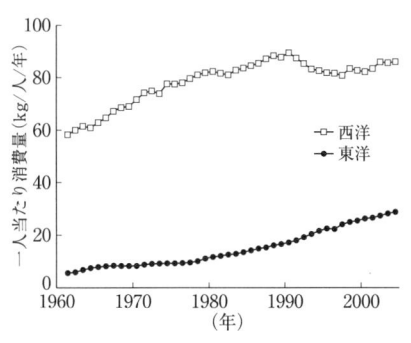

図 3.1（b）　一人当たり食肉消費量

人当たり消費量は，穀物などの場合と同様に，生産量に輸入量を加えて輸出量を引いた値を，人口で割ったものである．東洋の一人当たり消費量は1961年においては5.6 kgであったが，2004年には28.8 kgになった．一方，西洋の消費量は1961年においても58.3 kgと多かったが，その後も増え続け2004年には86.0 kgになっている．西洋の消費量も増加しているため，東洋と西洋の差はさほど縮小していない．

東洋の生産量は1990年代に入ってから大きく増加しているが，これは中国の生産量が増加した影響が大きい．西洋の消費量は1990年以降，横ばいになっているから，いずれ東洋の消費量は西洋の消費量に追い付くとも考えられる．ただ，図3.1(b)を見ていると，東洋と西洋が同じ水準になるには，100年以上の時間が必要にも思える．食肉消費量においては西洋と東洋の間に大きな差が存在する．後に何度か言及することになるが，筆者は，このように大きな差が存在する理由は，経済格差以上に文化の違いが大きいと考えている．このことは今後の食料を考える上では極めて重要である．

次に，より詳細に地域別の消費量を見てみよう（表3.1）．2004年において，最も一人当たり消費量が多いのはオセアニアであり，125.7 kgもの食肉を消費している．これに北米の123.1 kg，南ヨーロッパの94.8 kgが続いている．この他でも西ヨーロッパ，北ヨーロッパなどでの消費量が多い．これに対して，南アジアの消費量は5.9 kgと極めて少ない．この他の地域でも，中央アフリカが9.5 kg，東アフリカが12.0 kgなど，サハラ以南アフリカで小さな値になっている．最も多いオセアニアの消費量は，最も少ない南アジアの消費量の21倍である．

2004年の消費量と1961年の消費量を比べると，アジア，特に東アジアの消費量が大きく増加している．その他，南米，東南アジアの消費量も増加している．

反対に，一人当たり消費量が減少している地域は，旧ソ連（アジア），東アフリカ，中央アフリカである．このなかで，旧ソ連（アジア）が低下した理由は，1961年の値をソ連全体の値で代用しているためと思われるから，実際に消費量が低下した地域は東アフリカと中央アフリカに限られる．なかでも東アフリカの消費量は，実に31%も低下している．食肉の消費量を見ても，東ア

表 3.1　一人当たり食肉消費量（単位は kg/人/年）

	1961 年	2004 年
東アジア	4.5	54.4
東南アジア	8.1	21.7
南アジア	4.1	5.9
西アジア	14.7	26.0
オセアニア	108.4	125.7
太平洋諸島	52.9	63.9
北ヨーロッパ	48.7	79.6
西ヨーロッパ	67.0	86.2
南ヨーロッパ	26.2	94.8
東ヨーロッパ	46.2	68.1
旧ソ連（ヨーロッパ）	*39.9	48.9
旧ソ連（アジア）	*39.9	30.6
北アフリカ	11.7	21.5
東アフリカ	17.3	12.0
西アフリカ	9.1	10.5
中央アフリカ	10.5	9.5
南アフリカ	19.8	23.7
北米	87.8	123.1
中米	22.8	48.6
南米	39.4	70.0
世界平均	21.6	40.4

*ソ連全体の値．

フリカの食料事情が深刻化していることが理解されよう．

　興味深いことに，1961 年を見ると，西アフリカなどサハラ以南アフリカの食肉消費量がアジアのそれを上回っている．1961 年の消費量は，東アジアが 4.5 kg，東南アジアが 8.1 kg，南アジアが 4.1 kg であったのに対し，西アフリカは 9.1 kg，東アフリカは 17.3 kg もの食肉を消費している．1961 年は第二次世界大戦による混乱が収まった時期であるとともに，伝統的な食習慣が色濃く残っていた時期といってよいだろう．この時期においては，アフリカ人の方がアジア人より，肉を多く食べていた．

　1961 年の日本の食肉消費量からは意外な日本人像が見えてくる．1961 年における日本の消費量は 7.6 kg であったが，これは同時期における東南アジア

の平均値 8.1 kg よりも少ない．国別に見ると，タイの消費量は 15.3 kg，マレーシアは 12.9 kg，戦時下のベトナムでも 10.9 kg になっている．

1961 年の日本は，戦後の混乱は終息したが高度経済成長は始まったばかりの時期であるが，その時期における日本の食肉の消費量は，ヨーロッパや米国だけでなく，アフリカや東南アジア諸国よりも少なかった．日本は世界でも有数の肉を食べない国だったのだ．日本は明治になるまで肉食を忌避する社会が続いていたが，このデータはその伝統が昭和 30 年代中頃においても色濃く残っていたことを示している．

3.1.4 牛，豚，鶏

これまでは食肉の生産量を一括して扱ってきたが，一口に食肉といっても多くの種類がある．ここでは牛，豚，鶏，その他の 4 種類に分けて生産量を見てみよう．ここでのその他とは，羊，山羊，馬，水牛，ラクダ，ウサギ，七面鳥などの肉を一括したものである．種別に食肉生産を見ることからも，21 世紀の世界の食料生産を展望するヒントが得られる．

全世界

まず，世界全体について見てみよう．世界の種別食肉生産量を図 3.2 に示す．現在，世界では豚肉が最も多く作られ，これに鶏肉，牛肉が続いている．しかし，豚肉や鶏肉が昔から多く作られていたわけではない．1961 年時点では牛

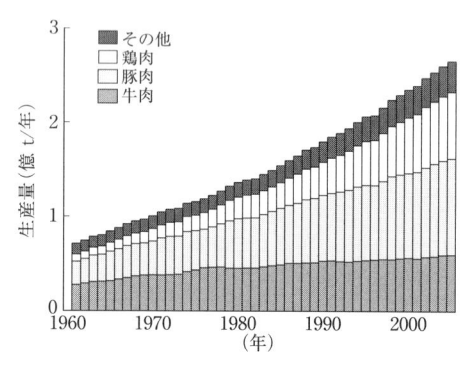

図 3.2 世界の種別食肉生産量

肉の生産割合が39%と，豚肉の35%や鶏肉の11%より高かった．だが，1961年から2004年までの間に牛肉の生産量が2.2倍にしか増えなかったのに対し，豚肉の生産量は4.1倍，鶏肉は9.3倍にも増えた．その結果，2005年の生産割合は豚肉が39%，鶏肉が27%，牛肉が23%になった．ここで，鶏肉の生産割合が大幅に上昇したことは，今後の飼料用穀物需要において重要である．

牛と羊は，古くから飼育されてきた家畜である．聖書のなかにも羊飼いが度々登場するように，人類となじみが深い．それに対して，豚は中国や中部ヨーロッパでは古くから飼育されていたものの，世界を見渡すとそれほど一般的な家畜とはいえない．また，鶏肉も食肉の主流を占めてきたわけではない．

しかしながら20世紀後半において，これまで食肉の主流ではなかった豚肉と鶏肉の生産量が大きく増加している．これは20世紀後半において，畜産が大きく変化したことを示している．20世紀後半になるまで牛や羊が家畜の中心であったことは，これらが草を食べ，人間と食性が異なっていたためと考えられる．豚は食性が人間と同じであるから，残飯などによって育てられてきた．ヨーロッパでは中世においてカシの木の実を使って豚の飼育が行われたとされるが（堀米編，1975），これは例外的な存在といえよう．また，鶏の飼育でも雑穀が必要になる．つまり，豚や鶏は人間の食料に余剰が生じた場合にのみ飼育可能な家畜や家禽といえる．

日本の家畜飼養頭数を調べると，第二次世界大戦の前後で豚が114万頭（1938年）から9.4万頭（1945年）（Mitchell, 1998）と大きく減少していることに気付く．それに対し牛の飼養頭数はさほど減少していない．牛は役畜として使用していたとの事情もあろうが，牛は草を食べるため人間が食料に困ったときでも飼育できるという事情が大きかったと考えられる．これに対して，食料難の時代に豚や鶏を飼育することは難しい．

豚肉，鶏肉の生産量が増大したことは，20世紀後半において穀物生産に余剰が生まれたことを示している．また，牛や羊の生産量が伸び悩んだことは，放牧に向く草地に限りがあることを示している．放牧から穀物の飼料を用いた畜産へ，人類の食肉生産は20世紀後半において大きな変化を遂げた．

次に何の肉が生産されているかを，世界の代表的な国，地域について見ていこう（図3.3(a)から図3.3(j)）．食肉生産の内容は千差万別であることが見

えてくる．

日本

図3.3(a)に日本の食肉生産の変遷を示すが，1961年における生産量は68.7万tと現在の1/4程度であった．生産量は1960年代から1980年代にかけては増加していたが，1988年に360万tになって以降は減少傾向にある．ただ食肉の輸入量は増加しており，消費量が減少しているわけではない．2005年における生産割合は牛が17％，豚が41％，鶏肉が42％，その他が0.4％になっている．1961年に比べると豚と鶏，特に鶏の割合が増加し，牛の割合が減少している．これは世界の傾向と同様である．

また，その他の肉の生産量が少なく，それも1960年代に激減していることが日本の特徴である．日本では，世界で比較的多く生産される羊肉の生産量が極端に少なく，1961年においても全生産量の0.5％でしかなかった．これは日本に草地が少ないためである．草地面積は42万8,000 ha（2003年）と全国土面積の1.2％に過ぎない．日本においてその他の肉は，馬，猪，鹿などであったため，経済が成長し，豚肉や鶏肉の入手が容易になるとその生産は急速に減少していった．

中国

考察に入る前に，中国の食肉生産量は，データそのものに疑問があることに注意しておきたい．詳しくは第9章にて検討するが，ここでは，ひとまず

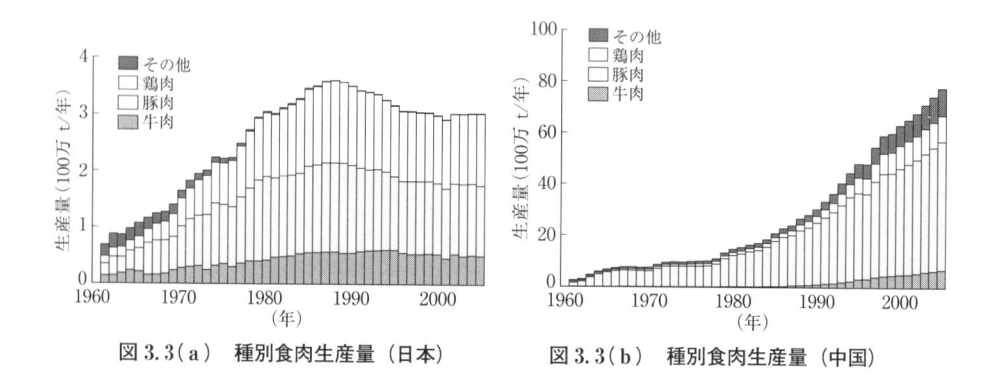

図3.3(a)　種別食肉生産量（日本）　　図3.3(b)　種別食肉生産量（中国）

FAOデータに基づいて中国の食肉生産を見てみよう．

中国の1961年の食肉生産量は極めて少なく255万tに過ぎなかった．しかし生産量は1980年代に入ると増え始め，1990年代以降は急増している．中国の食肉生産の特徴は豚肉が多いことであり，その生産割合は常に6割以上になっている．中国人は豚肉好きな国民といってよい．しかし，近年，その中国でも鶏肉が占める割合が増加し始めており，全生産量に占める割合は2005年には14%に達している．また，最近では都市部において生活に余裕が生じたため牛肉や羊肉に対する需要も高まっており，その生産量が増えている．

インドネシア

東南アジアにおいて最大の人口を有するインドネシアでは鶏肉が最も多く生産されており，2005年において全食肉生産量に占める割合は50%にもなっている．ただ1961年においては15%に過ぎず，昔から鶏肉が多く生産されていたわけではない．ブロイラーが普及するにつれて，鶏肉の生産が増加したと考えられる．

1997年に起きたアジア経済危機はインドネシアの食肉生産に大きな影響をおよぼした．食肉生産は穀物などの生産に比べて経済危機の影響を受けやすいようであり，その生産量は1998年に大きく減少している．

インドネシアにはイスラム教徒が多く居住する．このため，豚肉の生産量は少ないと想像しがちだが，実際には全生産量の23%（2005年）もの豚肉が生産されている．これは，インドネシアに中華系の人々が居住しているためと考えられる．東南アジアにおいてイスラム教徒が多く住む国としては，インドネ

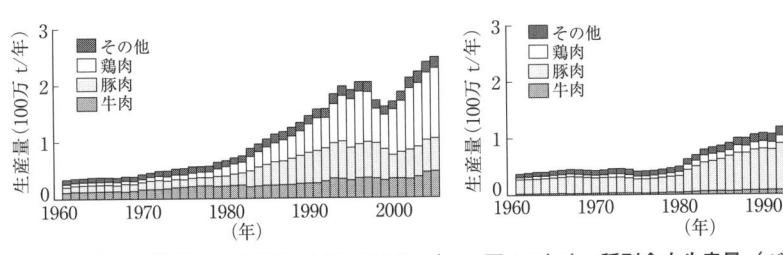

図3.3(c) 種別食肉生産量（インドネシア）　　図3.3(d) 種別食肉生産量（ベトナム）

シアの他にもマレーシアがあるが，マレーシアにおける豚肉の生産割合は18%である．これも中華系住民が居住するためと思われる．

ベトナム

ベトナムの文化は中国に近いといわれ，ハンチントンが世界文明を9つに分類した際にも中国文明に組み入れられているが（Huntington, 1996），その文明的な近さは，食肉生産からも知ることができる．中国は豚肉を多く生産しているが，ベトナムも豚肉を多く生産している．最近は鶏肉の生産量も増加しているが，それでも2005年における生産割合は11%にとどまっている．ベトナムの豚肉生産量が全生産量に占める割合は中国以上に高い．これにはVAC（ベトナム語のVuon Ao Chuongの頭文字，それぞれ果樹園，池，家畜小屋を表す，リサイクルを旨とする伝統的農法）も関わっていると考えられるが，この農法では農業残渣や残飯による豚肉の生産や養魚が奨励されている（安延ら，2000；Cho & Yagi, 2001）．しかし，いくら奨励されても好きでない食べ物の需要は伸びないであろうから，ベトナム人は豚肉を好む国民と思われる．

インド

インドの食肉生産ではその他の肉の生産割合が極めて高く，2005年においてその割合は38%にもなっている．インドでは羊，山羊の肉の生産量が多いのがその理由である．インドにはヒンドゥー教徒が多く，1991年の国勢調査において82%を占めていたが（辛島ら，1992），ヒンドゥー教徒は宗教上の理由で牛肉を食さない．そのインドにおいて，意外なことに牛肉が149万t（2005年）も生産されている．同年の日本の生産量が50万tであることを考えると，かなり大量の牛肉がインドで生産されている．これは，インドにはヒンドゥー教徒以外にも，イスラム教徒（12%）が多く居住し（辛島ら，1992），その人たちが牛肉を食すためと考えられる．

一方，豚肉はほとんど生産されていない．2005年の生産量は49.7万tにとどまる．同年における日本の生産量が125万tだから，日本の10倍近い人口を擁するインドにおいて豚肉の生産量がいかに少ないかが理解できよう．これはイスラム教徒が豚肉を食べないことと，ヒンドゥー教徒も豚肉を好まないためとされる．

インドでは鶏肉の生産量は1990年代に入って急増している．1961年には6.9万tに過ぎなかった生産量は，2005年には190万tになった．実に28倍の増加である．インド人は鶏肉とも羊肉も好むが，羊肉の生産量は1961年から2005年までの間に約2倍に増加したに過ぎない．2005年の生産量は71.4万tであり，鶏肉の生産量を大きく下回っている．この理由は，穀物飼料を用いて鶏肉を増産することが容易なのに対し，草地で羊肉を生産することは増産の限界に近づきつつあるためと考えられる．

インドには菜食主義者が多い．インド社会において，菜食主義者になるかどうかは最終的には個人の判断によるとされるが，上位カーストであるバラモンの人々はほぼ全員が菜食主義者である．このためインドの社会では上昇志向を持つ人々は，上位カーストの習慣を模倣して，菜食主義になる傾向があるとされる（辛島ら，1992）．また，菜食主義者にはならなくとも，人前で肉を食べることは慎むべきとの考えも広く存在するようである．

インドの食肉消費量は，経済が順調に発展しているにもかかわらず，2005年になっても5.3kgと極めて少ない．今後，鶏肉の生産量は拡大を続けると思われるが，牛肉や豚肉の生産量が大幅に増加することはないであろう．また，鶏肉生産量の増加も抑制のあるものになる可能性が高い．

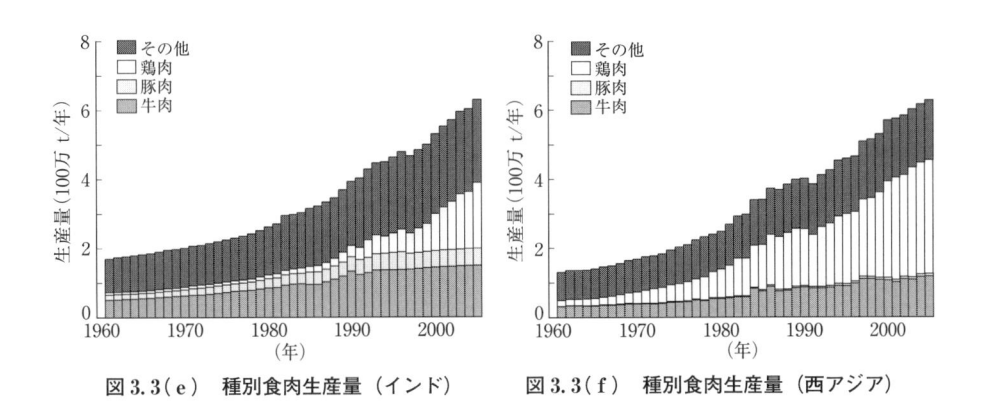

図3.3(e)　種別食肉生産量（インド）

図3.3(f)　種別食肉生産量（西アジア）

西アジア

　西アジアはイスラム教徒が多く居住する地域である．このため豚肉はほとんど生産されていない．2005年における豚肉の生産割合は1%にとどまり，そのほとんどはキプロスとイスラエルで生産されているが，これらの国にはキリスト教系住民が居住している．

　1961年においては羊肉の生産割合が高く63%であり，それに牛肉の24%，鶏肉の13%が続いている．その後，牛肉，羊肉の生産量の増加はゆるやかなものであった．これはインドと同様に，西アジアでも放牧による増産が上限に近づきつつあるためと考えられる．一方，鶏肉の生産量は急増しており，その生産割合は2005年には53%にまでなっている．

　鶏肉はトウモロコシなどの飼料があれば，工場のような鶏舎で大量に生産することができる．西アジアでは鶏肉の生産量が増加したため，飼料用穀物の輸入量が増加している．西アジアには石油収入のある国が多いが，そのような国で特に飼料用穀物の輸入量が急増している．2004年において西アジア諸国でトウモロコシ輸入量が最も多い国はイランで，これにサウジアラビアが続いている．

西ヨーロッパ

　西ヨーロッパは昔から食肉を多く消費していた地域である．1961年以来一貫して豚肉が多く生産されてきた．豚肉の生産割合は2005年において47%になっているが，特に中部ヨーロッパで多く生産されている．ドイツで生産される肉の65%，オーストリアで66%，オランダで55%が豚肉である．これに対して，フランスが36%，イギリスが21%と西に位置する国ほど豚肉の生産割合が低下している．反対に，牛肉や羊肉の生産割合は西に行くにしたがって，増加している．

　これは，ヨーロッパでは西の方から開墾が進み放牧地が増えて行ったため，中部ヨーロッパには比較的長い間森林が残り，そこではカシの木の実を用いた養豚が行われていたとされるが，これにより，中部ヨーロッパに豚肉を好む食文化が根付いたためとも考えられる．

　近年は西ヨーロッパでも，牛肉の生産割合が低下して鶏肉の割合が増えてい

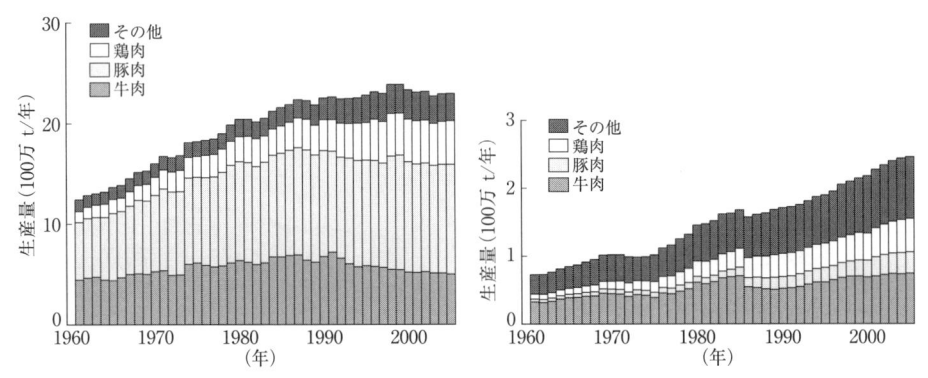

図 3.3 (g) 種別食肉生産量（西ヨーロッパ）　**図 3.3 (h)** 種別食肉生産量（西アフリカ）

る．しかし，鶏肉生産の増加は日本やインド，インドネシアに見られたような急激なものではない．また，西ヨーロッパではその他の肉も生産され続けており，その割合は 1961 年においては 10% であったが 2005 年には 12% と，わずかではあるが増加している．一般に，その他の肉の生産割合は全生産量が増加するにつれて減少する傾向があるが，西ヨーロッパの場合は違っている．

西ヨーロッパでは，その他の肉に占める羊肉の割合が 22%（2005 年）と少なく，ウサギ，七面鳥など多くの種類の肉が作り続けられている．フランスにおいてはキジや野鳥などの肉が 20 万 t（2004 年）も生産されている．このようなところにも，長い期間，肉を中心に食してきたヨーロッパ文明を垣間見ることができる．

西アフリカ

西アフリカでは牛肉の生産量が多く，豚肉と鶏肉の生産量が少ない．また，その他の肉の生産割合が大きいことも西アフリカの特徴である．西アフリカでもニジェールやナイジェリアにはイスラム系住民が多く住んでいる．このため，豚肉の生産量は少ない．しかし，西アジアのように皆無というわけではなく，少量ながらも生産はされている．西アフリカ全体を見ると，2005 年における豚肉の生産割合は 13% である．牛肉の生産量はほとんど増加していないが，鶏肉の生産量は増加している．ただ，その増加にはインドに見られるような力強さがない．

食肉生産量全体を見ると，2005 年の生産量は 1961 年の 3.4 倍になっている．

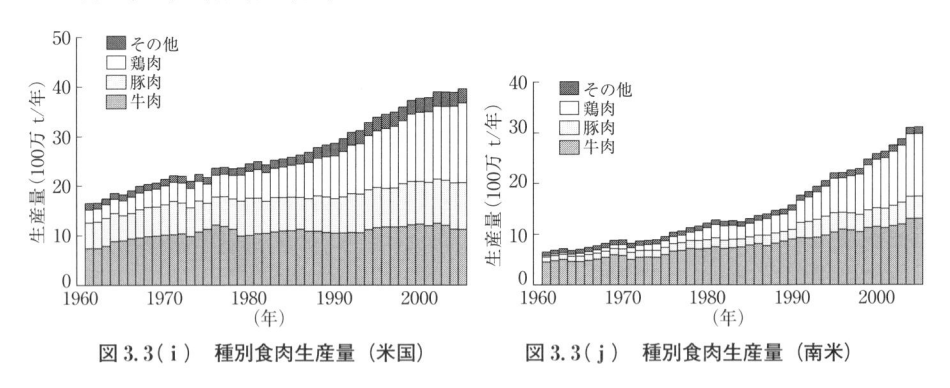

図 3.3(i)　種別食肉生産量（米国）　　　図 3.3(j)　種別食肉生産量（南米）

しかし，西アフリカは人口急増地帯であり，この間に人口が 3.2 倍にも増えたため，一人当たり生産量はほとんど増えていない．このことは一人当たり食肉生産量が増加しつつあるインドとは異なっている．インドの食料問題は解決に向かって動き始めたが，西アフリカの食料問題が解決に向かっていないことは，食肉の生産量からもうかがい知ることができる．

米国

米国も西ヨーロッパと同様に 1961 年時点において大量の食肉を生産していた．1961 年においても大量の肉が生産されていたため，その後，牛肉，豚肉の生産量はほとんど増加していない．しかし，鶏肉の生産量は著しく増加している．このため鶏肉の生産割合は，1961 年には 26% であったが，2005 年には 41% にもなっている．この急激な増加には，米国における健康志向が影響しているともいわれる（鶏肉はタンパク質を多く含みながら脂肪分が少なく，鶏肉を食すことは米国に多い心臓疾患の予防につながるとされる）．鶏肉の生産割合が増加しているところに，保守的なヨーロッパとは異なる新しい国，米国を見ることができる．

南米

南米は牛肉の産地として知られるアルゼンチンを含んでいるが，その南米でも鶏肉の生産量が急速に増加している．これにより，1961 年に 5% であった鶏肉の生産割合は 2005 年には 40% にまで増加している．反対に牛肉の割合は

70%から42%に低下した．南米は昔から肉を食べていた地域と考えがちであるが，食肉の生産量は20世紀後半になってから増加しており，これは米国や西ヨーロッパとは明らかに異なる．また，その生産の傾向は，鶏肉の生産が伸びるなど，アジアに似た側面も見せている．ただ，中国に比べてはもちろん，東南アジア諸国に比べても豚肉の生産量が少なく，その伸びも鈍い．この点はアジアとは異なっている．

ここまで国，地域別に食肉の種別生産量を見てきた．食肉の生産では，国や地域によりその増加傾向に大きな違いが存在することがおわかりいただけたと思う．世界全体としては，飼料を用いる豚肉と鶏肉の生産量が増加し，放牧による牛肉と羊肉の生産量が伸び悩んでいる．ただ，豚肉の生産量が増加しているのは，中国やベトナムなど一部の国に限られる．これに対して，鶏肉の生産量は全世界的に増えている．特に，人口増加が著しいインド，中近東，南米において著しい．以上のことから，今後は，鶏肉を中心に食肉の生産量が増加すると考えられる．

3.2 牛乳

人類にとって牛乳は肉とともに重要な動物性タンパク質源になっている．ここで牛乳と表記するのは，FAOデータにおいてMilkと表記されているもので，水牛，羊，山羊，ラクダの乳を含んでいる．ただ，2004年においてMilkの84%は牛乳が占めており，これに水牛の乳12%，山羊2%，羊1%，ラクダ0.2%が続いている．水牛も牛と考えると，Milkの大半は牛から生産されていることになる．このため，本書では便宜上，Milkを牛乳と表記する．なお，水牛の乳はその6割以上がインドで生産されている．

3.2.1 生産量

世界における牛乳の生産量と人口の変遷を図3.4(a)に示す．この図も1961年の値を1としている．2005年の世界の牛乳生産量は6億2,800万tである．これは1961年の1.8倍にあたるが，この間に人口は2.1倍に増加しているから

一人当たり生産量は減少したことになる．生産量の伸びは1980年頃までは人口とほぼ同じであったが，1990年代に入って低下した．これは旧ソ連の崩壊にともなうものであったが，その後も引き続き生産量は伸び悩んでいる．牛乳はいも類と並んで，20世紀後半に世界の一人当たり生産量が減少した農産物である．しかし，その減少の原因は，牛乳といも類とでは大きく異なる．まず，このことについて検討してみよう．

なお，FAOのFood Balance Sheet（2002年）によると，日本では国内供給量の66%が直接飲用に供されており，チーズやバターなどの食品加工にまわされる割合は25%に過ぎない．日本では牛乳は飲むものとの印象が強いが，フランスでは飲用は16%に過ぎず，71%は加工品の原料にまわされている．そのほとんどがヨーロッパでは牛乳はチーズやバターの原料になっている．

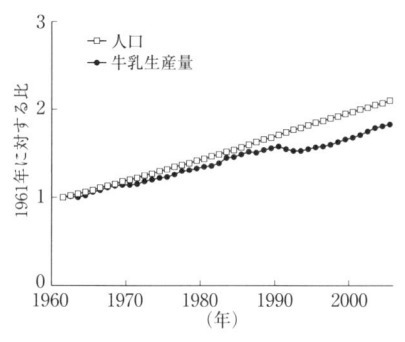

図3.4(a) 牛乳生産量と人口の増加

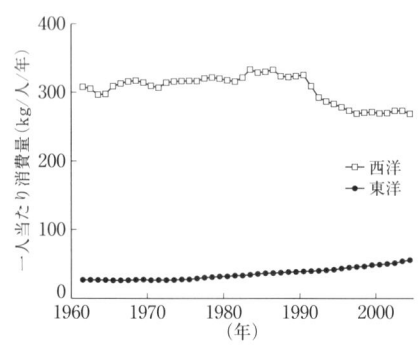

図3.4(b) 一人当たり牛乳消費量

3.2.2 地域による違い

牛乳についても西洋と東洋に分けて検討してみよう（図3.4(b)）．一人当たり消費量は穀物や食肉などと同様に生産量に輸入量を加え，輸出量を減じることにより求めた．なお，牛乳はチーズ，バター，粉ミルクとして交易されるが，FAOデータには牛乳換算値が掲載されている．

一人当たり牛乳消費量は西洋と東洋で大きく異なるが，これは食肉における西洋と東洋の違いよりも大きい．また，東洋の牛乳消費量は増加してはいるものの，その増加には食肉に見られたような勢いがない．一方，西洋における牛乳の消費量は横ばいであり，1990年以降は減少している．この減少は主には

表3.2　一人当たり牛乳消費量（単位はkg/人/年）

	1961年	2004年
東アジア	5.5	28.7
東南アジア	5.5	17.2
南アジア	49.5	86.8
西アジア	117.6	103.4
オセアニア	684.6	418.1
太平洋諸島	13.4	19.1
北ヨーロッパ	642.7	400.0
西ヨーロッパ	373.6	322.4
南ヨーロッパ	163.6	240.4
東ヨーロッパ	255.1	235.3
旧ソ連（ヨーロッパ）	*285.7	251.3
旧ソ連（アジア）	*285.7	202.9
北アフリカ	41.9	79.1
東アフリカ	63.3	61.4
西アフリカ	14.3	14.7
中央アフリカ	8.5	9.0
南アフリカ	70.3	29.5
北米	302.8	256.3
中米	63.5	108.2
南米	98.5	124.8
世界平均	111.7	97.6

* ソ連全体の値．

旧ソ連崩壊の影響を受けたものであるが，後述するように，極端に多くの牛乳を消費していた地域での消費量の減少も影響している．

東洋において牛乳の消費量がさほど増加していないのは，特に東アジアと東南アジアで消費量が増加しないためである．牛乳をたくさん飲む西洋の人口が増えなかったのに対し，牛乳をあまり飲まないアジアで人口が増えたため，世界平均で見たとき一人当たり消費量が減少している．牛乳の一人当たり生産量が減少したことは食料危機の到来を意味していない．牛乳をあまり飲まない地域の人口が増えただけである．

これまでは西洋と東洋に分けて消費量を見てきたが，ここからは世界を20に分けた地域別に一人当たり牛乳消費量を見てみよう（表3.2）．2004年において一人当たり牛乳消費量が最も多いのはオセアニアである．これに北ヨーロッパ，西ヨーロッパ，北米が続く．反対に，中央アフリカ，東南アジア，太平洋諸島の消費量は少ない．2004年のオセアニアでの消費量は中央アフリカの消費量の46倍にもなる．また，食肉については，経済成長にともない消費量が増加する傾向が見られたが，牛乳にはそのような傾向はあまり見られない．このことは経済成長の著しい東アジアの2004年の消費量が，経済成長が東アジアほど順調でなかった南アジアのそれを大きく下まわっていることからも理解されよう．

一人当たり消費量が多いのは，ヨーロッパ，それも北ヨーロッパである．ヨーロッパでは北に行くほど消費量が増加する．これは，北ヨーロッパでは穀物があまり育たず，人々が牧畜により生きてきたことと関連している．一方，地中海に面した南ヨーロッパでは，各種の農作物が豊富に収穫できたことから，牧畜だけに頼る必要はなかった．新大陸でも，寒冷なイギリスからの移民が多い北米やオセアニアでは牛乳の消費量が多いが，南ヨーロッパであるスペイン，ポルトガルの影響を受けた中南米の牛乳消費量はさほど多くない．

北ヨーロッパやオセアニアの1961年の牛乳消費量は極端に多かったが，2004年の消費量は大きく減少している．これは，交易により北ヨーロッパでもいろいろな食料が手に入るようになったためと思われる．オセアニアも牧畜に依存した食生活であったが，北ヨーロッパと同様の事情が食生活を変化させたと思われる．

アジアとアフリカにおいてはヨーロッパに近い地域(西アジア,北アフリカ,東アフリカ)で牛乳消費量が多い.反対にヨーロッパから離れた地域(東アジア,東南アジア,西アフリカ,中央アフリカ)で消費量が少ない.一人当たりの牛乳消費量は,ヨーロッパ文明との距離を示しているようにも思える.

〈コラム:米,肉,牛乳〉

表3.1を見ていると,米を多く食べる東アジア,東南アジア,南アジアで食肉の消費量が少ないことに気付く.1961年を見ると,アジアのなかでも米をあまり食べない西アジアの食肉消費量は他のアジアよりも多い.また,南アジアのうち,バングラデシュとパキスタンはともにイスラム教徒が多い国であるが,その主食は大きく異なっている.バングラデシュでは生産される穀物の96%(2005年)が米であるが,一方,パキスタンでは米は22%に過ぎず,代わりに小麦が多く生産されている.両国の一人当たり食肉消費量を比べるとバングラデシュの3.2 kg(2004年)に対し,パキスタンは12.3 kgであった.バングラデシュの食肉消費量は,パキスタンのそれより少ない.同じ南アジアのイスラム教国でも,食肉消費量に大きな違いが見られる.

アフリカに眼を移してみると,西アフリカの食肉消費量は東アフリカより少ない.西アフリカは米の生産が多い地域でもあり,一人当たり米消費量は47.1 kg(2004年)にもなる.同年の東アフリカの米消費量が7.2 kgであることを考えると,西アフリカは米を多く食べる地域といえよう.その西アフリカでは表3.1に見られるように食肉の消費量が東アフリカより少ない.

米が採れる地域は,一般に湿潤であるから草地が少ない.雨量が多い地域では草地となるべき平地は森林になってしまう.そのため昔から米を作ってきた地域では牧畜があまり行われなかったのであろう.反対に,アジアでもパキスタン以西の国では草地が広がることから,牧畜が盛んになり肉を食べる文化が発達したものと思われる.

また,少し違った見方をすると,米はそれのみを食べてもおいしいため,副菜にあまり関心のない食文化が発達したのかもしれない.米は塩気のある副菜があれば,おいしく食べられる.東南アジアや中国南部における庶民の食事を見ると,米飯にちょっとした煮ものや炒めものなどを添えただけといったものが多い.

これに対して,小麦から作ったパンやナンはそれだけでは食べにくい.ハムやチーズなどの副菜が欲しくなる.塩味を付けただけの「おにぎり」がおいし

く食べられることとは異なる．こんなことから，小麦生産が中心の地域では，食肉やチーズを得る牧畜が盛んになったのかもしれない．高血圧の予防や治療法として食塩摂取量の制限があるが，そのような場合，パン食が勧められることがある．これは米中心の食事ではどうしても塩辛い副菜が欲しくなるためであろう．

　このことは，21世紀の食料を考える上で大きな意味を持つ．伝統的に米を食べていた地域では，経済が発展してもそれほど食肉消費量が増えないと思われるためである．日本，韓国，タイなどではその傾向が強く表れている．

　米食が中心とされるアジアにおいても，中国とインドは少し違っている．米の生産量が全穀物生産量に占める割合は，中国が43%（2005年），インドが55%である．両国とも小麦が多く作られている．中国では米作に適するのは長江より南の地域であり，華北は米作に適していない．その中国で1980年代以降，食肉消費量が急増している．統計に問題があるにしても，FAOデータに従えば中国の一人当たり食肉消費量はすでに日本を上まわっている．中国の一人当たりGDPは現在でも日本の1/30程度であるから，中国ではGDPが低い段階で食肉消費量が増加したことになる．このことは明らかに日本とは異なるが，中国ではその北部で小麦中心の農業が営まれていたことから，肉食が食文化の根底に流れていたためと考えることもできる．

　インドも小麦を多く生産している国であるが，宗教上の理由から食肉の消費量は少ない．そのかわり，牛乳が多く消費量されている．インドの牛乳消費量は，日本，中国，東南アジア諸国に比べてかなり多い．インドと同じ南アジアに位置するバングラデシュは先ほど述べたように米食中心の国であるが，牛乳の消費量はインドの1/4以下である．パキスタンの牛乳消費量はインドより多いから，宗教が牛乳の消費量を決めているわけではない．小麦の生産割合が多くなればなるほど，牛乳の消費量が増える．

　小麦を生産する地域では肉や牛乳の消費量が多い．反対に，米を生産する地域では肉や牛乳の消費量が少ない．こんな関係が存在する．

3.3 卵

　卵は，食肉や牛乳とならんで人類にとって重要なタンパク質源である．世界ではアヒルの卵なども食されているが，2004年の生産量の92%は鶏卵であり，鶏卵が最も一般的な卵である．

3.3.1 生産量

世界における卵の生産量と人口の変遷を図 3.5(a) に示す．この図も 1961 年の値を 1 としている．2005 年の世界の卵生産量は 6,450 万 t であるが，卵の生産量は大きく増加しており，2005 年の世界の生産量は 1961 年の 4.3 倍になっている．この結果，一人当たり生産量は 1961 年の 4.9 kg から 2005 年には 10.0 kg へと大きく増えている．卵は食肉と同様に世界平均の一人当たり生産量が大きく増加した食品といえる．その伸びは食肉と同様に指数関数的であり，今後も増加しよう．

3.3.2 地域による違い

卵についても，西洋と東洋に分けて一人当たり消費量を考えてみよう（図 3.5(b)）．卵はほとんど交易されないため，生産量を人口で割ることにより一人当たり消費量を求めた．

1961 年の一人当たり消費量は西洋と東洋で大きく異なっていたが，その差は 1990 年代になって急速に縮小している．食肉や牛乳と同様に，西洋の消費量はソ連崩壊の影響を受けて 1990 年代に減少している．東洋における一人当たり消費量は食肉以上の速度で増加している．食肉や牛乳には文明の違いにより消費量に大きな違いが見られたが，卵は文明の違いにかかわらず食されている．これまでの傾向が続くと，西洋と東洋の一人当たり消費量はそう遠くない

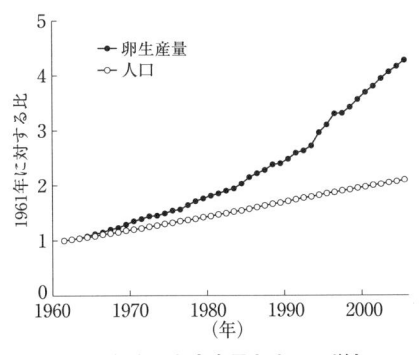

図 3.5(a) 卵生産量と人口の増加

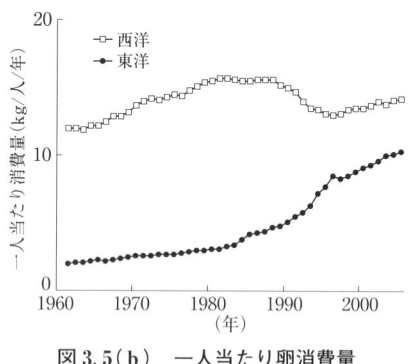

図3.5(b) 一人当たり卵消費量

将来に同程度となろう．

卵についても20に分けた地域ごとの一人当たり消費量を見てみよう（表3.3）．2005年において最も卵を消費している地域は東アジアである．これは同年における中国の消費量が21.8 kgになったことが大きい．ちなみに日本の消費量は19.2 kgであり，FAO統計を信用するならば，中国の一人当たり消費量は日本を上まわったことになる．ただ，日本の消費量が中国の消費量を下まわった背景には，日本では血液中のコレステロール濃度などを気にする傾向が強まってきたせいか，1990年代から一人あたり消費量が漸減傾向にあることもある．

ヨーロッパにおける卵消費量は意外に少なく，日本や中国の方がより多くの卵を消費している．これは食肉や牛乳には見られなかった傾向である．卵は洋の東西を問わず消費されているとしたが，これにはヨーロッパの消費量が少なめであること，また，人口の多い中国の消費量が多いことが影響している．

南アジアやサハラ以南アフリカ，太平洋諸島などの消費量は2005年になっても少ない．現在でも，貧しい地域における卵の消費量は少ない．特に東アフリカでは2005年の消費量が1961年の消費量を下回り，食肉に見られた傾向と同様に，卵の消費量からも同地域の食料問題が深刻であることがうかがえる．

表3.3 一人当たり卵消費量（単位は kg/人/年）

	1961年	2005年
東アジア	3.1	21.0
東南アジア	2.4	5.7
南アジア	0.4	2.2
西アジア	2.7	7.1
オセアニア	14.5	9.8
太平洋諸島	0.8	1.1
北ヨーロッパ	14.4	11.6
西ヨーロッパ	12.7	13.5
南ヨーロッパ	7.3	13.5
東ヨーロッパ	8.8	13.3
旧ソ連（ヨーロッパ）	*7.6	14.8
旧ソ連（アジア）	*7.6	5.6
北アフリカ	1.5	5.0
東アフリカ	1.4	0.9
西アフリカ	1.3	2.6
中央アフリカ	0.3	0.3
南アフリカ	1.9	3.3
北米	19.2	17.3
中米	3.8	14.0
南米	4.1	8.3
世界平均	4.9	10.0

*ソ連全体の値．

3.4 水産物

　水産物（主に魚）も食肉や牛乳と並んで重要なタンパク質源である．日本人は昔から魚が好きな国民であり，魚も立派な主菜と考えている．一方，西洋ではこれまで魚は食肉を補うものと考えられてきたようである．しかし，最近では，西洋でも魚はタンパク質を多く含みながら脂肪が少ない食品として見直されつつある．特に，寿司の人気が上昇するにつれて，世界各国で魚の消費量が伸びる傾向にある．ここでは，水産の現状について見てみよう．

　水産物の生産方式は食肉や卵のような畜産物とは異なっている．現在，私たちが口にする食肉や卵は，そのほとんどが人間の手によって作られたものであ

る．先進国では，野生動物を捕まえてその肉や卵を食べることはほとんどない．また，開発途上国でも現在では稀といえる．しかしながら，水産においては，養殖による生産量が増えてはいるものの，自然界のものを捕獲するという狩猟生活以来の行為も続けられている．この点で畜産物と水産物は大きく異なる．

3.4.1 生産量の内訳

世界における漁業生産量と人口の変遷を図3.6に示す．この図も1961年の値を1として示した．2001年における世界の水産物生産量は1億2,900万tであった．漁業生産量の伸びには，ところどころに落ち込みがあり，指数関数的な増加を見せていた食肉とは増加傾向が異なる．この理由は，食肉は管理された状態で生産されているが，水産物の生産はいまだにその多くを自然に依存しているためと考えられる．ただ，多少の変動はあっても，これまでその生産量は人口の増加を上まわっている．

図3.6は世界の漁業生産量全体について示したものであるが，次に，その内訳を見てみよう．1961年以来の世界の漁業生産量を図3.7に示す．FAOデータには，総漁獲量（Total Catch）と，海洋からの漁獲量（Marine Catch）が記載されている．ここで総漁獲量から海洋からの漁獲量を差し引いたものは養殖による生産である．正確には，このなかには内水面での漁獲量も含まれていることになるが，その量は多くない．

図3.7では養殖による生産量については，中国とそれ以外に分けて示した．

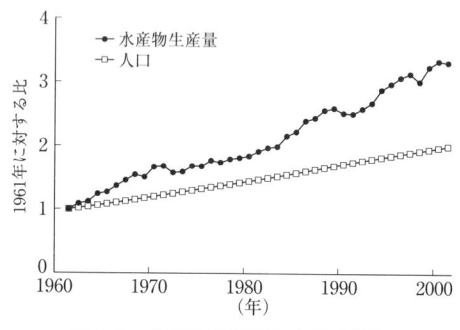

図3.6 水産物生産量と人口の増加

これは，中国の養殖による生産量が，近年，他の国とは比較にならないほど大きく増加しているためである．この増加が信頼できるものであるかどうかについては第9章でもう一度検討するが，これを信じるとすると，世界の漁業生産量が増えているのは，中国での養殖による生産が増えているからといえる．中国以外の養殖による生産量の伸びは緩やかであり，一方，海洋からの漁獲量は1990年代以降横ばいになっている．

3.4.2 資源の制約と養殖

海洋からの漁獲をどれほどまでに増やせるかについてはいろいろな議論がある．また，現在の漁獲量を維持することはできないとの研究結果も報告されている（Worm *et al.*, 2006）．本書ではそれらの議論に深入りすることは避けるが，図3.7を素直に見る限り，海洋からの漁獲を7,000万t以上に増やすことは難しいように思える．その一方で，1990年代以降も7,000万t程度を漁獲し続けていることを見ると，現在の漁獲量を維持することが難しいとすることも根拠が乏しいように思える．これらの真偽については今後の研究を待つ必要があろうが，2050年の食料を考えるとき，海洋からの漁獲については現状が維持されるとしても，大きな間違いにはならないように思える．

人口の増加に食料生産が追いつかないことはマルサス以来しばしば議論されるが，図3.7を見ると海洋からの漁獲については，マルサスが危惧した以上の

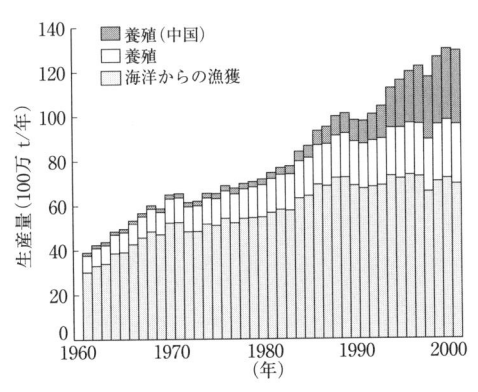

図3.7 水産物生産量

ことが生じている．マルサスは人口が等比級数的に増加するのに対し，食料は等差級数的にしか増加しないことを警告したが，海洋からの漁獲量は等差級数的な増加どころか，横ばいに転じている．このため，一人当たり生産量の減少はマルサスの警告よりも大きいものになっている．狩猟的な水産は限界に達していると考えてよいだろう．21世紀における水産は養殖が重要なテーマになる．

中国を除いた地域の養殖量は，1961年の750万tから2001年の2,660万tへとゆっくり増加している．これに対し中国の養殖生産量は1980年代に入って急増している．その生産量は1961年には135万t，1981年においても272万tに過ぎなかったが，2001年には3,310万tにまで増加している．中国では養殖の半分以上は淡水（中華人民共和国国家統計局，2006）で行われている．

淡水養殖では飼料1kgから魚肉1kgの生産が可能とされる（Smil, 2000）．これは魚が変温動物であり体温を保つためのエネルギーが必要でないこと，また，魚がプランクトンなどを食べるためでもある．飼料からのタンパク質生産効率は鶏よりもよい．

今後，中国における淡水を中心とした養殖は拡大していくと考えられる．これは，中国における食肉需要を低下させることにつながる．2050年の食料を考える上では，軽視できない要因になってきている．

3.4.3 地域による違い

水産物の一人当たり消費量についても，西洋と東洋に分けて見てみよう（図3.8）．1961年時点では，水産物においても西洋の消費量が東洋より多かった．しかし，その差は食肉や牛乳ほど大きなものではない．1990年代に中国の消費量が急増したため，2001年における西洋と東洋の消費量はほぼ等しくなっている．なお，1990年代における西洋の減少は，食肉などと同様に旧ソ連崩壊によるものである．

地域による違いを，20の地域別に見ることにしよう（表3.4）．ここで一人当たり消費量は食肉などと同様に，生産量に輸入量を加えて輸出量を減じたものを人口で割って求めている．表を見ると北ヨーロッパにおける値が著しく大きくなっているが，これはアイスランドとノルウェーの漁獲量が著しく大きく，

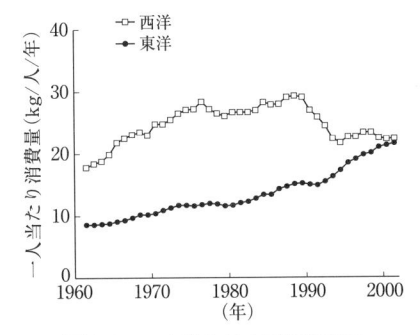

図 3.8 一人当たり水産物消費量

表 3.4 一人当たり水産物消費量（単位は kg/人/年）

	1961 年	2001 年
東アジア	12.5	36.8
東南アジア	12.6	28.7
南アジア	2.8	6.0
西アジア	2.9	6.4
オセアニア	10.4	31.2
太平洋諸島	11.4	33.9
北ヨーロッパ	113.7	220.7
西ヨーロッパ	15.3	15.3
南ヨーロッパ	19.0	30.9
東ヨーロッパ	3.6	5.4
旧ソ連（ヨーロッパ）	*14.6	19.4
旧ソ連（アジア）	*14.6	1.2
北アフリカ	4.6	14.0
東アフリカ	2.6	3.6
西アフリカ	5.7	10.5
中央アフリカ	7.0	7.2
南アフリカ	24.8	10.9
北米	19.7	22.3
中米	3.9	11.5
南米	40.5	40.2
世界平均	11.8	20.1

*ソ連全体の値.

また人口が少ないことによる．ただ，北ヨーロッパの人々がこれほど多くの水産物を食しているとは考えられず，これは表3.4では食品としての貿易量のみを考慮し，漁獲されたものが他国に水揚げされるケースを考慮していないためと考えられる．

　北ヨーロッパを除くと，東アジア，太平洋諸島，オセアニア，南ヨーロッパなどで消費量が多い．反対に，旧ソ連（アジア）や東アフリカ，東ヨーロッパ，南アジア，西アジアなどでは少ない．ちなみに，この方式で計算した日本の2001年の一人当たり消費量は65.9 kgとなり，世界平均の約3倍を消費している．一方，先進地域である西ヨーロッパや北アメリカの消費量はさほど多くない．その値は東南アジアの値を下まわっている．水産物の消費は経済発展の程度よりも，その地域の食文化に密接に関係しているようである．

　2001年の消費量は1961年の消費量に比べてほぼすべての地域で増加している．しかし，よく見ると，西ヨーロッパや北アメリカなど先進地域ではさほど増加していないのに対して，南アジア，西アジア，オセアニア，太平洋諸島，北アフリカ，中央アメリカなど開発途上国が多い地域では大きく増加している．このような開発途上地域の増加は，それらの消費量がいまだ少ない段階にあるため，今後も続くと考えられる．

3.4.4　魚食文化の広がりと淡水養殖

　海洋からの漁獲量は横ばいで推移する可能性が高い．それに対して，開発途上国を中心に水産物需要は増大し続けるだろう．また，多くの国の富裕層に寿司文化が広まったことにより，マグロなどの需要が増えよう．21世紀は，20世紀にマグロなどをほぼ独占的に食べていた日本にとって，大変困難な時代になることは否めない．ただ，水産物の生産量全体を考えれば，水産物を食べられない時代が来ると考えるのは早計であろう．養殖量が大きく増加する可能性があるからである．これは特に淡水養殖においてその可能性が高い．

　21世紀の水産物供給は2つの側面から考える必要がある．1つはグルメ志向の拡大にともなうマグロなど一部の水産物の争奪である．一方で，動物性タンパク質の摂取量を増やしたいと考える開発途上国において淡水養殖が行われ，その生産量が増大する可能性もある．淡水魚の養殖はさほど難しくない．また

少ない飼料で生産できるから，動物性タンパク質の供給源として有望である．

　ただ，これまで魚を食べて来なかった人々が，21世紀において急に淡水魚を大量に食すようになるとも思えない．淡水魚を好んで食す文化が根付いているのは中国と東南アジアの一部の国だけのようである．日本でも現在では淡水魚はほとんど食されていない．2005年の内水面漁獲量は5.4万t．これに内水面養殖による生産量4.2万tを加えても9.6万tに過ぎない．これは同年における日本の漁業生産量576.5万tの1.7%である（農林水産省統計表，2007）．先に南アジア，西アジア，北アフリカなどで水産物消費量が増大しているとしたが，これらの地域の淡水養殖生産量は中国のようにはならない可能性が高い．20世紀における中国以外における養殖による生産量から考えると，21世紀において水産物の消費量は伸びるものの，その伸びはゆっくりとしたものになると思われる．

　水産物から見ても，21世紀を飢餓の時代と見ることはできない．淡水養殖を行えば魚を大量に生産できるのに，そうはならないと思われるからである．一方，寿司ブームが続けば，マグロなどの争奪戦はますます激しくなろう．21世紀は水産物の絶対的な不足が問題となる時代ではなく，人々が豊かになってグルメ志向に走ることが問題を引き起こす時代といえる．いわば，贅沢な悩みの時代になっている．

4 バイオマスエネルギー
熱帯雨林保護との衝突

4.1 バイオマスエネルギーとは

　石油価格が高騰するなか，トウモロコシ，サトウキビ，生ごみ，家畜の排せつ物などを原料とする，バイオマスエネルギーに注目が集まっている．石油などの化石燃料は使ってしまえばなくなってしまう．これに対して，バイオマスエネルギーは植物を原料としており，植物を適切に栽培すれば永続的に作り続けることができるため，再生可能なエネルギーといえる．また，化石燃料の燃焼が大気中の CO_2 濃度を高めるのに対し，バイオマスエネルギーは燃焼する際に放出する CO_2 の量が，その原料の植物が成長する際に吸収した CO_2 の量に等しいと見なせることから，燃焼させても大気中の CO_2 濃度を高めることがない．このような性質を持つので，地球温暖化対策としても期待されている．

　このように述べると，バイオマスエネルギーは新しく開発されたエネルギーのように感じられるかもしれないが，実はそうではない．人類は昔から薪や炭というバイオマスエネルギーを利用してきた．それでは，現在話題となっているバイオマスエネルギーと薪や炭はどこが違うのであろうか．それは運搬や取扱い，利便性に関わる部分と考えられる．現代の生活で薪や炭を利用することは，運搬や取扱の面で極めて不便である．薪や炭は，経済が発展し利便性が求められるようになると，石油やガスにとって代わられていった．バイオマスエネルギーが再び用いられるようになるには，バイオマスが持つエネルギーを私たちが日常使用しやすい形態に変えて供給する必要がある．薪や炭と原理は同じであるが，その利便性を向上させたものが現代のバイオマスエネルギーといえる．

　現在，話題となっているバイオマスエネルギーには，トウモロコシやサトウ

キビを発酵させて作るバイオエタノール，植物油から作るバイオディーゼル油，生ゴミや家畜の糞尿を発酵させて作るバイオガスなどがある．また，木質系のバイオマスを直接燃焼させ発電する方式も，今後，燃料電池やリチウム電池などの性能が格段に向上すれば有力と考えられる．

なお，バイオマスエネルギーは原料に食料となる穀物や植物油を用いることも多いため，食料生産との競合が危惧されているが，このことについては10.4を参照していただきたい．ここでは，バイオマスエネルギーの原料となるものの現状について解説する．

4.2 廃棄物

4.2.1 食品系廃棄物

バイオマスエネルギーの原料としては，トウモロコシやサトウキビなどの作物から生産するほかに，生ごみなどの食品系廃棄物の利用も考えられる．これは食料生産と競合することがなく，また，廃棄物を有効利用するという観点からも注目されている．ここでは，食品系廃棄物からのエネルギー生産について，マクロな観点から検討してみよう．

食品系廃棄物の元をたどると農作物へいきつくが，農作物は世界において2005年現在，穀物が22億4,000万t，いも類が7億1,000万t，油用作物が4億t生産されている（FAO, 2005）．その他にも野菜や果物などが生産されているが，これらは発熱量や含水率の観点から，バイオマスエネルギーの原料としてはあまり役に立たない．バイオマスエネルギーの原料としては，穀物，油用食物，いも類を考えれば十分であろう．世界で生産される穀物，いも類，油用作物の単純合計は33億5,000万tである．ただ，いも類の単位重量当たりの熱量は穀物の1/3程度であり，また，油用作物が穀物の1.2倍程度の熱量を有していることを考慮すると，世界で生産されるバイオマスエネルギーの原料は，穀物換算で29億3,000万tになる．

この29億3,000万tのうちの約30%は飼料として用いられている．飼料からは食べ残しは発生しないとすると，畜産部門においてエネルギー回収の可能

性があるのは，家畜の排せつ物のみということになる．このことに関連して，第一次石油危機にともなうバイオマスエネルギーブームの頃から畜産の糞尿からのバイオガス生産が提唱されているが，これにより生産できるエネルギー量は，供給される餌に含まれるエネルギーの多くが家畜に吸収されてしまうため，マクロな観点から見ればそれほど多くはない．エネルギー問題の解決に資するほどの熱量をそこから回収することは不可能である．

一方，食用にまわされる農作物であるが，食べ残しや食品加工の途中で発生する廃棄物は，開発途上国では多くの場合，飼料になっている．食べ残しを利用した養豚は中国やベトナムで盛んに行われている．このような事情を考えると，バイオマスエネルギー源として使える食品系廃棄物は，世界の農作物生産量の1割から2割にとどまろう．

生ごみのすべてを回収することは実際には難しいので，ここでは世界で生産された農作物の1割がエネルギーとして再利用されるとしよう．そうすると，エネルギーとして利用できる食品系廃棄物の量は，穀物換算で約3億tとなる．

p32のコラム中の表から計算すると，穀物1tが有するエネルギー量は約360万 kcal であるが，これは石油1tが有するエネルギー量1,000万 kcal（TOE : Ton of Oil Equivalen）の約1/3に相当する．このことから，食品系廃棄物3億tに含まれるエネルギー量は石油換算で1億tになる．実際にはこれをエタノールやバイオガスに変換する過程でのロスを見込まなければならないから，利用できるエネルギーは石油換算で1億tを割り込むことになろう．

現在，世界で利用されているエネルギーは，石油換算で約102.3億 t（2002年）（IEA 2004）であるから，食品系廃棄物から得られるエネルギーは，その1%以下にとどまる．したがって，生ごみからのエネルギー回収は廃棄物の再利用という観点からは奨励されようが，回収できるエネルギーの量に限界があり，21世紀におけるエネルギー問題の解決に貢献する割合は極めて小さい．

4.2.2 木質系廃棄物

生ごみの他に木質系廃棄物の再利用も話題になっている．世界では2003年に18億6,000万 m^3（FAO, 2005）もの木材が，家，家具，紙などを製造するために切り出されている．家や家具などに使われた木材は，一定の期間が過ぎ

ると廃棄物になる．食料として生産された農作物は，その熱量の多くが人間や家畜の生命を支えるために使われてしまうが，廃棄される木材には生産時のエネルギーが残っているため，原理的にはそのすべてをエネルギーとして回収することが可能である．

空気乾燥木材の比重を 0.7 とし，また，乾燥木材のエネルギー含有量を石油の 1/3 とすると，世界で木材として生産されている 18 億 6,000 万 m^3 が有する熱量は石油換算で 4 億 3,000 万 t に相当する．これは食品系廃棄物が有するエネルギーの 4 倍以上である．

ただ，廃材は現在でも燃料として用いられている．廃材が有効に利用されていない原因は，ごみのリサイクルと同様に分別回収が難しいためと考えられる．このことから，実際にバイオマスエネルギーの原料にまわせる量は，それほど多くはないであろう．

生ごみや廃棄物からのエネルギー回収は，積極的に取り組むべき課題である．しかし，以上で見たように，そこから得られるエネルギーはさほど多くない．言葉を換えれば，現在，人類は，食品系や木質系廃棄物から回収できるエネルギーに比べて，格段に多くのエネルギーを使用している．このため，バイオマスを 21 世紀におけるエネルギー問題解決の手段と考えるならば，エネルギー用作物の生産を考えなければならない．

4.3 植物原料

4.3.1 エネルギー作物

廃棄物からのバイオマスエネルギー生産は限定的なものにとどまるから，実用規模でのバイオマスエネルギーの利用を考える場合，新たにエネルギー作物を生産する必要が生じる．それでは，どのような作物がエネルギーの生産に向いているのであろうか．このことを考える上では，単位面積当たりのエネルギー生産量がポイントになる．以下では現在注目されているバイオエタノールとバイオディーゼル油の生産を想定し，作物ごとに単位面積当たりのエネルギー生産量を検討する．

エネルギー作物として注目されているものに，サトウキビ，キャッサバ，米，トウモロコシ，大豆，オイルパームがある．ここでは，エネルギー作物としてどの作物が適当か検討し，結果を表4.1にまとめた．なお，サトウキビ，キャッサバ，米，トウモロコシからはエタノールの製造を，また，大豆，オイルパームからはディーゼル油の生産を想定している．

表4.1において単収は代表的な生産国のものとした．サトウキビはブラジル，キャッサバはタイ，米は日本，トウモロコシと大豆は米国，オイルパームはマレーシアである．表4.1に示した単収は2005年の値であるが，単収は品種の改良，栽培技術の進歩により今後も少しずつ増加しよう．

表4.1のなかで転換効率としたものは，作物からエタノールやディーゼル油ができる割合である．サトウキビにおける転換効率0.08は，1tのサトウキビから80lのエタノールができることを示す．この転換効率は，文献（坂井，1998；日本エネルギー学会，2002；大聖，2004）を参考に，筆者が推定したものであるが，技術開発により今後向上する可能性がある．特にエタノール製造ではその可能性が高い．それに対してディーゼル油製造では，転換効率の向上は期待できそうにない．これは，ディーゼル油は種子を搾ることで製造されているためである．搾油は物理的な工程なので，そこにおける効率の向上は見込みにくい．転換効率を上げるには種子に含まれる油分の割合を高くする必要があるが，そのような品種の開発は遺伝子改変技術を用いても容易ではない．

単収に転換効率を乗じると，単位面積当から得られるエタノールやディーゼル油の量が求められる．ここでエタノールの比重は0.789，また単位重量当たり発熱量が石油の約70%であるから，ブラジルではサトウキビ畑1haからは，石油換算で3.21 [t/ha] のエネルギーが得られることになる．

表4.1 代表的なエネルギー作物とその効率

作物名	サトウキビ	キャッサバ	米	トウモロコシ	大豆	オイルパーム
生産国	ブラジル	タイ	日本	アメリカ	アメリカ	マレーシア
単収（t/ha）	72.8	18.5	6.60	9.30	2.90	20.6
転換効率（l/kg）	0.08	0.14	0.30	0.34	0.20	0.20
植物油, エタノール(kl/ha)	5.82	2.59	1.98	3.16	0.58	4.12
石油換算重量(TOE/ha)	3.21	1.43	1.09	1.74	0.52	3.71

一方，植物油の発熱量は食料需給表によると 9,226 [kcal/kg] であり，これは石油の約 90% に相当している．この数値を用いて換算すると，米国の大豆畑はエネルギーを石油換算で 0.52 [t/ha]，マレーシアのオイルパーム畑は 3.71 [t/ha] 生産できることになる．表 4.1 を見ると，エネルギー作物としては，オイルパームとサトウキビが優れていることがわかる．

発酵により得られるエタノールを燃料として使用する際には，蒸留によりエタノール濃度を高めなければならないが，この際，蒸留のために大量のエネルギーが必要となる．このため，エタノールを生産することは，エネルギー問題の解決に貢献しないとの批判がある（Pimentel & Patzek, 2005；Kavanagh, 2006）．ただ，サトウキビからのエタノール製造は，砂糖汁を搾った滓であるバガスと呼ばれるものが蒸留の際に燃料として利用できることから，エネルギー収支の点でも有利とされている．

4.3.2　セルロースからのエネルギー生産

エネルギー作物の生産は食料生産との競合が問題とされる．このため，植物のなかでも人間が食べても消化することができない部分をエネルギー源として利用することが提唱されている．セルロースからのエタノール製造などはその典型であろう．しかしながら，これも夢の技術とはいいがたい．セルロースを大量に確保することが難しいからである．

セルロースを入手する方法としては，まず，籾，稲わらなどの農業残渣の利用が考えられる．しかしながら，籾，稲わらなどをエネルギー源として大量に利用することには賛成できない．それは，開発途上国では，稲わらが牛などの反芻動物の飼料として用いられているために，飼料との競合が生じてしまうことに加え，稲わらなどが有機肥料（堆肥）の原料になっているからでもある．

耕作を行うと土壌中の有機物成分が減少し，それにともなって窒素固定菌などの活動も弱まる．土壌中の有機物成分の減少を防止するためには，稲わらなどを農地にすき込むことが有効とされる．土壌中の有機物量と農業の持続可能性については議論のあるところであるが，窒素肥料の使用量を減少させる上でも，農業残渣は堆肥とした方がよいであろう．現代農業は化石燃料を使用して製造した窒素肥料（化学肥料）に頼りきっているとの批判もある．このような

観点に立つと，農業残渣は堆肥の製造に用いるべきと考える．わずかばかりのエネルギーを得るために，農業残渣からバイオマスエネルギーを製造すべきではない．

農業残渣の利用が難しいのならば，食料の生産に適さない土地でセルロースを作ることはどうであろうか．しかし，これも実際には難しいようだ．第1章で見たように，現在，人類が農地として使用している土地以外で農作物を生産できるところは，森林か草地に限られる．しかし，地球環境対策のために森林を伐採し農地を造成することは本末転倒であり，避けるべきであろう．

このように考えてくると，セルロース生産のために使える土地は草地ということになる．しかし，現在，条件のよい草地では放牧が行われているから，食料生産と競合しない草地となると，そこは降雨量も少なく砂漠に近いような土地になる．

ほとんど食料の生産に使われていない草地の典型は，中国西部にある．そのような土地でセルロースの生産を試みる場合，そもそも単位面積当たりの生産量が極端に少ないから，セルロースの大量生産にはかなり広い面積が必要になる．広く薄く生産された作物を収穫して運搬するだけでも，多くのエネルギーやコストが必要となろう．また，降雨量の少ない地域の生態系は一般に脆弱であるから，無理に草を栽培したり刈り取ったりすると，土壌の飛散など新たな環境問題を引き起こす可能性が高い．中国西部は過放牧による砂漠化が問題になっている地域でもある．食料を作るのに適さない草地で大量にバイオマスエネルギー用のセルロースを生産することは極めて難しい．

草地の利用が難しければ，単なる草でなくミスキャンタス（Bassam, 1998）など成長が速い植物の栽培はどうであろうか．しかしながら，一般にこのような植物は森林や農地でしか生産できない．畦道に沿ってそのような植物を栽培することも提唱されているが，畦道の脇を利用する程度では大量生産は難しい．結局，ミスキャンタスなどを大量に生産しようとすると食料を作っている農地を使わざるを得なくなり，食料生産との競合が生じてしまう．

セルロースからのエタノール生産技術は，一見，夢の技術のように思われるが，現実にエネルギーを生産しようと考えた場合，セルロースの大量入手は極めて難しいため，その技術の利用は限られたものになろう．

4.4 サトウキビ

4.4.1 甜菜とサトウキビ

FAO の Food Balance Sheet によると，砂糖は粗糖として世界で 1 億 5,000 万 t（2003 年）が生産されている．粗糖はサトウキビと甜菜から作られている．サトウキビは熱帯，亜熱帯で生産されており，主な生産地は中米，南米，南アジア，東南アジアである．2005 年の世界の生産量は 12 億 9,000 万 t であった．

一方，甜菜は亜寒帯を中心に栽培されており，2005 年の世界の生産量は 2 億 3,800 万 t である．サトウキビの生産量は後述するように増加しているが，甜菜の生産量は 1989 年に 3 億 1,400 万 t を記録して以来減少を続けている．栽培面積も減少しており，1980 年に 886 万 ha だった栽培面積は 2004 年には 584 万 ha に減った．

世界の甜菜生産量の 55%（2005 年）はヨーロッパで生産されている．ソ連崩壊まではソ連も有力な産地であったが，他の農産物と同様に旧ソ連地域での生産は減少し，2005 年においては世界の生産量 16% を生産するに過ぎない．

甜菜 1 t から約 170 kg の粗糖が生産されることから，甜菜からは約 4,000 万 t の粗糖が生産され，残りの 1 億 1,000 万 t がサトウキビから生産されていると推定される．

サトウキビの世界平均単収は 65.3 [t/ha]（2004 年）であるが，甜菜のそれは 40.7 [t/ha] である．しかし，1 t のサトウキビから 80 kg 程度の粗糖しか得られないことを勘案すると，面積当たりの粗糖生産量において，甜菜はサトウキビに劣るものではない．ただ，甜菜の生産者価格はサトウキビに比べて高い．FAO データによると，ブラジルのサトウキビ生産者価格は 14.0 [ドル/t]（2005 年）であるが，甜菜は比較的価格が安いロシアでも 34.1 [ドル/t] であった．甜菜の方が重量当たり 2 倍ほどの粗糖ができることを考慮しても，甜菜から作られる砂糖はサトウキビから作られるものに比べ割高になっている．

輸送手段が発達し，熱帯の産物を寒冷な地域に運ぶことが容易になった現在，甜菜はサトウキビに押され気味である．バイオマスエネルギーとの競合でサトウキビの価格がよほど高騰しない限り，21 世紀においても甜菜の生産量は減

少していくと思われる．

4.4.2 生産量，栽培面積，単収

サトウキビの世界における生産量を図4.1(a)に示す．サトウキビの1961年の生産量は4億3,200万tであったが，2005年には12億9,000万tと3倍に増加している．2005年における生産量の内訳は，中米と南米で6億1,900万t，南アジアが2億9,800万t，東南アジアが1億3,300万tである．後に述べるように，アフリカにはサトウキビの生産に好適な土地が多くあるが，現在，その生産量は8,450万tにとどまっている．

サトウキビの栽培面積を図4.1(b)に示すが，1961年に869万haであった面積は2005年には1,960万haに増えている．これは図4.1(c)に示すように，単収があまり増加しなかったことに起因している．サトウキビの単収は44年間に1.3倍にしか増加しておらず，穀物単収が同期間に2.4倍に増加したこととは異なる．サトウキビではセルロースと糖の豊富な茎を収穫し，生産には窒素をあまり必要としない．これに対し，穀物はタンパク質を多く含む種子を収穫するので，生産には窒素が必要であり，窒素肥料の投入が有効に作用する．第5章で述べるが，20世紀後半は窒素肥料の使用量が急増した時代であり，このことが穀物の単収増加につながったが，サトウキビでは窒素肥料の使用が単収の増加につながりにくい．

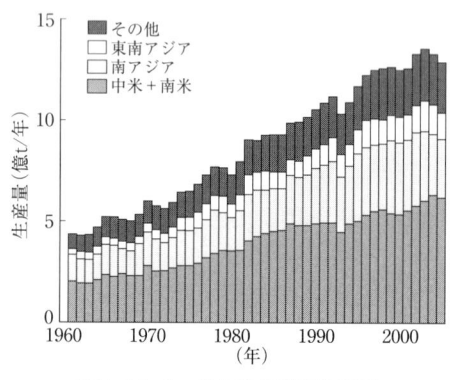

図4.1(a)　サトウキビの生産量

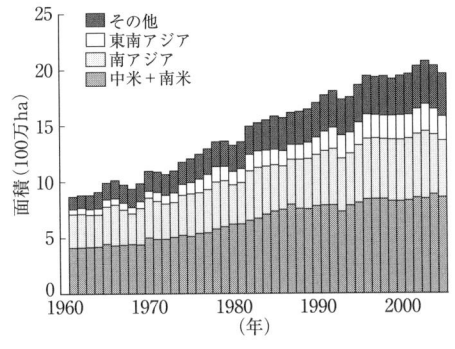

図 4.1（b） サトウキビの栽培面積

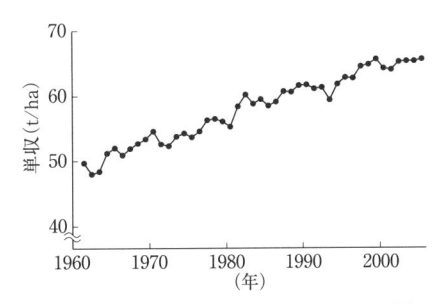

図 4.1（c） サトウキビの単収（世界平均）

ただ，サトウキビの単収は，穀物の単収が 3.3 [t/ha]（世界平均の値，2005年）であることに比べると著しく高い．表 4.1 に示したブラジルの単収は 72.8 [t/ha] にもおよぶ．このため，世界で 12 億 9,000 万 t ものサトウキビが生産されているが，農地は 1,960 万 ha しか使われていない．22 億 4000 万 t の穀物を生産するために 6 億 8,600 万 ha もの農地が使われていることに比べると，サトウキビの単収がいかに高いかがわかるだろう．

4.4.3 砂糖需要量

1961 年の世界におけるサトウキビの一人当たり生産量は 141 kg であったが，その後増加し，1980 年代以降は 200 kg 前後で推移している．これには近年におけるブラジルでのエタノール生産に用いられた量も含まれているから，砂糖の一人当たり消費量は若干減り始めていると考えてよい．日本について見ると，

砂糖の輸入量は1970年代初頭をピークに，その後減少している．

国連の人口推計では2050年の人口は現在の1.4倍程度とされているから，一人当たり消費量を現在と同じと仮定しても，粗糖の需要は2.1億t程度である．甜菜から現在と同じく4,000万tの粗糖が生産されているとすると，サトウキビから作らなければならない粗糖の量は1.7億tになる．サトウキビ1tから粗糖80kgが生産できるとすると，1.7億tの粗糖を生産するには23億tほどのサトウキビが必要になる．

サトウキビ単収の伸びは穀物に比べれば少ないが，それでも図4.1(c)に示すように品種改良や栽培技術の向上により，少しずつ増加している．図4.1(c)の増加傾向が2050年まで続くと，2050年の単収は83[t/ha]になる．単収が83[t/ha]になれば，23億tを生産するのに必要な面積は2,800万haである．ただ，実際には今後も一人当たりの砂糖消費量は減少する可能性が高い．そう考えると，砂糖を作るために必要な面積が今後大きく増えることはないと考えてよいだろう．

4.4.4 砂糖貿易量

生産された1億5,000万tの粗糖のうち4,590万tが輸出にまわされている．砂糖は大豆などとともに輸出比率が高い農産品である．なお，サトウキビは収穫してから短時間の間に汁を絞らないと品質が劣化するため，サトウキビそのものが交易されることはなく，粗糖または精製された砂糖として交易されている．

日本は砂糖を大量に輸入している．サトウキビからのエタノール生産を論じる前に，世界の砂糖貿易について，その概要を見ておこう．砂糖の輸出余力を持つ国は限られている．2004年において輸出量が多い国はブラジル，タイ，フランス，オーストラリア，キューバである．その5カ国の輸出量の変遷を図4.2に示す．この5カ国の中でフランスは甜菜から，それ以外の国はサトウキビから砂糖を生産している．

キューバの輸出量は1990年代に入り急激に低下している．一方，ブラジルからの輸出量は1990年代に急増している．残りの3カ国の輸出量も増えてはいるが，ブラジルのような急激な増加ではない．2004年において，全世界で

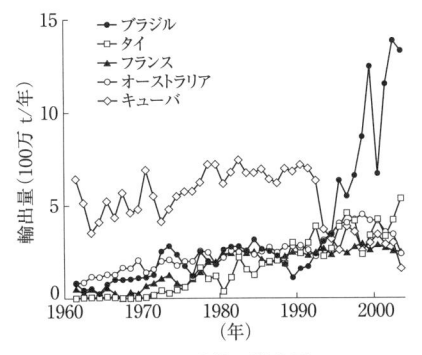

図4.2 砂糖の輸出量

輸出される砂糖の3割以上がブラジルから輸出されており，ブラジルは世界の砂糖供給基地になりつつある．

一方，砂糖の輸入国は広く世界に分布している．輸入量が最も多い国はロシアであり，421万t（2004年）を輸入している．ロシアではソ連崩壊にともない甜菜の生産量が減少したが，経済が回復するにつれて再び砂糖需要が増大している．しかしその増加は甜菜の増産でなく，海外からの輸入により賄われている．これは9.1.4でも言及するが，ロシアは経済が回復するにつれて多くの農作物を輸入する国に変わっている．ロシアの次に輸入量が多い国はインドネシアであり，輸入量は154万tである．これに日本の148万t，米国の142万t，韓国の124万tが続いている．日本は世界第3位の砂糖輸入国である．

ここで気になるのは，インドネシアが砂糖の輸入国になっている点である．インドネシアはエネルギー用バイオマスの生産地として期待されている．しかし，そのインドネシアは，現在，世界第二位の砂糖輸入国になっている．FAOデータだけでは個別の理由がわからないが，インドネシアは東南アジアに位置しながら，タイに比べてサトウキビの生産に比較優位がないようである．このことは，インドネシアでのエネルギー作物生産を考える場合に検討すべき課題といえよう．

マクロに見れば，砂糖の原料は甜菜からサトウキビに移行している．これにともない，熱帯で作られた砂糖を，温帯や亜寒帯に位置する国が買うという構図ができつつある．ここで，現在人口が増えている地域は主に熱帯地域である

が,熱帯に位置する国の多くは砂糖を自給することが可能と思われる.一方,温帯,亜寒帯に位置する国は先進国が多く,人口が増加していないことから,今後,輸入量が大きく増加することはない.これらを総合すると世界の砂糖貿易量が急増する機運にはないといえよう.このため,その生産において比較優位を持っているブラジルからの輸出量が増えれば,キューバやオーストラリアの輸出量は減少しそうである.図4.2にはその兆候が見え始めている.

4.4.5 栽培適地

サトウキビの単収はあまり伸びていないので,サトウキビを増産するには栽培面積を増加させる必要がある.それでは,サトウキビの栽培面積はどの程度増加させることができるのであろうか.ここでは,第1章でも利用したIIASAの研究から,サトウキビの栽培適地面積を考えてみよう.

IIASAの研究では,サトウキビの栽培適地も穀物と同様に,農業資材投入量を「高」,「中」,「低」の3段階に分け,また栽培適地も「最適」,「適」,「中程度」,「限界地」の4つに分けた検討が行われている.ここでは,穀物と同様に農業資材投入量を「高」,また栽培適地面積を「最適」,「適」,「中程度」の合計とした場合について紹介しよう.表4.2にはIIASAが計算した国別のサ

表4.2 サトウキビの栽培適地(単位は1,000 ha)

	栽培適地面積	栽培面積	割合(%)
ブラジル	248,175	5,767	2.3
コンゴ民主共和国	120,365	41	0.0
インドネシア	47,615	360	0.8
コロンビア	40,431	432	1.1
ペルー	32,832	62	0.2
ボリビア	27,261	105	0.4
アルゼンチン	23,737	305	1.3
ベネズエラ	21,343	130	0.6
コンゴ共和国	20,185	12	0.1
カメルーン	18,991	145	0.8
中央アフリカ共和国	17,109	13	0.1
インド	15,695	3,750	23.9
全世界	881,580	19,664	2.2

出典)IIASA(2000年)とFAO(2005年).

トウキビの栽培適地面積を示す．これは栽培適地面積が大きい12カ国について示したものであり，FAOデータにある現在の栽培面積についても示している．

　IIASAの推計によると，世界のサトウキビの栽培適地面積は8億8,158万haであるが，これは穀物の栽培適地面積である27億1,800万haの約1/3にとどまる．穀物と異なり，栽培適地は熱帯と亜熱帯に集中しており，温帯や亜寒帯にはない．国別では，ブラジルが有する栽培適地が最も多く2億4,800万ha，これにコンゴ民主共和国の1億2,000万haが続いている．この両国の栽培適地面積は他を大きく引き離しており，その合計は全適地の42%を占めている．

　上位12国の内訳は，南米諸国が6カ国，アフリカが4カ国，アジアが2カ国である．南米6カ国の合計は3億9,400万ha，アフリカ4カ国は1億7,700万haである．これに比べれば，アジアの2カ国の合計は6,330万haに過ぎない．サトウキビの栽培適地は南米とアフリカに多く存在する．

　表4.2中には栽培適地と現在の栽培面積との比も示すが，世界全体ではサトウキビは適地の2.2%でしか栽培されていない．この割合は他の農作物に比べても少ない．穀物は栽培適地面積27億2,000万haに対し，第1章で見たように現在6億8,600万haで実際に栽培が行われており，その割合は25%になっている．このことから，サトウキビを栽培している国の多くで，今後，栽培面積を大きく増加させることが可能といえる．

　表4.1に示したように，サトウキビ畑1haから5.82kℓのエタノールが生産できるとすると，サトウキビの栽培適地面積である8億8,158万haから，51億3,000万kℓのエタノールが生産できることになる．エタノールの比重を0.789，また単位重量当たりの発熱量を石油の70%とすると，得られるエネルギーは石油換算で28億3,000万tにもなる．これは，現在，人類が使用しているエネルギーの27%に相当する．現在，石油の消費量は約37億t（IEA, 2004）あるから，それに匹敵するエネルギーをサトウキビから生産することが可能である．サトウキビの生産地としてブラジルに注目が集まっているが，コンゴ民主共和国などアフリカ諸国も有力と考えられる．

　ここで最も問題になるのは，サトウキビの生産と熱帯雨林保護との対立であ

る．IIASA により示されるサトウキビの栽培適地をよく見ると，熱帯雨林の分布と重ならない部分も大きい．サトウキビは熱帯雨林よりも広い範囲での栽培が可能であることから，熱帯雨林の保護を考えながら栽培面積を増やすことは可能と考える．しかし，サトウキビの栽培適地の多くが熱帯雨林と重なっていることもまた事実である．栽培面積を拡張し続ければ，いずれ熱帯雨林の保護と対立することになろう．

〈コラム：日本のサトウキビ生産〉

　サトウキビは日本では沖縄や奄美大島において生産されているが，沖縄や奄美大島はサトウキビ栽培の北限である．1960 年代には生産量が 300 万 t を上回ったこともあったが，2005 年の生産量は 135 万 t にまで減少している．

　現在，日本のサトウキビ栽培面積は 2 万 7,000 ha であるが，IIASA によると日本のサトウキビの栽培適地は 7,000 ha に過ぎない．また，それもそのすべてが「中程度」とされており，「最適」，「適」に分類される面積は皆無である．その日本で 1965 年には 4 万 3,700 ha においてサトウキビが栽培されていた．これは IIASA が示す栽培適地面積の約 6 倍に相当し，日本でのサトウキビ生産は，努力すれば IIASA が示す適地より広い範囲で生産可能であることを示している．

　このような不利な条件下でも日本でサトウキビが生産されていることには，次のような事情があるとみられる．日本の本州ではサトウキビを生産することができないため，砂糖は長い間貴重品であった．しかしながら，日清戦争によって台湾を植民地としたことから，明治時代にサトウキビの生産が開始され，昭和に入ってからは生産量も増え，それまで貴重だった砂糖は，広く庶民にまで普及することとなった．現在に比べれば貧しかった戦前において，砂糖の甘みは特に好まれた味覚のようである．しかし第二次世界大戦の結果台湾を失い，また，敗戦による疲弊した経済の下では外貨が不足し，砂糖を輸入することも困難になった．そのような状況でも砂糖の需要は極めて強いものがあり，国内での生産が求められた．その結果，この時期に沖縄や奄美大島でのサトウキビの生産に力が注がれた．その後，経済が復興するにつれて外貨も豊富になり，砂糖を輸入することが可能となったが，今度は離島対策という面からサトウキビの生産が保護され，今日に至ったようだ．

　ただ，IIASA の推計からもわかるように，沖縄や奄美大島はその栽培の北限であり，国際的な競争に打ち勝つことは難しい．食の多様化にともない砂糖

の需要が低迷していることもあり，現在その栽培面積は1960年代の半分程度に縮小している．

4.5 オイルパーム

　オイルパーム（oil palm）はアブラヤシとも呼ばれ，ヤシ科アブラヤシ属に分類される植物の総称で熱帯が原産である．房状にいくつものゴルフボール大の実がなるが，その実を蒸した後に搾ると元の重量の約20%に相当するパーム油が得られる．パーム油は直接食用になるほか，透明で無味無臭であることから石鹸や化粧品，加工食品の原料にもなっている．ただ，凝固点が高いことから，日本で家庭用調理油として用いようとすると，冬期に固まりやすく使い勝手が悪い．だが，気温が高い南アジアや西アジアでは固化することはなく，家庭用調理油としても人気がある．なお，オイルパームは採取してから1日程度の間に搾油しないと品質が劣化する．このため，畑の近くで製油され，その後パーム油として交易されている．

4.5.1　急増する生産量

　世界のオイルパーム生産量を図4.3(a)に示すが，生産量が急増している様子がよくわかる．1961年には1,370万tに過ぎなかった生産量は2005年には1億7,400万tと，44年間の間に約13倍に増加し，同じ期間にサトウキビや穀物の生産量は約3倍にしか増えていないから，オイルパームの生産量の伸びがいかに急激か理解できよう．また，その増加は指数関数的であり，近年になればなるほど増加量が増えている．

　オイルパームの生産は，インドネシアとマレーシアに集中している．2005年の生産量はマレーシアが7,570万t，インドネシアが6,430万tである．両国の生産量は世界の生産量の約8割を占めている．その他にも，ナイジェリアで870万t，タイで525万t，コロンビアで330万t，エクアドルで193万t，コートジボアールで140万tと，西アフリカや南米諸国で多く生産されている．また，近年，パプアニューギニアでの生産量が増加しており，2005年の生産量は130万tになっている．

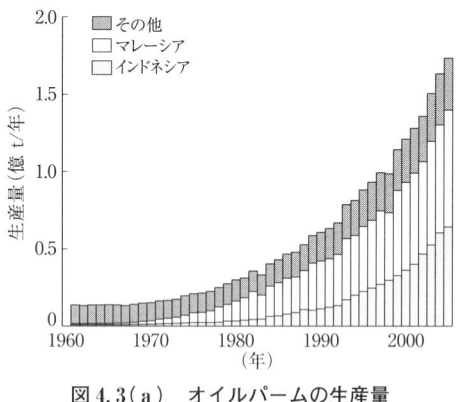

図 4.3(a)　オイルパームの生産量

4.5.2　栽培面積と単収

　サトウキビ同様，オイルパームの生産量増加も栽培面積の増大によるところが大きい．栽培面積の変遷を図 4.3(b)に示すが，栽培面積も生産量と同様に指数関数的に増加している．2005 年における世界の栽培面積は 1,260 万 ha であり，これはサトウキビが栽培されている面積の 2/3 程度である．マレーシアの栽培面積が 362 万 ha，インドネシアが 360 万 ha であり，両国の栽培面積の合計は世界の栽培面積の 57% を占めている．

　図 4.3(c)にはオイルパームの単収を示す．単収はあまり増加していないが，その値はサトウキビほどではないか穀物よりはかなり高い．2005 年の単収はマレーシアが 20.9 [t/ha]，インドネシアが 17.8 [t/ha] である．しかしながら，その他の地域の単収は低く，2005 年においても 6.2 [t/ha] にとどまっている．ただ，もう少しよく調べると，その他の地域の単収が小さくなっている原因は，マレーシア，インドネシアに次いで生産量が多いナイジェリアの単収が 2.0 [t/ha] と極端に低いためであることがわかる．ナイジェリア以外を見ると，タイが 16.7 [t/ha]，コロンビアが 18.9 [t/ha]，エクアドルが 15.0 [t/ha]，コートジボワールが 9.9 [t/ha]，パプアニューギニアが 14.8 [t/ha] と必ずしも低いわけではない．

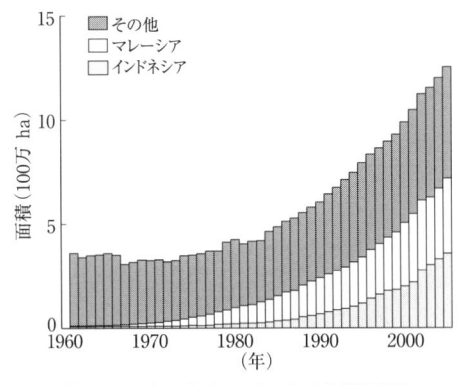

図 4.3(b) オイルパームの収穫面積

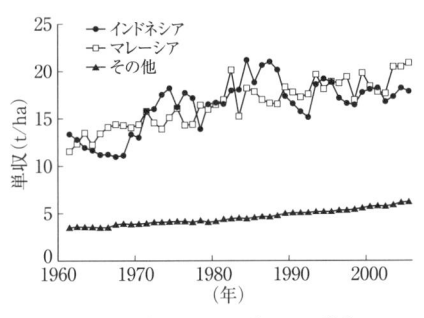

図 4.3(c) オイルパームの単収

4.5.3 伸びる貿易量

　パーム油は生産量が増加しているだけでなく貿易量も増加している．その輸出量を図 4.4 に示す．2003 年において，マレーシア，インドネシア，パプアニューギニア，タイなど 17 カ国がパーム油を輸出している．しかし，その大半はマレーシアとインドネシアからのものである．マレーシアの輸出量は 1,170 万 t，インドネシアは 638 万 t である．この図には 2003 年までの値しか示されていないが，インドネシアの輸出量はその後も増加しており，新聞報道（日本経済新聞，2007 年 6 月）によれば 2007 年の輸出量は 1,300 万 t と予想されている．マレーシアとインドネシア以外ではパプアニューギニアの輸出量が多

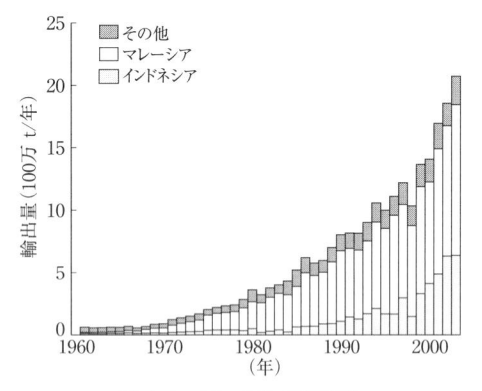

図4.4 パーム油の輸出量

いが，いまだ31.9万tにとどまっているから，マレーシアとインドネシアの輸出量が突出して多いことになる．

食料としての一人当たり消費量はマレーシアが25kg，インドネシアが20kgであり，両国の食用としての消費量はほぼ同じである．

マレーシアは生産したパーム油の88%，インドネシアは61%を輸出している．マレーシアではパーム油を原料とした工業が発達しており，USDA（米国農務省）によると国内消費量の75%は化学製品の原料になっている．これに対し，現在までのところインドネシアでは化学製品の原料としての利用は少なく，国内消費の大半は食用である．ただ，現在，インドネシアでは工業の振興に力が注がれており，今後，豊富に採れるパーム油を利用した工業が発展すると考えられる．インドネシアにおいては化学製品原料としての需要が増加することになろう．

まだ量は少ないが，パプアニューギニアからの輸出量が急増している．4.5.5で検討するが，パプアニューギニアには栽培に適する土地が多く残されていることから，今後，パーム油の大輸出国になることも考えられる．パプアニューギニアは太平洋諸島に分類されるがインドネシアと同様に日本から近い．日本がパーム油の輸入を考える場合，有力な供給先になる可能性がある．

一方，パーム油の輸入量が多い地域は，東アジア，南アジア，西アジア，西ヨーロッパである．この4地域における輸入量の変化を図4.5に示すが，東ア

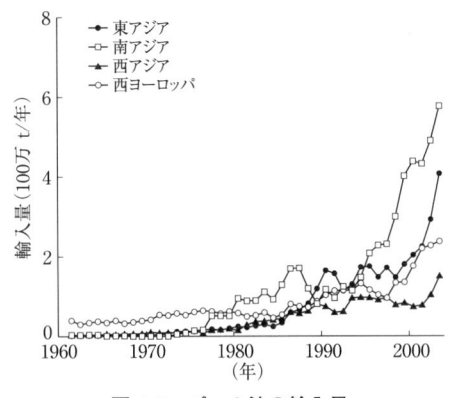

図4.5 パーム油の輸入量

ジア，南アジアにおいてパーム油の輸入量が急増していることがよくわかる．また，いまだその絶対量は少ないが，西アジアでも21世紀に入って輸入量が増加している．西ヨーロッパは早くからパーム油の輸入地域であったが，その西ヨーロッパでも輸入量は1990年代後半から一段と増加している．4つの代表的な輸入地域において輸入量が増えている．

国別に見ると，2003年において最も純入量が多いのはインドで402万t，これに中国の342万t，パキスタンの121万t，イギリスの73.8万t，オランダの54.3万t，ドイツの50.8万t，バングラデシュの45.0万t，これに日本の42.7万tが続いている．

4.5.4 開発途上国で急増する需要

インド，中国では経済の成長にともない食用油消費量が増加している．図4.6(a)には中国，図4.6(b)にはインドにおける食用油消費量（USDA, 2007）を示すが，両国とも1990年代に入り食用油の消費量が急増している．中国では大豆油，インドではパーム油が増加している．

中国で大豆油が増加しているのは，大豆の搾りかすである大豆ミールが家畜飼料として利用できるためである．食用油の消費量が少なかった開発途上国において消費量が増える場合，大豆ミール需要がある国では，大豆を搾ることで食用油と飼料の双方が得られることから，大豆油が増える傾向がある．これに

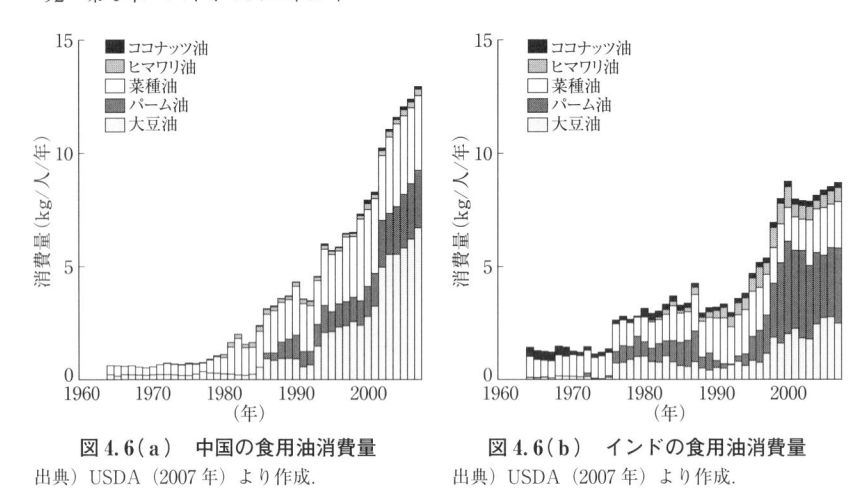

図 4.6(a) 中国の食用油消費量
出典）USDA（2007 年）より作成.

図 4.6(b) インドの食用油消費量
出典）USDA（2007 年）より作成.

対して，飼料需要が少ない国ではパーム油の消費量が増えている．多くの開発途上国は熱帯に位置しているために冬期の固化が問題となることはなく，家庭で用いやすい．これも途上国でパーム油の消費量が伸びる一因である．

図 4.7 には植物油の輸出価格を示す．ここでは代表的な植物油としてパーム油，菜種油，大豆油，トウモロコシ油について示した．図 4.7 を見るとパーム油が最も安く，コーン油が最も高い．菜種油と大豆油がその中間に位置している．パーム油が安価であることも，開発途上国で需要が急増する要因になっている．

インドにおける植物油の消費量は増加しているもののいまだ低い水準にとどまっている．インドの一人当たり消費量は 2007 年において 8.7 [kg/年] であったが，米国の消費量が 26.6 [kg/年]（2003 年），日本が 14.7 [kg/年] であることを考えると，その消費量は今後も増加すると考えられる．その際，安価なパーム油は大きな役割を担うであろう．

インド以外の開発途上国でも植物油消費量は増加していくだろう．インドにおけるパーム油消費量の急速な伸びを見ると，熱帯地域に位置する開発途上国において，一人当たりのパーム油消費量が 10 [kg/年] になってもおかしくないと思われる．南アジア，西アジア，東南アジア，アフリカ，中南米など熱帯から亜熱帯に居住する人口は 2005 年において 38 億人であるが，これは国連の

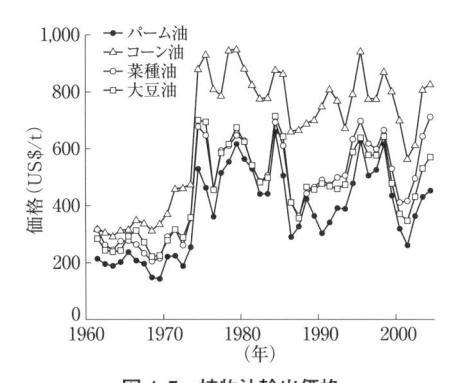

図 4.7 植物油輸出価格
輸出総額を輸出総量で除すことにより求めた.

中位推計によると 2030 年に 50 億人になる．このため，この地域で一人当たりのパーム油消費量が現在より 5 [kg/年] 増加すると仮定しても，全体の消費量増加は 2,500 万 t にもなる．食用油としての消費量だけを見ても，パーム油の需要は今後も増加し続けると思われる．

4.5.5 栽培適地

IIASA が推定したオイルパームの栽培適地面積を表 4.3 に示す．栽培適地は穀物，サトウキビと同様に，Input を「高」と仮定した場合の「最適」，「適」，「中程度」の合計面積である．表 4.3 には栽培適地面積が多い 12 カ国を示した．

オイルパームは，サトウキビより気温が高く降雨量が多い地域に適している．栽培適地が最も多い国は，サトウキビと同様にブラジルである．ブラジルには 1 億 9,500 万 ha もの栽培適地がある．これにコンゴ民主共和国，インドネシア，コロンビア，ペルーが続くが，ここまでの順位はサトウキビと同様である．サトウキビとの違いはマレーシアが 7 位に登場することである．マレーシアは 1,210 万 ha の栽培適地を有する．

表 4.3 には 2005 年における栽培面積も示すが，栽培面積はマレーシアとインドネシアに多い．マレーシアでは栽培適地に対する栽培面積の割合が他に比べて著しく高くなっている．一方，インドネシアは栽培面積が多いが適地面積

表 4.3　オイルパームの栽培適地面積と栽培面積（単位は 1,000 ha）

	栽培適地面積	栽培面積	割合(%)
ブラジル	194,565	56	0.0
コンゴ民主共和国	97,186	250	0.3
インドネシア	52,118	3,600	6.9
コロンビア	45,236	175	0.4
ペルー	41,602	11	0.0
コンゴ共和国	17,231	7	0.0
マレーシア	12,081	3,620	30.0
ベネズエラ	11,571	25	0.2
パプアニューギニア	11,213	88	0.8
カメルーン	10,981	57	0.5
ガボン	10,792	4	0.0
ギアナ	9,987	0	0.0
合計	514,563	7,893	1.5

出典）IIASA（2000 年）と FAO（2005 年）．

も多いため，その割合はマレーシアほどには高くなっていない．

その他の国にも栽培適地は存在するが，これまでのところ，その多くでほとんど栽培されていない．これは，オイルパームの場合，収穫した後 1 日程度と比較的短時間の間に搾油しないと品質が劣化することに関連している．パーム油は蒸した後に搾油されるが，これには比較的大規模な設備が必要であり，小農が個人で行えるものではない．通常は搾油工場を取り囲むようにオイルパーム畑が広がっており，大規模プランテーションに適した作物である．マレーシアはイギリス統治時代からゴムプランテーションの経験を有していたため，それをオイルパームに応用して最大の生産国になったのであろう．また，一時期，天然ゴムが合成ゴムに押され，ゴム栽培に代えてオイルパームが栽培されたことも，栽培適地が少ない割にマレーシアにオイルパーム畑が増えた原因と考えられる．

表 4.3 を見る限りオイルパームの生産が，マレーシアとインドネシアに集中する必然性は薄いと思われる．現にパプアニューギニアにおける生産が急増しているように，今後，燃料等への需要が高まれば，南米などでオイルパームの生産が急増する可能性がある．

表 4.1 に示したように，オイルパーム畑 1 ha から 4.12 kl のパーム油が生産

できるとすると，オイルパームの栽培適地は世界に 5 億 1,400 万 ha あるから，約 21 億 kl のパーム油が生産可能である．これが有する熱量は石油 19 億 t に相当する．

ただ，その潜在生産量は大きいが，そのバイオマスエネルギーとしての実用化は難しいと考える．その最大の問題は，熱帯雨林を伐採しないと生産量を増やせない点にある．4.4.5 でも述べたが，サトウキビは熱帯雨林になるほどの雨量がない地域でも栽培が可能である．これに対して，オイルパームの栽培適地は熱帯雨林とほぼ重なる．すでに，マレーシアのボルネオ島などではオイルパーム畑の拡張に対する反対運動が顕在化している（日本経済新聞，2007 年 6 月）．オイルパームの生産を今後増やせるかどうかは，熱帯雨林の保護との関係をどのように整理するかが最大の課題となろう．

もう 1 つの問題は，パーム油が安価な植物油としてインドなど開発途上国で人気が高いことである．開発途上国での需要は先ほど試算したように，現在の数倍になる可能性がある．もし先進国がパーム油を大量に燃料に使用し，その結果，開発途上国への食用油の供給が妨げられることになれば，それは問題であろう．

オイルパームからのバイオディーゼル油の製造は，技術開発を行うだけではなく，熱帯雨林の保護，開発途上国の食料需要という観点からの十分な研究，議論が必要と考える．

4.6　木材

バイオマスのエネルギー利用を考えるとき，木材を忘れるわけにはいかない．意外に知られていないが，現在，世界で最も多く使われているバイオマスエネルギーは木材だからである．木材は開発途上国を中心に燃料として大量に用いられており，その量はサトウキビからのエタノールや，オイルパームからのディーゼル油とは比べものにならない．

4.6.1　生産量

世界の木材生産量を図 4.8 に示す．FAO の統計では木材の生産量は燃料用

96　第4章　バイオマスエネルギー

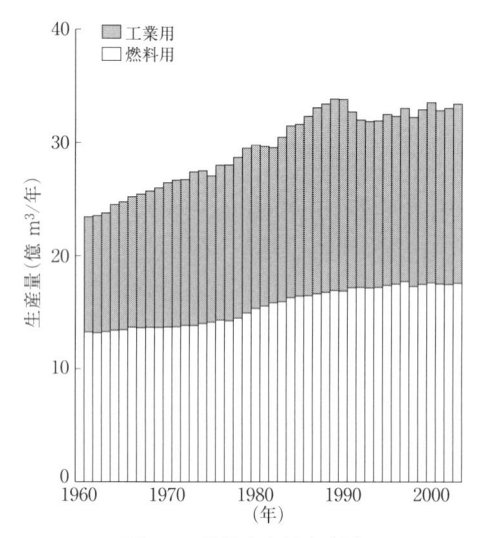

図 4.8　世界の木材生産量

と工業原料用に分けて集計されている．2003年における世界の木材生産量は33億4,000万 m³である．このうち，工業用は15億9,000万 m³，燃料用は17億5,000万 m³であり，燃料用としての利用は工業用としての利用を上まわっている．

木材の量は容積で表示されているが，その発熱量は4.2.2で検討した木質系廃棄物の場合と同様である．切り出した木材を空気中でよく乾燥させると比重は0.7程度になり，重量当たりの発熱量は石油の1/3程度である．燃料用として生産された17億5,000万 m³は空気乾燥すると12億2,000万 t になるが，これが有する発熱量は石油4億 t に相当する．

新エネルギーとしてのバイオマスエネルギーの利用は2030年においても石油1億 t 程度と見積もられているから（USDE, 2007），現在燃料に使われている木材の量がいかに大きいかが理解できよう．

4.6.2　燃料用としての使用地域

現在，木材は主に開発途上国の農村で燃料として用いられている．その消費量の推定は聞き取り調査に基づいているため，FAOが公表しているデータは

大きな誤差を含んでいると思われる．このことを意識しつつ，FAO データをもう少し見てみよう．

燃料用木材はその大半がアジア，アフリカの開発途上国で用いられている．燃料用木材が生産された地域をアジア，アフリカ，中米と南米，その他の5つに分けて図 4.9 に示した．燃料用木材はほとんど交易されないから，ここに示した生産量を消費量と考えてよいであろう．アジアの消費量は大きいが，現在はほとんど増えておらず，横ばい状態にある．アジア中で最も消費量が多いのはインドであり，2003 年の消費量は 3 億 200 万 m^3 と推計されている．これに中国の 1 億 9,100 万 m^3，インドネシアの 7,950 万 m^3，ミャンマーの 3,570 万 m^3 が続いている．

2003 年における日本の消費量は 11 万 9,000m^3 に過ぎない．これは全アジアの消費量の 0.015% にとどまっている．しかし，その日本でも 1961 年には 1,570 万 m^3 もの木材が燃料として消費されていた．日本における木材の燃料としての利用は，高度経済成長が始まった 1960 年代に急激に減少している．

アジアに次いで消費量が多いのはアフリカであるが，FAO データにおいてアフリカの消費量は増加している．これは FAO データが農村部の人口を勘案しながら消費量を推定していることも原因していると思われる．ただ，アフリカでも北アフリカの消費量は横ばいと推定されており，増加傾向にあるのはサハラ以南アフリカだけであるから，ある程度は実態を反映しているともいえよう．

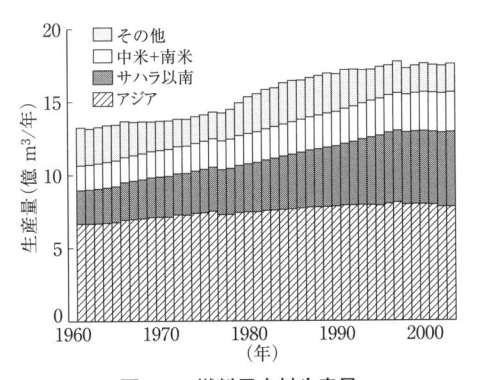

図 4.9 燃料用木材生産量

サハラ以南アフリカでは，多くの国で生産された木材の90％以上が燃料として消費されている．一例として，エチオピアでは生産された木材の97％（2003年）が燃料になっている．エチオピアの一人当たりの木材生産量は1.28m^{3}であり，これは世界平均の0.53m^{3}を大きく上まわる．森林破壊が話題となるインドネシアの一人当たり生産量が0.52 m^{3}であることからも，エチオピアがいかに多くの木材を燃料として消費しているかがわかろう．

単位面積当たりの木材生産量を見ると，エチオピアの値は7.1［m^3/ha］にもなる．これは東南アジアの平均値1.1［m^3/ha］の6.5倍に相当する．今日，木材の過剰利用にともなう森林の破壊は，東南アジアよりもエチオピアなどサハラ以南の国で深刻になっている．むろん，燃料用に用いられる木材は枯れ木や小枝などが多いとの指摘もあろうが，燃料の獲得のために新たな森林伐採が行われていることも事実である．サハラ以南アフリカの1961年における木材生産量は2億5,700万 m^{3}であったが，2003年には5億7,800万 m^{3}にまで増加している．

サハラ以南アフリカの人口は2050年には，現在の2倍以上になると予測されている．もし，2050年にもサハラ以南アフリカでは燃料として木材が用いられ続けているとすれば，その量は10億 m^{3}を超えることになる．森林の保護ではアマゾンやインドネシアなどの熱帯雨林の保護が注目されているが，このように，サハラ以南アフリカにおける燃料としての消費も大きな問題である．経済発展にともなってこれらが化石燃料に置き換わることがよいのかどうかも含め，複数の視点からサハラ以南アフリカのエネルギー問題と森林保護を考える必要があろう．

第 II 部
技術革新による変化

　20世紀における飛躍的な農業技術の進歩は，世界の食料生産を大きく変化させた．その影響は1970年頃までは先進国にとどまっていたが，現在は広く開発途上国にまでおよんでいる．第II部では，まず，食料生産の増加に最も大きく貢献した窒素肥料について検討し，さらに，飛躍的な向上をとげた農業生産が世界の農民と食料貿易にどのような影響を与えているかを論じることにする．

5 窒素肥料
単収増加の立役者/深刻化する環境汚染

　20世紀に入って農業技術は大きく進歩した．品種の改良，肥料や農薬の発達と普及，土木技術の発達による灌漑面積の増大，農業機械の発達など，その例は枚挙に暇がない．そのどれもが重要であり，それぞれの効果が重なり合うことにより，20世紀における農業生産の飛躍的な向上が達成されたといえる．ただ，その最大の功労者を挙げるとすれば，それは間違いなく窒素肥料[1]であろう．本章では，その目覚ましい功績をデータにより示したい．また，一方で，窒素肥料を多用した農業の持続可能性について疑念が呈され始めている．本章ではこのことについても言及したい．

5.1　窒素肥料と人類

5.1.1　肥料の歴史

　植物の成長には窒素やリン，カリなどが必要である．植物は土壌中にあるこれらを吸収しながら成長するが，農作物が収穫されると収穫物に含まれる窒素やリンも持ち去られることになる．このため，作物生産を続けると土壌中の窒素やリンが減ることになるが，これは作物の成長を抑制する．持ち出される成分の中では窒素が最も多い．このため，人類は長い間，土壌への窒素供給に工夫を重ねてきた．農地へ窒素を供給する方法として最も一般的であり世界に広く見られるものは堆肥である．堆肥は，牛や馬などの糞や稲わらなどの農業残渣，森林の下草などを積み上げ発酵させたものである．日本には平地林が多く

---

[1]　空中窒素を工業的に固定することにより製造された窒素肥料．

残っているが，これは窒素収支から考えると，下草を刈り取って堆肥に用いる必要があったためと考えられる（川島，2006）．しかしながら，堆肥により投入できる窒素の量はわずかであり，また，下草を集めることは大変な労苦をともなった．長塚節の小説『土』（長塚，1910）にはその苦労が仔細に記載されている．

中世ヨーロッパでは三圃式農業が行われ，食料生産の安定に寄与したとされる．三圃式農業では3回に1回休耕が行われるが，休耕は窒素固定細菌の働きにより土壌中の窒素濃度を回復させるのに有効である．三圃式農業は中世の人々が発明した農地に窒素を供給する方法である．

また，ヨーロッパの農業は一般に有畜農業であり，小麦などの栽培とともに牛や羊が飼育されている．牛や羊を放し飼いにすると，農地周辺の草に含まれる窒素を糞尿として労せずに集めることができる．家畜は窒素肥料を集める上で重要な役割を果たしていた．家畜により肥料を作ることは日本でも行われており，使役に使う牛や馬は肥料を製造する上でも重要な存在であった．だが，このような方法で供給できる窒素の量には限りがあった．近代においては，農地に大量に窒素を供給する方法として鉱石が用いられたこともあった．チリで産出された硝石[2]は19世紀から輸出され，優良な窒素肥料としてヨーロッパや北米の農業生産に大きく貢献した．また，南米ではグアノと呼ばれる鳥糞が固まって鉱物状になったものが古くから肥料として使われていた．しかしながら，硝石やグアノの資源量は多くないと考えられていたため，19世紀末にはその枯渇も危惧されていた（高橋，1991）．

このような窒素肥料の不足から人類を救ったのは，第1次世界大戦の直前に開発されたハーバー・ボッシュ法と呼ばれる空中窒素の固定法である．この技術は硝石の枯渇に対する危惧に触発されて開発された（久保田・伊香輪，1978）．ハーバー・ボッシュ法とは空気に79%も含まれている窒素と，水を電気分解して得た水素を用い，高温，高圧下でアンモニアを合成する技術であるが，空気中の窒素と水が原料であるから，エネルギーさえあれば事実上無限にアンモニアを作ることができる．

---

[2] 硝酸カリウム（KNO_3）の鉱物名．

アンモニアの工業生産が開始されたのは1913年であった．しかしながら，その生産量は第二次世界大戦前においてはわずかなものであり，世界の生産量は1939年においても267万t（高橋，1991）にとどまっていた．空中窒素を固定することにより製造された窒素肥料が世界に広まるのは，第二次世界大戦後のことである．

なお，以下の項および第6章以降で窒素肥料と記した場合，堆肥などの有機肥料は含まず，工業的に空中窒素を固定して製造した窒素肥料のみを指すことにする．

5.1.2 世界の窒素肥料消費量

窒素肥料には尿素（$CO(NH_2)_2$）や硫安（硫酸アンモニウム：$(NH_4)_2SO_4$）などがあるが，それぞれ窒素の含有率が異なる．このため，以下の議論では窒素肥料の重量ではなく，窒素肥料に含まれる窒素（N）の重量を基準とする．世界の窒素肥料消費量を図5.1に示す．旧ソ連と東ヨーロッパ，ヨーロッパ，アジア，その他の4つに分けて示した．ここで，東ヨーロッパはその増加と減少の傾向が旧ソ連とよく似ているため，ヨーロッパではなく旧ソ連と一緒にした．

消費量は1961年に1,160万tに過ぎなかったが，その後1988年には7,950万tにまで増加した．1961年から1988年までの消費量の増加は年率7.4%にもなり，この期間の世界人口の増加率1.8%を大きく上まわっている．

図5.1からわかるように，アジアにおける増加が著しい．また，1980年代

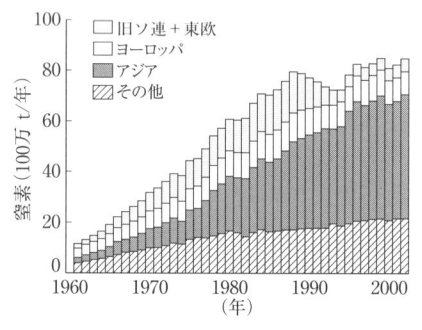

図5.1 窒素肥料消費量（窒素重量に換算）

中頃までは旧ソ連と東ヨーロッパにおいても増加が著しい．その旧ソ連地域と東ヨーロッパの消費量は1990年代後半から大きく減少している．これは体制の崩壊により，経済活動が急速に低下したことによる．1988年に1,620万tもあった旧ソ連地域と東ヨーロッパの消費量は，1996年には460万tと約1/4にまで減少している．

1988年以降，世界の消費量は伸び悩んでいる．ソ連の崩壊は1991年であり，第一の原因がソ連の崩壊にともなう減少であることは明らかであるが，それだけが原因ではない．東ヨーロッパを除いたヨーロッパの消費量も，やはり1988年をピークに減少している．1988年に1,130万tあったヨーロッパの消費量は，2002年には906万tにまで減少している．特に西ヨーロッパでの減少が著しい．西ヨーロッパは1988年には775万tを消費していたが，2002年には619万tにまで減少し，14年間で20%も減少したことになる．このヨーロッパにおける減少は，5.5で述べる窒素による環境問題を意識したものと考えられる．

アジアにおける増加は，東アジアと南アジアにおいて著しい．2002年の消費量は東アジアが2,640万t，南アジアが1,410万tであり，これらは東南アジアの528万t，西アジアの317万tを大きく上まわっている．

東アジアのなかでも中国の消費量が2,540万tと圧倒的に多い．また南アジアではインドにおける消費量が1,050万tと多く，中国とインドを合わせた消費量は3,590万tにも上り，アジア全体の74%を占めている．中国とインドの消費量は，世界の消費量の42%に相当している．両国の人口の合計は世界の37%であるから，窒素肥料消費比率は人口比率を上まわっていることになる．

中国とインド以外でも，パキスタンが234万t，インドネシアが221万tとアジアの人口大国での消費量が多い．窒素肥料消費量で見る限り，現在，アジアの国々は西欧先進国に引けを取っていない．ちなみに日本の消費量は46万3,000tであり，192カ国中28位になっている．日本は人口の割に消費量が少ない．これは，飼料用穀物を中心に多くの穀物を輸入しているためである．このため穀物を作るために必要な窒素肥料の量が少なくて済んでいる．穀物を輸入することにより日本に流入する窒素が環境に悪影響を与えているために，食料を自給した方が日本の環境がよくなるとする説（鈴木，2005）は，マクロに

見ればまちがっている．もし日本が輸入している量に相当する穀物を国内で生産するとしたら，大量の窒素肥料が必要になるためである．国内での生産に必要な窒素の量は輸入した穀物に含まれる窒素の量を大きく上まわる（川島，2001）．

5.2 農作物生産との関わり

これまでは窒素肥料の消費量を見てきたが，穀物生産を考える上でより重要なのは単位面積当たりの投入量である．広大な農地面積を有する国では，単位面積当たりの投入量は少なくとも，国全体の消費量は大きなものになる．

5.2.1 面積当たりの投入量

表5.1には栽培面積当たりの窒素投入量を示す．なお，豆類は根に共生する根粒菌（窒素固定細菌）により自分で窒素固定をするため，窒素肥料を投入する必要がないので，ここでは総栽培面積から豆類の栽培面積を除いた面積に窒素肥料が投入されるとした．また，肥料はどの作物にも均等に投入されると仮定した．

表5.1を見ると，西ヨーロッパを筆頭にヨーロッパで投入量が多いこと，また，北米や東アジアでの投入量も多いことがわかる．それに対して，サハラ以南アフリカや太平洋諸島などで投入量が少ない．

単位面積当たりの投入量は，その地域の農業の実態をよく表している．投入量が多い地域では集約農業が行われていると考えてよい．集約農業とは肥料や労働力を多く投入することによって単位面積当たりの収穫を多くしようとする農業である．また，その反対の方法をとるのが粗放農業である．私たちは先進国で集約農業が行われ，開発途上国で粗放農業が行われていると思いがちであるが，表5.1を見ると必ずしもそうとは限らない．中国が大半を占める東アジアの窒素肥料投入量は168［kg/ha］と多く，東アジアは集約農業が行われている地域といってよい．これに対し，オーストラリアとニュージーランドにより構成されるオセアニアの投入量は63［kg/ha］にとどまり，集約農業が行われている地域とはいいにくい．

表5.1 栽培面積1 ha当たりの窒素肥料投入量（2002年，単位はkg/ha）

	窒素肥料投入量
東アジア	168.0
東南アジア	57.3
南アジア	75.5
西アジア	69.4
オセアニア	63.0
太平洋諸島	14.0
北ヨーロッパ	140.2
西ヨーロッパ	207.3
南ヨーロッパ	83.5
東ヨーロッパ	71.8
旧ソ連（ヨーロッパ）	23.4
旧ソ連（アジア）	31.3
北アフリカ	85.3
東アフリカ	5.6
西アフリカ	2.9
中央アフリカ	2.2
南アフリカ	36.7
北米	137.6
中米	71.0
南米	54.2
世界平均	80.4

　集約農業が行われるかどうかには，農地面積当たりの人口も関係している．農地面積当たりの人口密度が高い地域では集約的な農業を行わざるを得ないが，このような場合，現在では開発途上地域においても，窒素肥料を多用した集約的な農業が行われている．これは5.1.2において国別の窒素肥料消費量に言及した際に，中国，インド，パキスタン，インドネシアで消費量が多かったことからもわかる．

　しかしながら，現在においても，サハラ以南アフリカ，特に中央アフリカ，西アフリカ，東アフリカにおける投入量は極端に少ない．南アフリカの投入量は他のサハラ以南アフリカに比べれば高いが，それでも36.7［kg/ha］にとどまる．南アフリカでは，南アフリカ共和国の投入量が88.9［kg/ha］と多いた

め，全体の値がそれにつられて大きくなっているが，南アフリカ共和国以外の国の投入量は少ない．

同じアフリカでも，北アフリカはサハラ以南アフリカに比べて投入量が多い．北アフリカの穀物単収がサハラ以南アフリカに比べて高いことは，窒素肥料投入量からも推察できる．窒素肥料の投入量から見ても，北アフリカとサハラ以南アフリカの食料生産には大きな違いがある．

5.2.2 窒素肥料投入量が増える地域，減る地域

図5.2には20地域のなかから西ヨーロッパ，東アジア，南アジア，西アフリカを選び，1961年から2002年までの単位面積当たりの窒素肥料投入量の変遷を示した．西ヨーロッパは早い時期から多量の窒素肥料を投入しており，現在，地下水の硝酸汚染問題が深刻化している（5.5参照）．1990年代以降，西ヨーロッパの投入量が横ばいからやや減少ぎみに推移しているのは，環境問題を意識して窒素肥料の投入を控えているためと考えられる．

また，東アジアで投入量が急増しているが，これは中国の増加を反映したものである．一方，南アジアの投入量も，いまだその水準は西ヨーロッパや東アジアに比べれば少ないものの，順調に増加している．これに対し，西アフリカの投入量は1961年から2002年までの期間においてまったく増加しておらず，ほぼゼロの状態が続いている．図には示さなかったが，東アフリカ，中央アフ

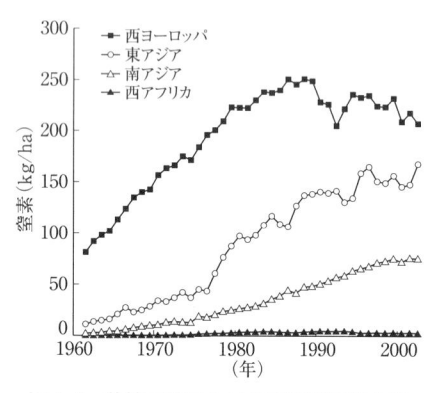

図5.2 栽培面積当たりの窒素肥料投入量

リカの投入量も西アフリカと同様の状態にある．

これまで，食料問題が深刻な地域として南アジアとサハラ以南アフリカが挙げられてきたが，現在，南アジア，特にインドでは食料事情が徐々に改善しており，インドはすでに1990年代中頃より穀物の輸出国に転じている．一方，サハラ以南アフリカの食料事情は一向に改善していない．図5.2は両者の違いを鮮明に示している．

5.2.3 作物単収との関係

窒素肥料の投入が農作物の単収をどの程度増加させるか見てみよう．図5.3（a）に窒素肥料投入量（窒素肥料に含まれる窒素量）と穀物単収の関係を示す．これは20に分けた地域について1961年から2002年までの値を示したものである．1961年から1991年までは旧ソ連を1つにまとめている．また，参考のために日本の値も示した．

穀物において，窒素投入量と単収の間にはよい相関関係がある．このプロットにおいて相関係数は0.89であった．窒素投入量と穀物単収の間を直線で回帰すると，次のような関係式が得られる．

世界については

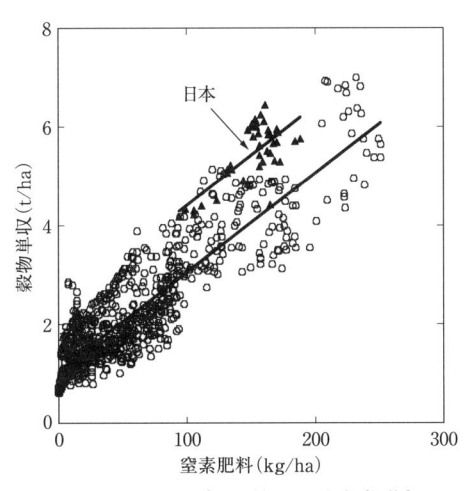

図 5.3（a）　窒素肥料投入量と穀物単収

108　第5章　窒素肥料

$$Y = 1.07 + 0.0200 \cdot N \tag{5.1}$$

また，日本については

$$Y = 2.40 + 0.0202 \cdot N \tag{5.2}$$

ここで，Y は単収［t/ha］を，また N は窒素投入量［kg/ha］を表す．

これは世界平均では 1 kg の窒素肥料から 0.0200 t（20 kg），また，日本では 0.0202 t（20.2 kg）の穀物が生産できることを示している．つまり，投入窒素重量の約 20 倍の穀物が生産できることになる．

縦軸との切片は窒素肥料を投入しない場合の穀物単収を与えるが，この場合世界平均では 1.07［t/ha］，日本では 2.40［t/ha］の穀物が生産できる．この日本の値は，明治時代の米単収とほぼ一致する．

窒素肥料中の窒素 1 kg から生産される穀物重量については，日本と世界平均に大きな違いが見られなかったが，窒素肥料を投入しなかった場合の単収は日本の値が世界平均の 2.2 倍にもなっている．これは，日本の穀物生産は水田での米作が中心であるが，水田は窒素固定能力が畑地より高いため，窒素肥料がない時代においても，米の単収が小麦などの単収より高かったことを反映している．

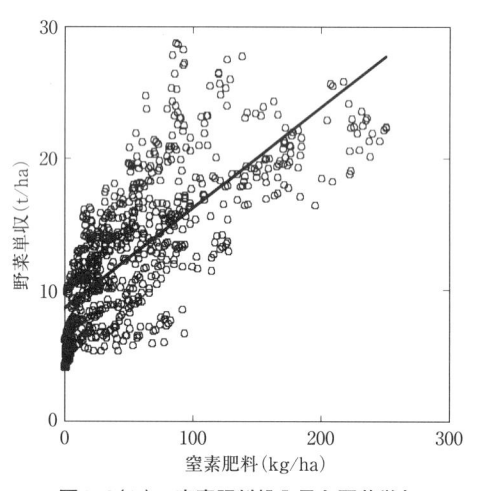

図 5.3（b）　窒素肥料投入量と野菜単収

ただ，窒素肥料がない時代において日本の穀物単収が高かったことは，米作を行っていたという理由だけでなく，すでに江戸時代に農業技術の改良が種々行われ，その成果が農書にまとめられて広く普及するなど，日本人の努力も大きく貢献していると思われる．東南アジアは日本と同様に米を中心に栽培しているが，同様の方法で東南アジアの窒素肥料を投入しない時代の単収を計算すると 1.42 [t/ha] になり，日本と比べて約 1 [t/ha] も単収が低い．このことからも窒素肥料のない時代における日本の農業技術の高さが推察される．

図 5.3(b) には窒素肥料投入量と野菜単収との関係を示す．野菜には多くの種類があり，種類ごとに施肥量は違うが，その実態を正確に把握することは難しい．ここでは，あえて施肥量を穀物と同様と仮定して投入量と単収との相関を調べた．その結果，野菜においても穀物ほどではないがよい相関が見られた．図 5.3(a)，図 5.3(b) を見れば，穀物，野菜ともに単収向上のカギが窒素肥料の投入にあることが理解されよう．世界のすべての地域で，窒素肥料の投入量を増やすことにより，穀物だけでなく野菜においてもより多くの収穫をあげている．

5.2.4 単収の増加は続く

これまでに単収が向上した地域では，今後もその高い単収を維持できるのであろうか．また，現在単収が低い地域において，今後，窒素肥料の投入量増加により単収を向上させることは可能であろうか．このことは 2050 年における世界の食料問題を考える上で重要なポイントになっている．

単収の維持について，ヴァンダナ・シバ氏は，窒素肥料を大量投入する農業は持続性がないことを強調している (Shiva, 1991)．また，悲観論者として知られるレスター・ブラウン氏の持論である，穀物生産量は 1990 年代においてすでに増加が鈍化し始めており 21 世紀において大きく増えない，とする論拠の 1 つは，単収をこれ以上増加させることが難しいというものである (Brown, 1996)．この両者の意見は近代農業技術への懐疑論，限界論を代表するものといえよう．特にヴァンダナ・シバ氏の懐疑論は，科学技術への根源的な不信感からか，意外に広く信じられており，有機農業を推進する論拠にもなっている．だが，これらは本当に信じるに足る説であろうか．

世界の全域にわたって，土壌の状態などを細かく調べ，地域ごとにその持続性や単収の上限について検討することは現実問題としては極めて難しい．ヴァンダナ・シバ氏やレスター・ブラウン氏も，十分な量のデータから自説を展開しているわけではない．ヴァンダナ・シバ氏の説はインドのパンジャブ地方の一部で観察されたことを論拠にしている．一方，レスター・ブラウン氏は，FAO データに見られる世界の穀物生産量の伸びの鈍化を根拠にしている．

Shiva (1991) で，ヴァンダナ・シバ氏は窒素肥料の多投入による土壌の破壊とともにインドのパンジャブ地方で生じた塩害の事例[3]を強調しているが，実際にはそのような深刻な塩害が生じているのはパンジャブ地方でもわずかな面積と思われる．塩におおわれ白くなった農地の写真は塩害の深刻さを印象づけるものではあるが，そのようなミクロな視点からだけ見ると全体像を見失いやすい．塩害の影響を受けているとされる面積の統計は種々あるが，影響の強弱にまでふみ込んだデータに著者はこれまで接していない．

このため，ここでは農業生産に関する統計データに基づき，マクロな視点から塩害と農業生産の関係を考えてみよう．ヴァンダナ・シバ氏が指摘していた時代においても，インドの統計書（Agricultural Production in Major States, 1991）を見ると，パンジャブ州全体の小麦の単収と栽培面積は増加しており，むろんその後も順調に増加している．その他のインドの諸州でも単収と栽培面積はほぼ一貫して増加している．栽培面積が急激に減少している地方などインドにはないのである．このことから考えて，ヴァンダナ・シバ氏はごく一部の地域における経験を広い地域に適用しすぎており，その説に説得力があるとは思えない．

また，レスター・ブラウン氏の挙げる FAO データに見られる世界の穀物生産量の伸びの鈍化は，本書の第 2 章で見たように飼料用穀物の需要が大豆に取って代わられたことから生じており，単収の伸びが鈍化したからではない．穀物への需要が鈍化したために生産も鈍化しただけのことである．

ここからは，日本人になじみの深い米を例にとることにより，その 2005 年

---

[3] 灌漑と多収量品種の導入，窒素肥料の投入は緑の革命の中心をなすものであるが，地下に塩類が集積している土地などで灌漑を行うと，地表に塩類が集まって数年で農地として利用できなくなることがある．

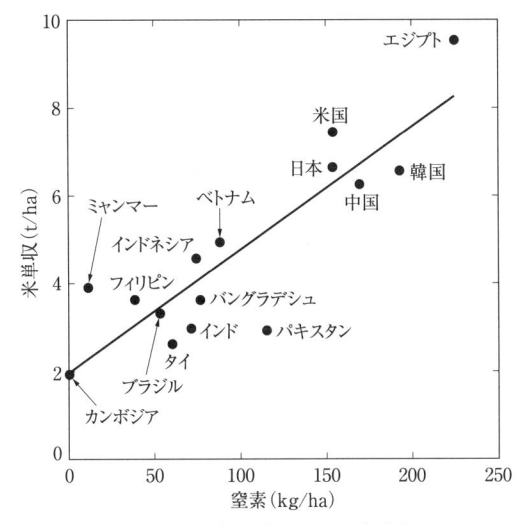

図5.4 窒素肥料投入量と米単収

における単収を見ていきたい．米の生産量が多い15カ国について，その米単収と窒素肥料投入量の関係を図5.4に示す．ここに示した15カ国の生産量は5億6,500万tにのぼり，世界の生産量の91%を占めているので，世界の米生産の大部分を検討したものと考えていいだろう．

　国別に見たとき，米の単収が最も高いのはエジプトである．エジプトではナイル川の水を利用して農業が営まれている．ナイル川の水源はスーダン，エチオピアなどの上流域にあり，エジプトでは晴天が続くことが多い．十分な水と日照を同時に得られることは，農業にとって理想の条件であるが，エジプトはこの条件を手に入れることができる数少ない国の一つである．これが，エジプトの単収が群を抜いて高い理由と考えられる．しかしながら，そのエジプトでは窒素肥料の投入量も多い．図5.4の横軸は窒素肥料投入量であるが，エジプトの値は最も右にある．図5.3(a)と同様に，米の単収においても窒素肥料投入量と単収との間にはよい相関があり，エジプトもその例外ではない．世界全体を見てみると，米国，日本など先進国で単収が高く，反対に，インドやインドネシアなど開発途上国で低いが，この違いは窒素肥料の投入量により説明できる．図中には直線による回帰線も示すが，単収と窒素肥料投入量の相関係数

112　第5章　窒素肥料

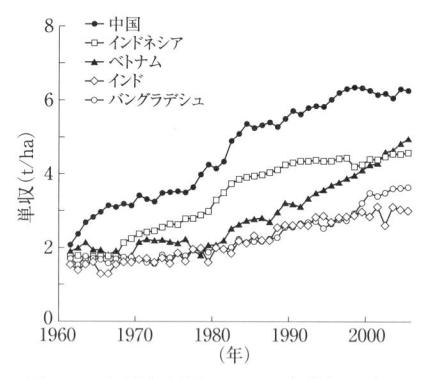

図 5.5　主要生産国における米単収の変遷

は 0.88 であった．

　次に，米単収の変遷について検討してみたい．ここでは，生産量が第 1 位から第 5 位までの国について検討する（図 5.5）．図 5.5 よりいずれの国でも時間の経過とともに単収が増加していることがわかる．ただ，中国の単収は順調に増加してきたが，その増加は 6 [t/ha] 程度で上限に達しているようにも見える．2005 年における米国の単収が 7.4 [t/ha]，日本の単収が 6.6 [t/ha] であるから，中国の単収はほぼ限界に達したといえるのかもしれない．

　しかし，その他の国では，単収は増加の途上にある．ベトナムでは 1980 年以降単収が急速に増加している．この増加にはドイモイと呼ばれる経済の改革解放路線が寄与したとされる．一方，インドネシアでは 1970 年代から 1980 年代にかけ単収が急増している．この増加は，ビスマ計画やインスマ計画と呼ばれる国家プロジェクトにおいて，多収量品種の導入や窒素肥料投入量の増大が図られた結果と考えられる．一方，インドではインドネシアやベトナムほどの急激な増加は見られないが，着実な増加が続いている．バングラデシュでも単収は順調に増加している．

　これらの増加の要因は，図 5.3(a) のようなプロットを行ってみると，窒素肥料投入量の増加によりほぼ説明できる．米単収は窒素肥料投入量の増大にともない，今後も増加すると考える方が合理的である．図 5.5 を見る限り，インドネシア，インド，ベトナム，バングラデシュの米単収には伸びる余地がある．レスター・ブラウン氏が指摘するように，穀物単収の伸びが止まる危険性はど

こにも見出せない．

　一方，ヴァンダナ・シバ氏は窒素肥料を投入し続けた土壌が劣化することを指摘するが，図 5.2 でもわかるように，西ヨーロッパではこれまで窒素肥料が大量に投入されてきたにもかかわらず，その単収は一向に減少していない．西ヨーロッパは東アジアや南アジアに比べて降雨量が少ない地域である．過剰に投入された窒素肥料は降雨により洗い流される性質があるが，西ヨーロッパでは東アジアや南アジアに比べてこの作用が小さい．また，東アジアや南アジアでは水田が中心であるが，西ヨーロッパでは畑作が中心である．水を豊富に使う水田農業より畑作の方が，投入した窒素肥料が土壌に蓄積しやすい．

　このような事情があるため，もし，窒素肥料が土壌に悪い影響を与えるのなら，それは西ヨーロッパに一番先に現れてもよいはずである．しかし，西ヨーロッパに穀物単収が低下する兆候は見えない．このようなことから考えても，今後，窒素肥料の多用により土壌が劣化し穀物単収が低下するとする説は信頼できない．過去のデータを見る限り，窒素肥料が農業の持続可能性を失わせるとする説は，合理的な論拠を有していない．

5.3　栽培面積当たりの扶養人口

　人口の割に多くの農地がある地域では，食料の供給は比較的容易であるが，反対に，少ない農地で多くの人口を養う地域では，食料の供給に苦労がともなう．ここでは総栽培面積と人口の関係を検討する．

　世界が 1 ha の総栽培面積で何人扶養しているかを図 5.6 に示す．1 ha 当たりの人口は 1961 年には 3.1 人であったが，2005 年には 5.1 人と 1.6 倍に増加している．これはこの期間に世界の総栽培面積が 1.26 倍にしか増えなかったのに対し，人口が 2.10 倍に増えたためである．総栽培面積増加は人口増加に追い付いていない．これを理由に 2050 年における世界食料危機を指摘する向きもあるが，それは，第 1 章で見たように世界に多くの休耕地（使われていない農地）があることからも正しくない．栽培面積が増えなかったのは，ここまでで見てきたように穀物の単収が増加したためである．

　次に主食の供給に関連する穀物栽培面積 1 ha 当たりの人口について地域別

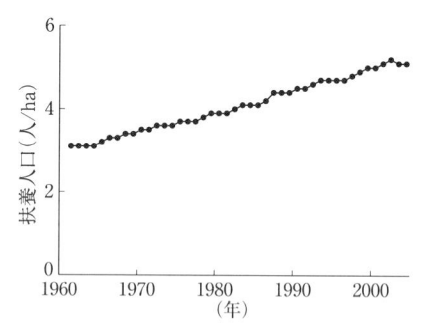

図 5.6 総栽培面積 1 ha 当たりの扶養人口

に見てみたい．地域別の穀物栽培面積当たりの人口を表 5.2 に示す．ここで，最も大きな値になっているのは太平洋諸島であるが，太平洋諸島ではもともと穀物が作りにくいためこのような値になっている．太平洋諸島は人口も 803 万人（2005 年）と少なく，例外といってよいだろう．また，中央アフリカでもいも類を主食としてきた人々が多いため，太平洋諸島に次いで大きな値になっている．

食料供給が問題とされる地域としてサハラ以南アフリカがあるが，東アフリカと南アフリカの値は世界平均とさほど違わない水準にあり，西アフリカの値は世界平均値より小さい．一方，穀物の輸出地域としては，北米，西ヨーロッパ，オセアニアが挙げられるが，表 5.2 で北米とオセアニアの値は確かに小さいが，西ヨーロッパの値は世界平均を上まわっている．また，中国が大部分を占める東アジアとインドが大部分を占める南アジアはほぼ穀物を自給しているが，そこの値は西アフリカや東アフリカよりも大きい．現在においては，栽培面積だけでは穀物供給量は決まらない．

西ヨーロッパでは一人当たりの穀物消費量が多い上に（表 2.1），穀物を輸出している（表 7.1）．このことから考えても，窒素肥料の投入など技術の向上により，世界の多くの地域で一人当たりの穀物生産量を増加させることが可能である．人類が現在穀物を栽培している面積を上手く使えば，その地域に住む人々に十分な食料を供給することができ，多くの地域では，農地面積を増大させる必要はないと考える．バーツラフ・スミル氏は『世界を養う』（Smil, 2000）のなかで，ほぼ同様の見解を述べている．

表 5.2 穀物栽培面積 1 ha 当たりの扶養人口（2005 年，単位は人/ha）

	扶養人口
東アジア	17.3
東南アジア	10.6
南アジア	11.3
西アジア	8.7
オセアニア	1.2
太平洋諸島	631.1
北ヨーロッパ	6.1
西ヨーロッパ	12.0
南ヨーロッパ	10.9
東ヨーロッパ	4.8
旧ソ連（ヨーロッパ）	3.5
旧ソ連（アジア）	4.0
北アフリカ	12.1
東アフリカ	8.5
西アフリカ	6.3
中央アフリカ	19.4
南アフリカ	10.4
北米	4.5
中米	12.7
南米	10.3
世界平均	9.4

5.4 世界人口を増加させた立役者

図 2.4（p 27）で示した第二次世界大戦後における小麦単収の急激な増加は，窒素肥料があって初めて達成された．窒素肥料がない世界では図 2.4 のような単収の伸びは期待できない．

本書ではこれまでにも西洋と東洋に分けて検討を行っているが，20 世紀に生じた人口爆発の大半は東洋で生じている．東洋における食料生産と人口の関係を見てみよう．1961 年における東洋の穀物単収は 1.2 [t/ha] であったが，これは 2005 年には 3.4 [t/ha] にまで増加している．2005 年において東洋の

穀物栽培面積は3億1,400万haであったから，もし単収が1.2［t/ha］にとどまったなら，東洋では3億7,700万tの穀物しか生産できないことになる．これでは，一人当たりの穀物消費量を200 kgとしても約18億8,500万人しか生きられない．しかし，実際には，東洋の人口は1961年の14億1,000万人から2005年には34億3,000万人に増加し，また，一人当たりの穀物消費量は2.5で見たように増加を続け，2003年の値は279 kgになっている．これは窒素肥料の投入による単収の増加があって，はじめて可能であった．窒素肥料がなかったら，20世紀後半における人口爆発はなかったであろう．

人口がさほど増加しなかった西洋でも，単収が増加したことにより生産量が増加している．2005年における西洋の生産量は9億1,100万tにもなり，西洋に住む人々に十分な食料を供給するだけでなく，西洋以外に住む人々に1億4,300万tもの穀物を供給している．

空中窒素の工業的固定技術が開発されずに人口爆発が起こらなかったとしたら，地球環境問題は世界的な関心事にはなっていなかったかもしれない．ただ，窒素肥料がなければ人類は多くの森を伐採し農地の拡張を行っていた可能性が高い．その場合，世界の森林の面積が著しく減少し，それが問題になっていたかもしれない．いずれにしろ，現在とまったく違った世界になっていたことだけは確かである．

5.5 窒素肥料と環境問題

これまで見てきたように，窒素肥料は穀物などの単収を向上させるカギであり，これを用いることにより人類は大量の食料を作り出すことに成功した．また，肥料となる下草を集めたり堆肥を作ったりする手間も省け，農作業は極めて楽になった．しかし，窒素肥料は人類によいことだけをもたらしたわけではない．環境汚染の原因にもなっているのだ．このことに関しては，膨大な量の研究が行われているが，ここでは窒素肥料と環境問題の関係について概説するにとどめる．

5.5.1 地下水汚染，富栄養化，地球温暖化

窒素肥料が関係する環境問題として，地下水の硝酸汚染，閉鎖性水域の富栄養化，地球温暖化を挙げることができる．このような窒素肥料に関連した環境問題が生じる原因の大半は，農地に窒素肥料を投入しても実際に作物に吸収される量がその一部にとどまるためである．吸収されなかった窒素肥料は地下水に混入したり，表土にとどまったものは雨天時に河川に流出したりする．これは，これまで述べてきた窒素肥料だけでなく，厩肥や堆肥などいわゆる有機肥料に含まれる窒素でも同じである．厩肥や堆肥など有機肥料は窒素成分の溶出がゆっくりしているため効率よく吸収される面はあるが，より多くの収穫を得ようとその投入量を増やせば，窒素肥料と同様に吸収されなかった窒素が環境中に出ていく．有機肥料も使い方によっては環境汚染の原因となる．

農地に投入された窒素肥料は尿素や硫酸アンモニウムであっても，硝化菌など細菌の働きにより硝酸態窒素（硝酸イオン，NO_3^-）に変化する．硝酸態窒素は土壌に吸着されにくいため，地下水に混入しやすい．硝酸態窒素は健康に害があるといわれ，WHO（World Health Organization，世界保健機構）は，硝酸態窒素濃度が 10 [mg/l] 以上のものは飲料に適さないとしている．また，河川に流出した窒素は内湾や湖沼が富栄養化する原因にもなっている．

地下水の硝酸態窒素濃度は，降雨量が多い地方では雨による希釈効果が働くため，さほど上昇しないが，雨量の少ない地方では上昇しやすい．図 5.2 で見たように西ヨーロッパでは長年大量に窒素肥料を投入しており，また，降雨量が少ないために希釈効果が現れにくいことから，地下水の硝酸汚染問題が深刻化している．図 5.2 に見られた西ヨーロッパにおける窒素肥料投入量の減少は，その対策と考えられる．また，現在，中国では窒素肥料消費量が急増しているが，降雨量が少ない華北地方では，西ヨーロッパと同様に地下水の硝酸汚染問題が深刻化し始めている（Shindo et al., 2003；2006）．

一方，窒素肥料は地下水の汚染だけではなく，地球温暖化問題にも関連している．それは硝化（アンモニア態が硝酸態に変わる現象）や脱窒（微生物の働きにより硝酸態窒素が分子状の窒素となり空気中に戻る現象）の際に，わずかではあるが亜酸化窒素（N_2O）と呼ばれるガスが発生するためである．この

亜酸化窒素は強い温暖化効果を有する．窒素肥料の大量消費は，地球温暖化の原因にもなっている．

以上のような事情があるため，現在，収穫量を低下させることなく窒素肥料投入量を減らす研究が各国で行われている．西ヨーロッパでは窒素肥料の投入量が減ったにもかかわらず穀物の単収は増加し続けているから，マクロに見ればこの成果はすでに見え始めていると考えられる．同様の傾向は米国でも見られる．このように施肥量を減らしながら行う農業を LISA（Low Input Sutainable Agriculture）と呼ぶことがある．この技術は，今後，開発途上国にも移転されていくことになろう．

5.5.2 バイオマスエネルギーと窒素肥料

農作物を生産する際には窒素肥料が必要である．このことは，バイオマスエネルギーを考える場合にも重要である．米国は2017年までに，年間350億ガロン（1億3,230万 kl）の再生可能燃料の生産を計画している．これをすべてトウモロコシからのエタノールで作る場合，第4章で見たように，現在，1 tのトウモロコシから340 l のエタノールを製造することができるから，3億8,900万 t のトウモロコシが必要になる．2005年の米国のトウモロコシ生産量は2億8,200万 t だから，米国は12年間で生産量を2倍以上に増やさなければならない．

米国は2002年において窒素肥料1 kgから36.2 kgの穀物を生産し，比較的肥料効率の高い国ではあるが，その米国でも3億9,000万 t のトウモロコシを生産するには1,080万 t もの窒素肥料が必要になる．米国の窒素肥料消費量は2002年において1,090万 t だから，消費量を約2倍に増やさなければならない．これは，米国における地下水の硝酸汚染や閉鎖性水域の富栄養化などに影響を与えるとともに，地球温暖化ガスである亜酸化窒素の発生量も増加させることになろう．エネルギー作物の生産は，窒素肥料による環境汚染の観点からも検討する必要がある．

6 農民と土地
減少する農業人口/貧しい世界の農民

　前章では，窒素肥料が穀物単収を飛躍的に向上させたことを見てきたが，窒素肥料をはじめとした農業における技術革新は，農民の働き方や暮らしにも大きな変化をもたらした．この変化はこれまでは主に先進国で生じていたが，今後は広く開発途上国にまでおよぶことになろう．本章では，農業における技術革新が農民に与えている影響をマクロな視点から検討する．

6.1　大転換の時代

　穀物など農作物の単収が向上し，それにより生産量が増大したことは，一見すると世界の農民によい影響だけを与えたように思える．しかし，マクロな視点から見たとき，それは同時に大きな変革を迫るものとなった．

　単収が低かった時代，食料を作ることは部族や国家にとって生死に関わる課題であった．このため，食料の生産には社会の構成員のほとんどが携わっていた．世界の歴史に現れては消えていった多くの国において，食料生産の現場から離れて生きることができたのは，王族や神官，僧侶などわずかな人々でしかなかった．また，輸送技術も発達していなかったから，現在のように食料が何千kmも遠くから運ばれてくることはなく，自給自足が原則であった．

　しかし，この人類と食料の関係を規定していた「作るのも大変なら，運ぶのも大変」という状況は，1950年頃から大きく崩れ始めた．第一には，図2.4で説明したように，穀物の単収が急速に増加し始めたためである．これには，第5章で説明したように空中窒素を工業的に固定した窒素肥料が大きく貢献してきた．現在，フランスの小麦や米国のトウモロコシの単収は8-10 [t/ha]にもなっている．

また第3章で見たように，近代的な畜産技術により豚肉や鶏肉が大量に生産されるようになったが，これは飼料を大量に用いて初めて可能になるものであり，飼料を大量に用いることは穀物の大量生産があってこそできるものである．こう考えれば，食肉の大量生産についても，その最大の功労者は窒素肥料といえよう．窒素肥料のおかげで，その昔，お祝いや病気のときなど限られたときにしか食べることができなかった肉や鶏卵を，庶民がなんの疑いも持たずに日常的に食べる時代が到来している．

穀物単収の大幅な増加は1950年頃先進国で始まり，20世紀後半にはアジアを中心とした開発途上国にまで広がった．窒素肥料消費量は1970年代以降に中国やインドでも急速に増加している．おそらく時間を要することにはなろうが，21世紀中にはサハラ以南アフリカ諸国にも普及することになろう．

一方，大型貨物船が大洋を往来し始めると，海を超えて食料を運ぶことが著しく容易になった．船に冷蔵庫が備えつけられるようになり，食肉ばかりでなく，ワインのような嗜好品も船の冷蔵庫に入れられて運ばれている．さらに現在では，飛行機による食料の輸送も珍しいことではない．食料の輸送は，これからもますます容易になるだろう．

ここまで説明してきた生産量と輸送能力の増大は，世界の農業と農民に大きな変革を迫っている．本章では技術の進歩が世界の農業と農民にどのような影響を与えているかを，マクロな視点から検討する．なお，本章の視点は，燃料用のバイオマスの生産を考える際にも重要である．燃料用バイオマスは食料と異なった構造で生産されるわけではなく，その生産構造は食料とほぼ同じであるからだ．食料の生産においての問題は，燃料用バイオマスの生産においても問題となるのである．

6.2 農業人口

世界の農業人口の変遷を図6.1(a)に示す．ここで農業人口としたものは，FAOデータにおいてAgricultural Populationとされているものであるが，本書ではこれを農民とした．ただ，FAOデータには，兼業農家のどこまでを農民としたかについて明確な記述がない．このことは，特にアジアの農民を考え

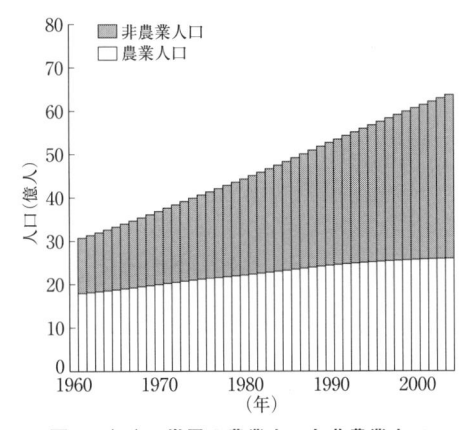

図 6.1(a) 世界の農業人口と非農業人口

る場合に注意する必要があり，FAO データは，ある程度の目安として理解する必要があろう．なお，非農業人口は，全人口から農業人口を引いたものである．

世界の農業人口は 1961 年において 17 億 9,000 万人であったが，同年の世界人口は 30 億 7,000 万人であったから，農業人口は全人口の 58% を占めていたことになる．この農業人口は 2004 年には 26 億人に増加した．しかしながら，その間に非農業人口は 12 億 8,000 万人から 37 億 7,000 万人に増加したため，2004 年において農業人口が全人口に占める割合は 41% にまで低下している．一方，農業人口が横ばい傾向にあるのに対し，非農業人口は急速に増加している．これは，主に農民の子弟が農業を継がずに非農業部門で働くことにより生じている．この傾向は 21 世紀にはさらに加速しよう．

21 世紀をデフレの時代とする見方があるが（水野，2003），農民の子弟の多くが都市に移住したり出稼ぎをしたりする時代においては，単純作業に従事する都市労働者の賃金は上がりにくい．中国では内陸部に膨大な農民がいるが，彼らが都市部の工場に出稼ぎに行くことにより，中国における安価な製品の大量生産が可能となっている．同様の現象は，今後，ベトナムやインドでも起こるだろう．将来は，サハラ以南アフリカでも生じる可能性がある．世界のどこかで大量の農民が出稼ぎに出る時代が続く限り，労働集約的な商品の価格は上

122　第6章　農民と土地

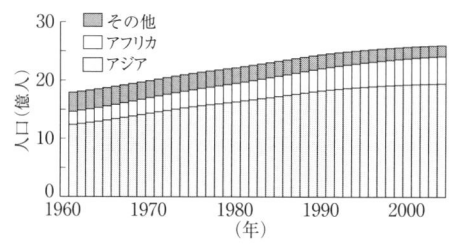

図 6.1(b)　地域別農業人口

昇しにくいといえよう．

　図6.1(b)に農業人口の内訳を示す．これは，世界の農業人口をアジア，アフリカとそれ以外の地域に居住する人々の3つに分けて示したものである．これより，世界の農民の多くがアジアに居住していることがわかろう．2004年の世界の農業人口は26億人であったが，このうちの75%，19億5,000万人はアジアに住んでいる．また，世界の農民の18%，4億6,600万人がアフリカに住んでおり，アフリカにも農民が多い．これに対して，アジアとアフリカを除いた地域に住む農民は1億8,800万人にとどまる．これは全農民人口の7%に過ぎず，世界の農民のほとんどはアジアとアフリカにいることになる．

　もう少し詳しく見てみよう．表6.1は20地域別に農業人口を示したものである．これを見ると，アジアのなかでも東アジアと南アジアに農民が多いことがわかる．東アジアには8億6,300万人，南アジアには7億4,800万人もの農民がいる．次に農民人口が多い地域は，東南アジアである．この3地域の合計は18億7,000万人にも達する．同じアジアでも西アジアの農民人口はさほど多くなく，7,430万人である．農民人口割合も26%と他のアジアを比べて低い．アジアの農民の多くはパキスタン以東に住んでいることになるが，この地域は米を作るアジアでもある．

　また，アフリカでは東アフリカ，西アフリカに農業人口が多い．同じアフリカでも北アフリカには農民が少ない．

　一方，北ヨーロッパ，オセアニア，西ヨーロッパ，北米，南ヨーロッパの農業人口は1,000万人に満たない．ただ，同じヨーロッパでも東ヨーロッパの農業人口は1,000万人を上まわっているから，同じような農業を行なっている地域でも，経済的に遅れた地域は進んだ地域に比べて農業人口が多いことになる．

表 6.1　農業人口（単位は 100 万人）と農業人口割合（2004 年）

	農業人口	農業人口割合[%]
東アジア	863	57
東南アジア	259	47
南アジア	749	52
西アジア	74	26
オセアニア	1	5
太平洋諸島	5	67
北ヨーロッパ	1	4
西ヨーロッパ	6	2
南ヨーロッパ	8	6
東ヨーロッパ	16	13
旧ソ連（ヨーロッパ）	23	11
旧ソ連（アジア）	18	24
北アフリカ	45	30
東アフリカ	162	73
西アフリカ	121	47
中央アフリカ	66	62
南アフリカ	71	49
北米	7	2
中米	44	25
南米	60	16
全世界	2,599	39

北米は米国を含み農業が盛んな地域との印象があるが，その農業人口は 654 万人に過ぎない．これは東アジアの農業人口の 1/132 である．農民は世界に均一に居住しているわけでなく，その分布は極めてかたよっている．

6.2.1　減少する農業人口割合

農業人口が全人口に占める割合の変遷を図 6.2 に示す．ここでは農業人口が多い東アジアと南アジアに加え，先進地域の代表として西ヨーロッパと北米について示した．東アジアと南アジアは，西ヨーロッパと北米に比べ農業人口割合が著しく高い．また 4 つの地域すべてで，時間の経過とともに農業人口割合が低下している．1961 年において東アジアの農業人口割合は 76%，また南ア

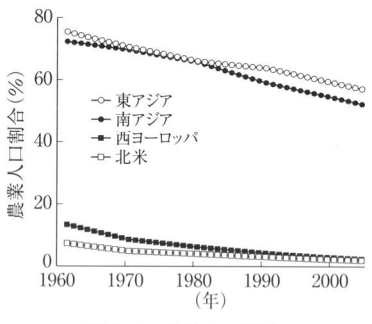

図 6.2 農業人口割合

ジアのそれは 72% であったが，2004 年には東アジアが 57%，南アジアが 52% にまで低下している．東アジアより南アジアの方が農業人口割合の低下速度が速い．

これは，東アジアの農民の大部分を占める中国において，農業人口の減少が緩やかであるためである．中国には戸籍制度（戸口）が存在する（天児ら，1999）．中国では農民と都市住民は峻別されている．農民戸籍を有するものが勝手に都市に移住することはできない．ただ，現在，戸籍制度は弱体化してきており，移住は許可されなくとも出稼ぎは許されている．しかしながら，都市に出稼ぎに来た農民は，その子どもを都市の学校に通わせることができないなど，今なお様々な面で不利益を被っているとされる．この出稼ぎは農民人口に含まれているが，彼らは実際には農業をほとんど行っていない．FAO データの値は中国統計年鑑の値とほぼ同じであるから，この値を信用せざるを得ないが，実際には農業だけで生計を立てている人数はここに示されたものよりかなり少ないと考えられる．このような事情があるため，東アジアでは農業人口の減少が穏やかになっており，農業人口割合が高止まりしているように見える．

西ヨーロッパと北米の農業人口割合は著しく小さい．それでも 1961 年には，西ヨーロッパが 13%，北米が 7% であった．だが，それは 2004 年には西ヨーロッパが 3%，北米が 2% にまで低下している．東アジアや南アジアでも農業人口割合は低下している．しかし，その低下傾向を見るとき，東アジアや南アジアの農業人口割合が，現在の西ヨーロッパと北米と同じ水準になるには，さ

らに100年を要するようにも見える．

6.2.2 農業人口割合と経済発展

農業人口割合を20の地域別に見てみよう（表6.1）．ここで農業人口割合が最も高いのは東アフリカの73%である．これに太平洋諸島の67%，中央アフリカの62%，東アジアの57%，南アジアの52%が続いている．アジアでも西アジアの割合は26%に留まっており，また，アフリカでも北アフリカの割合は30%と西アジア程度である．

ヨーロッパの農業人口割合は押し並べて低い．ただ，同じヨーロッパでも南ヨーロッパの割合は6%と西ヨーロッパの2%より高い．さらに，東ヨーロッパの割合は13%と，その南ヨーロッパよりも高い．このことから，農業人口割合は経済発達の程度と深い関係があることがわかる．

192カ国のなかで，世界銀行のデータ集に2004年のGDPデータが記載されている134カ国について，一人当たりGDPと農業人口割合の関係を見てみよう．結果を図6.3に示すが，一人当たりGDPと農業人口割合の間にはよい相関関係が存在した．図中にはこれらのデータを冪関数で回帰した線も示すが，

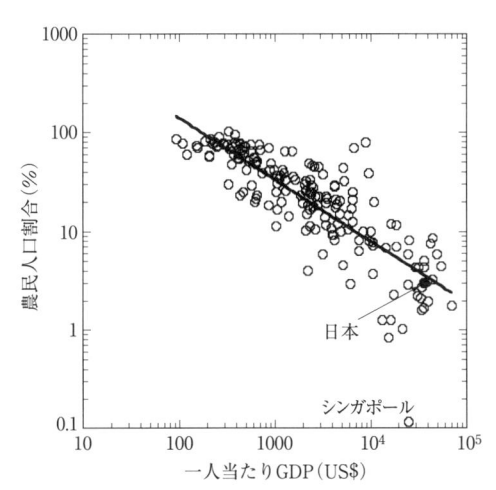

図6.3 一人当たりGDPと農業人口割合の関係（2004年）
世界銀行（2006年）とFAO（2005年）より作成．

その相関係数は −0.80 であった．例外的に一人当たり GDP が 2 万ドル付近で農業人口割合が著しく低いのはシンガポールであるが，農地面積に対する人口密度が極端に高いシンガポール（巻末付表参照）は例外と考えてよいだろう．

　経済が発展すると農業人口割合が低下する．世界にはこのような大きな流れが存在する．図 6.3 には日本を●で示したが，日本もほぼこの回帰線上にある．日本において農業人口の高齢化や担い手不足が議論されることがあるが，農業人口割合そのものの減少は世界の大きな潮流に沿ったものであり，農業人口の減少を日本のみで生じている問題ととらえるべきではない．

6.2.3　歴史における農業人口

　先進諸国の農業人口割合は 1961 年の段階でも低いが，それでは，先進国の農業人口割合はいつ低下したのであろうか．このことを検討してみよう．図 6.4 はミッチェル（Mitchell, 1998）が整理したデータと FAO によるデータを組み合わせることにより，フランス，日本，イギリス，米国の 4 カ国について，農業人口割合の歴史的変遷を示したものである．

　今日では米国の農業人口割合は 2% に過ぎないが，その米国でも 1820 年における割合は 82% もあった．また，日本の 1872 年（明治 5 年）の割合は 85%

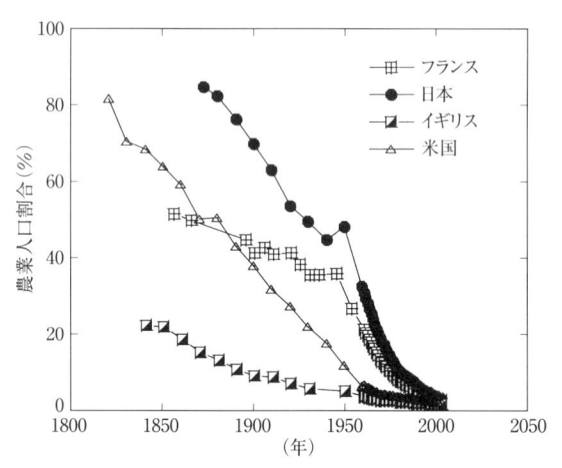

図 6.4　先進国における農業人口割合の変遷
ミッチェル（1998 年）と FAO（2005 年）より作成．

であった．19世紀における米国や日本の農業人口の割合は，現在の最貧国並みである．また，フランスでも1856年の割合は52%になっているが，これは現在の中国やインドの値にほぼ等しい．

　これに対してイギリスは1841年の段階において，すでに22%にまで低下していた．19世紀において，イギリスは世界の工場と呼ばれていたが，当時の農民人口割合はこのことをよく表わしている．

　米国は19世紀初頭にはイギリスやフランスに比べて遅れた農業国であった．その米国では，19世紀に農業人口割合が急速に低下し，19世紀末にはフランスよりも低い割合になっている．それに対しフランスは，19世紀から20世紀にかけての農業人口割合の低下が緩やかであった．19世紀においてフランスの工業は振るわず，イギリスに遅れを取り続けたとされるが（Kennedy, 1987），農業人口割合の変遷はそれを裏付けている．フランスで農業人口割合が大きく低下するのは第二次世界大戦後のことである．

　日本の明治維新は1868年であるが，それ以後，農業人口割合が急速に低下している．しかし，太平洋戦争に突入する前年の1940年においてもその割合は45%もあり，これは19世紀に工業が振るわなかったフランスを上まわっている．1940年における米国の農業人口割合は18%であったから，太平洋戦争の開戦時（1941年）において日本の工業化が米国よりもはるかに遅れていたことは，農業人口割合からも確認することができる．なお，日本では1950年の農業人口割合が1945年より一時的に高くなっているが，これは戦後の食料不足にともなう現象と考えられる．疎開した者や海外からの引揚者などが農村にとどまっていたためであろう．

　先進国では，農業人口割合の低下は19世紀から20世紀中頃にかけて生じた現象である．世界に先駆けて産業革命が進行したイギリスでは，19世紀初頭においてすでに割合が低下していたが，それは例外であろう．米国と日本ではその減少の始まりに50年ほどの時間差があるが，その減少傾向はよく似ている．両国ともに約100年かけて農業人口割合が減少している．

6.2.4　農業人口割合が低下する理由

　図6.4で見たように，米国でも1820年頃には，その人口の8割以上が農業

に従事していた．このように農業従事者が国民の大多数を占めたのは，農業の生産性が低かったためである．100 人が必要な食料を作るのに 80 人以上が農業を行う必要があった．

それが産業革命の頃から少しずつ変化していった．農具の改良や灌漑施設の整備，品種の改良，またグアノや硝石の使用などにより，農業の生産性が向上したためである．この農業における生産性の向上において，第 5 章で述べた窒素肥料は決定的な役割を果たした．

一方，農具の改良や農業機械の発達により，一人の農民が耕せる面積も飛躍的に増大した．さらに，農薬の発達は，作物の病気の蔓延や虫害を防止した．もはや先進国では，作物の病気や虫害によって収穫が決定的に低下する事態は生じないといってよいだろう．

現在，先進国では 100 人分の食料を作るのに農民が 2 人から 3 人いれば十分である．農業に必要な人数は，今後，ますます減っていくものと考えられる．それは，農業機械が，今後，一層発達すると考えられるためである．農業機械はロボットのようなものになっていくと思われる．ロボットというと人間に似たものを連想しがちであるが，自動車を自動的に組み立てる機械が産業用ロボットと呼ばれるように，それは必ずしも人間の形に似たものだけではない．米国には農地に湿度を計測するセンサーが取り付けられ，農地の水分が足りなくなった場合には，自動的にスプリンクラーが作動し散水が行われる農場がある．今日，センサーやコンピューター技術の発達には目覚ましいものがあり，このような制御技術は今後も発達を続けていくだろう．近年では人手不足から介護用ロボットの開発が話題になるが，人間の介護には表情の変化から容態を読み取ることや思いやりなど，機械化しにくい部分が存在するのに対し，植物の栽培は人間の介護ほどの注意深さは要求されないため，介護に比べれば農業の方が機械化ははるかに容易であろう．このような話は，米国など一部の先進国だけの話と思われるかもしれない．しかし，現在の技術伝搬速度は，歴史的に見れば素晴らしく速い．おそらく 50 年の後には，現在開発途上国とされる国でも，その一部ではロボットによる農業が行われているであろう．

マクロな視点で見たとき，第二次世界大戦が終了した頃から，食料を作ることは極めて容易になっている．先進国では，農業人口割合が 1% 以下になる日

もそう遠くない．

6.3 農業生産額とGDP

経済が発展するにつれて農業人口割合が低下するが，その際，農業生産額はどのように変化するのであろうか．まず，日本，タイ，米国の3国において，農業生産額がGDPに占める割合がどのように変化したか見てみよう（図6.5）．

日本では農業生産額がGDPに占める割合が長期にわたり減少を続けているが，これは日本だけの現象ではない．図6.5を見ると，農業国とされるタイや穀物輸出大国の米国でも，農業生産額がGDPに占める割合は時間とともに低下している．

日本において農業生産額がGDPに占める割合は1965年においては9.7%であったが，その割合は2003年には1.3%にまで低下した．一方，日本に多くの農産物を輸出する米国の農業生産額がGDPに占める割合は高いと思いがちであるが，その割合は日本より低く，また日本と同様に時間とともに低下している．1971年の割合はすでに3.2%と低かったが，それは2003年には1.1%までになっている．

米国における1973年の値が一時的に上昇しているが，これは第一次石油危機とほぼ同時期に穀物や大豆の価格が高騰したためである．米国は世界最大の穀物輸出国であるため，農業部門がその高騰の恩恵を受けたのだ．しかし価格

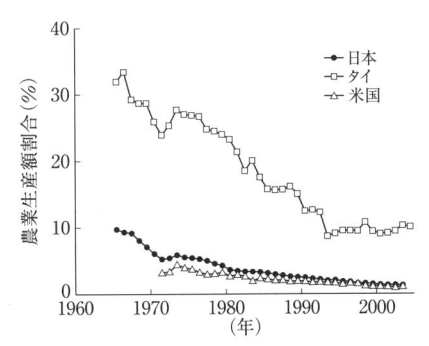

図 6.5　農業生産額が GDP に占める割合
世界銀行（2006年）と FAO（2005年）より作成．

高騰は一時的なものにとどまり，その後，農業生産額がGDPに占める割合はほぼ直線的に低下している．

タイも農業生産額がGDPに占める割合は1965年には31.9%と高かったが，現在，その割合は10%程度に低下している．

ここまでは，日本，米国，タイについて見てきたが，さらに多くの国について経済発展と農業生産割合の関係を見てみよう．図6.6は2004年において，一人当たりGDPと農業生産額がGDPに占める割合との関係を，134カ国について示したものである．この図を見ると，一人当たりGDPが増加すると農業生産額がGDPに占める割合が低下する現象は広く世界に存在することがわかる．図中には2003年における日本の値も●で示したが，この関係においても日本は世界の例外ではない．

穀物自給率を向上させた国としてよく引き合いに出されるドイツ，イギリスでも，農業生産額がGDPに占める割合は低い．現在，その値は日本以上に低くなっている．日本農業の衰退が議論されるが，それを農業生産額がGDPに

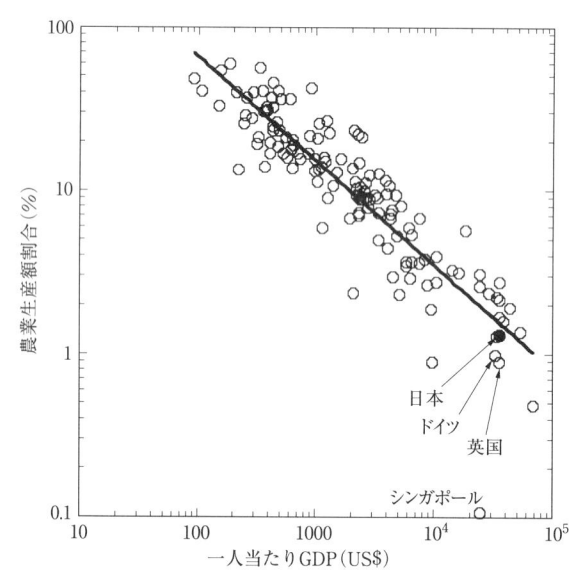

図6.6　一人当たりGDPと農業生産額がGDPに占める割合の関係（2004年）

占める割合の低下ととらえるなら，それは日本に限って生じた現象ではない．世界に存在する大きな潮流である．

6.3.1 農業生産額割合が低下する理由

これまで述べてきた，一人当たり GDP が増加すると GDP に占める農業生産額の割合が低下する現象はペティの法則と呼ばれている（生源寺ら，1993）．ペティの法則は1国の産業構造と所得水準の関係を概括的に表現したものとされる．それでは，なぜこのような傾向が存在するのであろうか．ペティの法則を紹介した本でも，この理由についてはほとんど説明されていない．ここでは，少し根本にたち帰って考えてみたい．

経済が成長軌道に乗ったとき，その国の GDP は年率数 % で増加する．日本でも高度成長期においては 10% を超えた年が続いた．昨今の中国でも 10% を上まわる成長が記録されている．しかしながら，農業生産額の成長率は GDP の成長率を大きく下まわる．人間は豊かになったからといって食べる量を大きく増やさないため，食料生産量の増加率は，原理的には，人口の増加率と同一になる．人口増加率は一部の開発途上国でも 3% 程度であり，一般には 2% 以下，先進国では 1% 以下が普通である．

むろん，粟や稗，いも類を主食にしていた人が，少し豊かになって米を食べるようになり，さらに豊かになり卵や豚肉，鶏肉を食べるようになることは当然起こり得る．豊かになれば，肉類のなかでも比較的高価な牛肉を食べる頻度が増加することも考えられる．一般に，このような食生活の向上は経済発展の初期の段階で生じる．なぜなら，人間は豊かになった場合には，まず，食生活を改善するからである．貧しかった時代に食べられなかったものを食べてみたい，これは人間として当然の欲求であろう．わが国の戦後の歴史を振り返っても，終戦前後，人々が食べることを強く欲した米について見ると，その一人当たり消費量は 1961 年と比較的早い段階で飽和に達しており，また，動物性タンパク質の消費量も 1971 年には，現在とほぼ同じ水準になっている．1961 年は昭和 36 年である．近年，『ALWAYS 三丁目の夕日』という昭和 30 年代の貧しくも人情味にあふれた時代を描いた映画が話題を集めたが，その時代においてすでに米の消費量は飽和に達していた．日本において，食事の材料が大き

く変わったのは1970年頃までで，それ以後は家庭で作る料理が減って，外食や中食と呼ばれるでき合いの食品を利用することは増えても，その素材が大きく変わることはなかった．もちろん，一人が食べる量も増えていないから，経済がある程度発展すれば，供給すべき食料の量はあまり変わらないことになる．

一方，米や野菜，食肉の品質は大きく進歩するものではない．米は食味の改善が行われているが，それでも米そのものを変えることにはならない．米はいつまで経っても米である．鶏肉のように，ブロイラーよりも昔ながらの方法で飼育された地鶏と称するものの方が，食味がよいとされるものまである．農産物そのものに大きな変革を求めることはできない．私たちは基本的には，1970年頃と同じようなものを，同じ量だけ食べている．

これに対して，食料生産以外の産業を見ると，1961年以降だけでもものの本質までもが変わるような変化を遂げている．たとえば情報伝達技術においては，わが国では1961年は真空管式ラジオが多くの家庭で使われ，トランジスターラジオ，白黒テレビが一般家庭に普及し始めた頃だった．その後，情報伝達技術は，カラーテレビ，液晶テレビ，パソコンとインターネット通信，携帯電話などと目まぐるしく変化していった．情報の伝達技術はこの50年で大きく進歩，変貌している．このため，かつて真空管ラジオを製作していた電気メーカーは，現在，パソコンやデジタルカメラの製作に事業を切り替えており，真空管ラジオを作り続けている大電気メーカーはない．農業では相変わらず米が作り続けられていることとは対照的である．

基本的な食料の構成が変わらない場合，食品の価格が変化しないなら，農業生産額の成長率は人口増加率と等しくなる．先進国では人口増加率は年率1％以下であるから，農業生産額の実質成長率も原理的には1％以下になる．

これに対し，非農業部門における情報伝達技術などの発達には目覚ましいものがあり，それを金額に置き換えた指標である経済成長率は，経済成長が軌道に乗ると数％から10％以上にもなる．このため，ある国の経済が成長軌道に乗って時間が経過すると，農業生産額がGDPに占める割合は低下していくことになる．これは，家計について述べたエンゲルの法則，「豊かになると支出に占める食費の割合が低下する」を国家レベルで述べたようなものともいえる．

6.3.2 農民の貧困化

　経済が発展し始めた社会では，農民は相対的に貧困化している．表6.2には農業部門の一人当たり生産額と非農業部門の一人当たり生産額の比を示す．表6.2には東洋，西洋を代表する国々について示した．生産額の比率が高い国を上段に掲げたが，比率が1より大きければ，農業部門の一人当たり生産額が非農業部門の一人当たり生産額を上まわっていることを示す．

　表6.2に挙げた13カ国すべてにおいて，農業部門の一人当たり生産額は非農業部門より小さかった．農業大国として知られるフランスや米国でも，その値は1を下まわっている．多くの国で一人当たりの生産額の約1/2が一人当たり所得になっているから，この比率を所得の比率と読み替えても大きな間違いにはならない．このように考えれば，農業大国フランスでも農民の平均所得は非農業部門の平均所得を下まわっていることになる．これは米国でも同様である．米国の農民は大規模農場を経営して豊かとのイメージがあるが，一人当たり生産額として計算すると非農業部門の半分程度にしかならない．また，ヨー

表6.2　一人当たりの生産額の比率
(農業/非農業) (2004年)

	比率
フランス	0.81
マレーシア	0.59
米国	0.54
イギリス	0.54
ドイツ	0.47
韓国	0.46
日本	0.40
フィリピン	0.27
インドネシア	0.25
インド	0.23
ベトナム	0.15
タイ	0.13
中国	0.08

注) 日本とアメリカは2003年のデータ．
出典) 世界銀行(2006年)とFAO(2005年)より作成．

ロッパの農業大国フランスでも，その割合は8割程度である．

表6.2を見ると，西洋に属する先進国の値はドイツを除けば，一人当たり生産額の比率が0.5以上になっている．それに対して，アジアの値は大変低い．韓国や日本でも0.46から0.40，フィリピン，インドネシア，インドでは0.27から0.23である．アジアの中ではマレーシアの値が例外的に高く，その値は米国をも上まわっている．これは，マレーシアではゴムやオイルパームなどの商品作物がプランテーション方式で栽培されており，農業人口の割に農業生産額が大きいためである．

特に値が低いのは中国，タイ，ベトナムである．ここで中国には，6.2.1でも述べたように戸籍制度があり，これにより農民が非農業部門へ移ることが制度的に阻止されている．1961年に5億5,400万人であった農業人口は，2004年には8億4,900万人に増えており，現在も農業部門に多くの人々が滞留している．先に述べたように，戸籍制度は弱体化し出稼ぎも一般的な現象となっているが，自由な移動が制度的に抑圧された中での出稼ぎの立場は弱く，農民の不満につながっている．これは，中国の政治が不安定になる原因の1つと考える．

タイの農業人口は1961年に2,160万人であったが，タイでも農民人口は増加し続け，2004年の人口は2,910万人になっている．タイの政治も農村部とバンコクを中心とした首都圏の所得格差を巡り不安定な状態が出現している．2006年には軍によるクーデターまで生じたが，タイは民主主義が根付いた社会と考えられていただけに，クーデターは国際社会に大きな衝撃を与えた．しかしながら表6.2を見ればわかるように，タイは中国並みに農業部門と非農業部門の間に所得格差がある社会である．現在，タイは中国と同様に政治的安定を得ることが難しい状態にあるといえる．

ベトナムにおいても，農業人口は1961年に2,800万人であったものが，2004年には5,420万人に増加している．ベトナムは東南アジアの中では，農業人口の増加率が高い国の1つである．近年，ベトナムでは好調な経済成長が続いているが，経済成長が続けば農村部と都市部の所得格差はさらに拡大しよう．これは，今後，ベトナムの社会不安要因になると予想される．

6.3.3 なぜ貧しいのか

なぜ農民は都市住民に比べて貧しいのであろうか．農民を貧困から救うにはどのような手段が有効であろうか．マクロな視点から考えてみよう．

6.3.1 で示したように，非農業部門の経済成長率は農業部門より速いから，農業部門が相対的に貧しくならないためには，農業部門から非農業部門へ人口が移動することが必要である．しかし，実際には，農民人口が減少する速度は，両部門の経済格差を是正するほどにはなっていない．農民人口が素早く減らないことが，農民が相対的に貧しくなる最大の理由になっている．

経済が成長していく社会では農業部門の経済成長速度は常に非農業部門の成長速度を下まわることになるから，両部門の一人当たり生産額を等しくするためには，永遠に農業人口を低下させ続けなければならない．

開発経済学の教科書 "Economic Development" (Todaro and Smith, 2003) には，ルイスモデルと呼ばれる 2 部門経済モデルが紹介されている．これは，開発途上国が成長する過程で，人口が多い伝統的農業部門から経済成長が速い近代工業部門へ，人口が移動するとしたモデルである．人口が流出することにより，農業部門で賃金が上昇し，最終的には農業部門と非農業部門の賃金が一致することになり，人口移動が止まるとしている．このモデルは開発途上国を記述するものとされるが，先に見たように，農業部門と非農業部門の成長速度の差は先進国にもあるから，先進国の経済を記述するものにもなっている．

先進国においても，農業人口は減り続けている．1961 年にフランスの農業人口は 984 万人であったが，2004 年には 166 万人に，イギリスでは 204 万人から 98.6 万人に，米国では 1,280 万人から 583 万人へと減少している．2004 年の人口を 1961 年の人口に比べると，フランスで 13%，イギリスで 48%，米国で 45% になっている．1961 年時点で農業部門に大きな人口を抱えていたフランスにおいて，特に減少が著しい．ちなみに，日本では 1961 年には農業部門に 2,920 万人もの人口がいたが，2004 年には 390 万人に減少している．2004 年における農業人口は 1961 年の 13% である．

現代においてルイスモデルを考える上で忘れてならないことは，6.2.4 に述べたように，農業は機械化が容易な部門であるということである．農業は土地

所有の問題さえ解決されれば，大規模化が容易な業種といってよい．農業技術の発達が速いため，農業部門の人口が減っても農業生産は低下しない．先進国やアジアの国々では，農業人口が大幅に減っても，農業生産はかえって増えている．マクロに見れば，農業人口が減ったからといってルイスモデルが提示するように農業部門の賃金が上昇して，農業人口の流出が止まる現象は生じていない．現在，多くの先進国では，農業人口が全人口の 2-3% になっているが，それでも農業人口は減少し続けている．現代における技術の進歩には目覚ましいものがある．

新聞などにおいて，米国にも多額の農業補助金が存在することが報じられることがある．大規模農業を行っている米国の農民に対し，なぜ政府が補助を行う必要があるのか腑に落ちない感じがするが，表 6.2 を見ればその理由がよくわかろう．一経営体当たり 100 ha を上まわるような広い農地を所有している米国でも，農民は非農業部門に比べ相対的に貧しくなっている．経済がある程度発達した段階からは農業部門の生産額の伸びは人口の増加率程度になることを説明したが，先進国のなかでは人口増加率が高い米国でも，補助をしなければ農業部門は窮乏化してゆく．この事情は人口増加率が低い西ヨーロッパ諸国ではさらに深刻である．

6.4 世界の農民

6.4.1 大きな格差

前節では農業部門と非農業部門の経済格差を見たが，次に世界の農民間の格差を見てみよう．世界の農民を国単位で見たとき，そこには大きな格差が存在する．

最近の養鶏のように，工場のような鶏舎で食肉が生産される場合もあるが，農業生産は原則として農地と密接な関係を持っている．第二次世界大戦後，単収が驚異的に増加したことを第 2 章で述べたが，それでも農地がなければ農作物を作れない．ここで，世界の農民一人当たりの農地面積を見てみよう．なお，各国の総栽培面積を農地面積と見なし，1.3 で述べた休耕地と思われる面積は

表 6.3 農民一人当たりの農地面積
(2004 年，単位は ha)

グループ番号	地域名	面積
1	オセアニア	21.7
	北米	20.1
2	北ヨーロッパ	5.2
	西ヨーロッパ	5.0
	旧ソ連（ヨーロッパ）	3.6
	南ヨーロッパ	3.5
	東ヨーロッパ	2.2
3	南米	1.9
	旧ソ連（アジア）	1.5
	西アフリカ	0.8
	西アジア	0.7
	中米	0.6
4	北アフリカ	0.5
	東南アジア	0.4
	南アフリカ	0.4
	南アジア	0.3
	東アフリカ	0.3
	中央アフリカ	0.3
	太平洋諸島	0.2
	東アジア	0.2
	世界平均	0.5

農地に含めないとした．

　表 6.3 には 20 に分けた地域について，農民一人当たりの農地面積を示す．この値は子どもや老人なども含めた値になっているから，農家一戸当たりの経営面積は，世帯人数を 4 人とした場合，この値を 4 倍すればよいことになる．ただ，一般に，先進国の世帯数は少ないが，開発途上国の世帯人数はより多いことは意識しておきたい．

　世界の農民が有する農地にどれほどの違いがあるか，グループに分けることにより考えてみよう．20 に分けた地域のなかで，農民一人当たりの農地面積が最も広いのは，オセアニアである．その面積は 21.7 ha にもなり，それに北米が続いている．この 2 地域の農民一人当たり農地面積は，他を大きく引き離

しており，一戸当たりの経営面積は，オセアニア，北米ともに平均で80 haを超えている．この2地域に含まれる国は，カナダ，米国，オーストラリア，ニュージーランドの4国であるが，すべてイギリス系移民が中心になって造られた国である．これらの国を第1グループとしよう．

第1グループに大きく引き離されているが，次いで農民一人当たりの農地面積が広いのは，北ヨーロッパと西ヨーロッパである．それぞれ，5.2 ha，5.0 haを有しており，一戸当たりの経営面積は20 haほどになる．北ヨーロッパ，西ヨーロッパに続いて面積が広いのは，旧ソ連（ヨーロッパ）の3.6 ha，南ヨーロッパの3.5 ha，東ヨーロッパの2.2 haである．これらはすべて農民一人当たり農地面積が2 haを超えている．ここまでを第2グループとしよう．第2グループには5地域が含まれるが，すべてヨーロッパである．

さらに，第3グループは2 haを下まわるものの，世界平均である0.48 ha以上を有する地域とする．南米1.9 ha，旧ソ連（アジア）1.5 ha，西アフリカ0.8 ha，西アジア0.7 ha，中米0.6 haの5地域が含まれる．第3グループには，アジア，アフリカの一部とともに中米，南米が含まれる．

最後に，第4グループとして，世界平均以下の全地域をまとめることにする．第4グループには，北アフリカ0.5 ha，東南アジア0.4 ha，南アフリカ0.4 ha，南アジア0.3 ha，東アフリカ0.3 ha，中央アフリカ0.3 ha，太平洋諸島0.2 ha，東アジア0.2 haの8地域が含まれる．このグループには，西アジアを除いたすべてのアジアが含まれる．第4グループはアジアを中心とした地域といえよう．アジアと並んで農業人口が多いアフリカは，第3グループと第4グループに分かれて存在する．ちなみに，日本における農民一人当たり農地面積は0.8 haであり，現在は第3グループに属している．

このように4つのグループに分けると，世界の農民が置かれている状況が理解しやすい．経済的に見たとき，第1グループに所属する農民は圧倒的に有利である．しかし，この第1グループに所属する農民は772万人であり，これは全世界の農民の0.3%に過ぎない．一方，第2グループには5,330万人が属するが，これを加えても6,100万人にしかならない．6,100万人は世界の農民の2.4%である．

先に食料の生産や消費において西洋と東洋に分けて議論を行ったが，第1グ

ループと第2グループに属する地域は，すべて西洋である．世界の穀物生産は22億4,000万tであったが，このうちの8億8,300万tは西洋で生産されているから，2.4%の農民が世界の穀物の39.4%（2005年）を生産していることになる．また，西洋は西洋以外の地域に1億4,300万tの穀物を輸出しているから，第1グループと第2グループの農民の生産性は圧倒的に高いといえる．

これに対して，アジアを中心とした第4グループの農民は22億2,000万人であるが，これは世界の農民の86%に相当する．この第4グループの農民が10億5,000万tの穀物を作っていることになるが，これは世界の穀物生産量の47%にとどまる．つまり，世界の86%の農民が世界の穀物の47%しか作っていないことになる．

東アジアをオセアニアや北米と比較すると，農民一人当たりの農地面積は100倍以上違う．また，西ヨーロッパと比べても26倍ほど違う．この事情は，南アジアや東南アジアについて見てもさして変わらない．農民一人当たりの農地面積を見たとき，世界には大きな格差が存在する．

6.4.2 世界は1つの市場へ

前節で見たように，農民一人当たりの農地面積は地域により大きく異なっている．もし，世界各国がそれぞれ独立した市場であったなら，各国はその農業技術の発展段階に合わせて，農民一人当たり農地面積を決めていくことになったであろう．しかし，輸送技術の急速な進歩が，各国の農業に大きな影響を与えることになった．

当然のことながら，広い農地面積を有する農民は多くの農産物を生産できる．一般に，たくさんのものを作れば量産効果が働き，同じ品質のものを安い価格で作ることができる．安い農産物は国際競争力を有しているが，輸送技術が発達していない段階では，それを遠くの国にまで運ぶことはできなかった．

船での交易は，大英帝国が穀物を大量に輸入していたように，19世紀においても盛んに行われていた（第7章コラム参照）．貿易においては船による輸送が重要と考えられるが，筆者は20世紀における農産物の交易では，海運の発達よりも陸路の発達の方が重要であったと考えている．19世紀においては，船に穀物を積み込むことが容易な港に近い農場だけが貿易の対象であった．大

陸の内部は大きな河川でもない限り陸の孤島であり，国際交易には無縁であった．この状況は20世紀に大きく変わった．現在，南米から中国への大豆輸出量が急増しているが，これはブラジルの内陸部にまで道路網が発達したことにより初めて可能になったと考えられる．舗装された道路と大型トラックが農作物の物流を変えたといってもよい．また，今日では冷蔵技術の発達により，腐敗しやすい食肉も大洋を超えて運べるようになっている．

輸送技術の驚異的な発展は，世界の農産物市場を統合する働きを有する．ただ，国民の食料を作るという農業はどの国にも存在し，長い歴史を有するため，そのあり方も多様である．このように各国の多様な農業を，世界市場という形で1つに統合しようとすると，そこには大きな摩擦が生じる．せいぜい19世紀からの歴史しかない工業と農業では，その性格が大きく異なる．20世紀後半にはケネディ・ラウンド，ガット・ウルグアイ・ラウンドやWTOなど多くの国を巻き込んだ貿易交渉が行われ，WTO交渉は現在も続いているが，その交渉において農業をどのように扱うかは一貫して議論の中心になっている．ここでは，農業を関税などにより保護すべきかどうかについての議論には立ち入らないが，輸送手段が発達し続けることは明らかであるから，マクロに見れば，世界が1つの市場となる方向で動いていることは，認めざるを得ない事実であろう．

私見であるが，世界の市場が1つとなる原動力は，輸送手段の発達以上に，情報伝達手段の発達が大きいとの印象を持っている．たとえば，現在では，インターネットを通じ海外の製品を個人が手に入れることが可能になっている．決算手段としてVISAやMaster Cardといったクレジットカードが普及したことが国境を超えた交易を容易にしている．このような技術はこれからも発達し，世界の隅々までカバーするようになろう．インターネットなどの情報技術が発達し続ける社会で，ある製品だけを孤立した市場で管理し続けることは極めて困難な作業になる．農産物も例外ではない．零細な業者でもさほど多くない量の農作物ならば容易に輸入できる時代になっている．

6.4.3 規模拡大

世界の農産物市場が1つになると考えれば，ある国の農業が生き残るには，

その効率を最も効率がよい国に合わせる必要が生じる．このため，日本やヨーロッパでは農民一人当たりの農地面積を拡大し，米国に追い付こうとする動きが出てくる．いわゆる規模拡大である．現在，わが国でも重要な農業政策の1つになっている．ここでは，この政策の是非を語るのではなく，世界の農民一人当たり農地面積がどの程度であり，それは過去どのように変化してきたか検討してみたい．

特徴ある地域として北米，西ヨーロッパ，東アジア，南アジアを選び，これに日本を加え，農民一人当たりの農地面積の変遷を図6.7に示した．これは縦軸を対数目盛で示している．2004年における農民一人当たりの農地面積は北米では20.1 haもあるが，その米国でも1961年の値は7.5 haであった．また，西ヨーロッパの値も1961年においては1.1 haで，現在の1/5程度である．この間，北米，西ヨーロッパともにその農地面積には大きな変化がないから，北米，西ヨーロッパともに農業人口の減少により，一人当たりの農地面積が増えたことになる．

これに対し，東アジアでは1961年に0.26 haであったものが2004年には0.20 haに，また南アジアでは0.45 haから0.3 haへと，少ない面積がさらに減少している．これは，農地面積がほぼ一定であったのに，図6.1(b)に示したように農業人口が増えたためである．日本は東アジアに属するが，東アジアでは中国の農業人口が圧倒的に多いため，東アジアの値は実質的には中国の値に

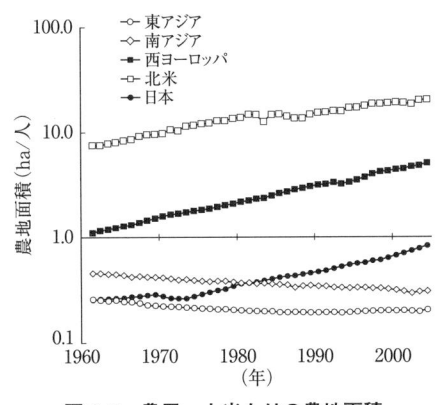

図6.7 農民一人当たりの農地面積

なっている．

　このため，図6.1（b）中には日本だけを独立して示した．日本の一人当たりの農地面積は1961年には0.25 haと東アジア全体の値とほぼ同じであったが，その後，増加し，2004年の値は0.82 haになっている．1961年の値と2004年の値を比べると3.3倍に増えている．しかし，同じ時期に北米は2.7倍，西ヨーロッパは4.6倍に増加している．

　農地拡大は日本農業の競争力を高める手段として強調されるが，北米や西ヨーロッパでも農民一人当たりの農地面積は広がっている．1961年以降を見ると，西ヨーロッパには，かえって差を広げられている．このような状況を見ると，よほど強力な規模拡大政策を取らない限り，日本の農民一人当たりの農地面積を北米や西ヨーロッパに近付けることは難しいと考える．

　また，東アジア（中国が主体）や南アジア（インドが主体）の農民が有する農地面積は日本より少ない．今後，中国やインドにおいても経済発展にともない，その農業は世界市場に組み入れられることになろうが，中国やインドにおける規模拡大は，日本以上に困難な作業になるだろう．現在，中国やインドはその目覚ましい経済成長が喧伝されているが，その社会は今後，20世紀に日本が農業の変革のために苦しんだ以上の苦難に遭遇する可能性が高い．

　192カ国のなかで，1961年から2004年にかけて農民一人当たりの農地面積を最も拡張したのはアラブ首長国連邦であり51.3倍にも増加させている．これにカタールの18.8倍，レバノンの8.1倍，クエートの8.0倍，ブルネイの8.0倍が続いているが，これらは小国であり農業面積そのものは少ない．

　比較的大きな国のなかでは，ブルガリアが7.2倍，フランスが6.3倍，ドイツが5.3倍に農民一人当たりの農地面積を増やしているが，これらはすべて，ヨーロッパの国である．

　このなかにフランス，ドイツが入っていることは重要である．フランスやドイツの穀物自給率は高い．2004年におけるフランスの穀物自給率は162%，ドイツも111%であった．そのフランスやドイツでは，日本の2倍近い速度で農業の規模拡大が行われている．そもそも1961年時点において差があったから，日本とフランス，ドイツではその差は一層広がっている．西ヨーロッパ諸国が穀物自給率を改善させたことは，日本より手厚い保護があったという文脈で語

られることが多いが，西ヨーロッパの規模拡大は日本以上の速度で進んでいることも記憶にとどめておくべきである．

〈コラム：兼業に進むアジア〉

　伝統的な水田農業は多くの人手を必要としたため，アジアで農業に従事する人口は他地域に比べて多かった．このために，アジアは農業における技術革新の影響を最も強く受ける地域となった．窒素肥料，殺虫剤や除草剤の普及，また農業機械の発達や灌漑面積が増えたことなどにより，農業の効率が飛躍的に向上している．水田農業は水管理が重要であり男手が必要とされてきたが，灌漑ポンプなどが発達すると，水管理は女性や老人でも十分対応できるものになった．

　農民が豊かになるためには経営規模拡大が必要になるが，米国などとの競争を考えるとき，経営規模を急速に拡大し続ける必要がある．しかし，日本の例を見てもわかるように，短期間で農地を集約することは極めて難しい．農業に市場原理を導入し農地を集約化するということは机上の計算では容易だが，それは100年程度の時間をかけてはじめて実現されるものなのであろう．長い歴史のなかで，農民，特にアジアの農民はずっと農地にしがみ付いて生きてきた．その記憶が消えるには長い時間が必要であろう．中国のように表面上社会主義を掲げ土地の所有権が農民にない社会でも，多くの農民から土地の使用権を強制的に取り上げ無理やり農地の集約化を図れば，それは国家の根幹を揺るがす大きな事態に発展しよう．

　農地は保有していたいが，農業では食べていくことができない．アジアに住む農民の苦悩への対症療法として，兼業農家が出現することになる．現在アジアでは，兼業農家は2つの意味で，可能になっている．1つは急速な経済発展が続くなかで，農民や農民の子弟でも都市で仕事を探すことが極めて容易になっていること，もう1つは農業の技術革新が進んだ結果，農業に人手がいらなくなっていることである．アジアの平均的農地サイズ1［ha/戸］程度なら，兼業でも十分耕作できる．

　ある農家が農業を止めるのは，農業を行っていた親が死亡し農地が子に相続されるときと考えられる．しかしながら，一代ですべての家族が農業から離れるとは限らない．親が苦労して農業を営んでいたことを記憶する子も多い．そういった記憶が残る農地を手放すことは忍びない．そのような場合，子の代では農業に依存する割合を低下させながらも，兼業農家を続けて行くことになろ

う．兼業農家が完全に農業を放棄するのは，農業とはほとんど縁のない環境に育ち，農業への思い入れがない孫の代になるかもしれない．農地が住宅用地などになり高額で買い取られる期待がある場合には（神門，2006），規模拡大は孫の代でも進まないことになる．ある家族が完全に農業から離れるには，3世代あるいはそれ以上の時間を要することになろう．

　日本が過去50年に経験したことと同様のことが，今後，小農が林立する中国，東南アジア，インドで起こると考える．21世紀のアジアでは，農業は経営規模が小さい兼業農家主体になっていくと考えられる．アジアにおいて，西洋の農業並みの規模，効率が達成されるのは，かなり先，22世紀になるかもしれないと考えていた方がよいであろう．

6.5　1ha当たりの生産額

　農業はいうまでもなく土地を用いて農産物を作る産業である．土地が利益を生み出す産業といっても過言ではない．ここでは農業生産額を農地面積で除すことにより，1ha当たりの生産額を考えてみたい．この考え方はバイオマスエネルギーの生産コストを考える場合にも重要となる．エネルギー作物を生産する場合も，1ha当たりでの生産額は食料としての農作物を作る場合と同様と考えられるためである．

　図6.8(a)には日本，米国，フランスにおける農地1ha当たりの農業生産額を示すが，日本の1ha当たりの農業生産額が極めて大きいことがわかる．2003年の米国の1ha当たりの農地生産額は1,160ドルであったが，これに対して日本の生産額は17,500ドルであった．日本の1ha当たりの生産額は米国の15倍になっている．米の単収は2003年において，日本5.8［t/ha］，米国7.4［t/ha］であったから，米国の方が高いことになる．単収の違いが生産額の違いをもたらしたわけではない．この違いは日本の農産物が米国より15倍も高い価格で売られることにより生じたことになる．

　これは実際の米の価格を見てもわかる（図6.9）．FAOデータによると2003年の米の生産者価格は，米国の122［ドル/t］に対し，日本は1,960［ドル/t］であった．16倍の価格差がある．1ha当たりの農業生産額の違いは，実際の農産物の価格差をよく表している．

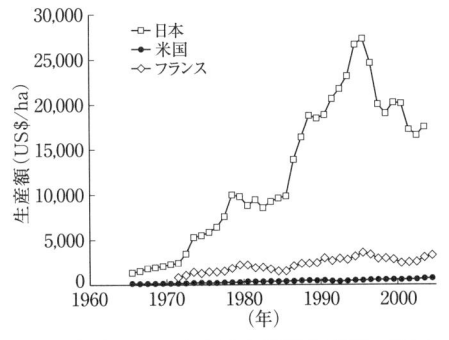

図 6.8(a)　1 ha 当たりの農業生産額，(日本，米国，フランス)

世界銀行 (2006 年) と FAO (2005 年) より作成．

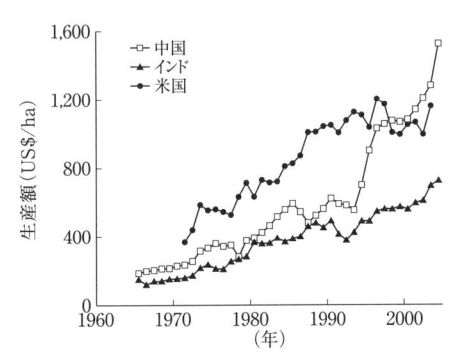

図 6.8(b)　1 ha 当たりの農業生産額 (中国，インド，米国)

世界銀行 (2006 年) と FAO (2005 年) より作成．

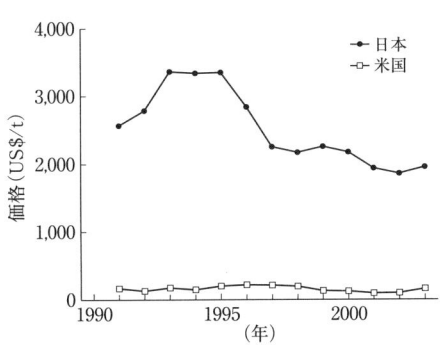

図 6.9　米の生産者価格

図 6.8（a）に示す 1 ha 当たりの生産額における日米の差は 1971 年においては 6.6 倍であったが，その後，為替レートが円高に振れたため，ドル基準で見た日本の 1ha 当たりの生産額は高騰している．ただ，日本の値は 1995 年をピークに，その後低下している．これは米の食糧管理制度が 1995 年に廃止されたことにともない，米の生産者価格が下落したことを反映している．

フランスにおいても 1 ha 当たりの農業生産額は 3,300 ［ドル/ha］と米国よりも高い．ただ，フランスの 1 ha 当たりの生産額は米国の 2.6 倍である．日本のように 9 倍から 15 倍といった高い値にはなっていない．フランスの農業は，努力すれば米国と競争できる範囲にいると考えてよい．

ここでアジアの 2 大国，中国とインドについて考えてみよう．図 6.8（b）には中国とインドの農地 1 ha 当たりの生産額を示す．中国とインドの 1 ha 当たりの生産額は 1990 年代前半までは，ともに米国の値を下まわっていた．米国の値を下まわることは，米国が穀物などの農産物を中国やインドに売りたいと思っても，相手国の生産価格の方が安いため売り込めない状態を示す．むろん，なにかの拍子に穀物が不足した場合には，米国からの輸入を考えるであろうが，国内で生産した方が安い場合，そのような輸入が続くことはない．

しかしながら，米国を下まわっていた中国の 1 ha 当たりの生産額は 1990 年代に入って急上昇している．2003 年の値は 1,281 ［ドル/ha］と米国の 1.1 倍になり，2004 年の値はさらに上昇して 1,524 ［ドル/ha］になっている．

長期的に見たとき，農作物の価格は需要と供給により決定されているとはいいにくい．発展する経済の下，農産物の価格を市場メカニズムに任せれば，これまで見てきたように，農業部門と非農業部門の所得格差が広がるためである．日本でも米価は政府により決定されていた時代が続いた．政府が農作物の価格になんらかの関与を行って食料の生産者価格を上昇させることは，農民に所得をもたらし社会の安定につながる．

1990 年代の中頃から，中国政府が農作物市場にどのように介入しどれだけ価格を上げているかを調べることは本書の目的を超えるが，非農業部門の経済が急速に発展する場合，マクロに見て，農産物価格が上昇しやすいことは確かであろう．

ただ，WTO 体制に組み込まれた中国においては，これまで日本が行ってき

たように，政府が農作物市場に直接介入し価格を上昇させる政策はとりにくいと考えられる．しかし，農産物価格を上昇させることができないならば，農民と非農民の所得格差は開くばかりであり，社会不安は容易に解消されないことになる．中国は自由貿易体制に移行するなかで農民を保護しなければならないという，難しい状況に追い込まれている．

一方，インドはこれまでのところ農産物価格が米国の水準を上まわってはいない．インドがこれまで述べてきたような問題に直面するのは，まだ少し先のことになりそうである．

6.5.1　1ha当たりの生産額と農民の所得

ここでは代表的な国における農民の所得と農地面積，農業生産額との関係を考えてみたい．先にも述べたように，生産額の1/2程度を農民の所得と読み替えても大きな間違いにはならないから，1ha当たりの農業生産額から農民の所得を推定できる．以下の検討においては，すべての国において農業人口4人で一農家を形成していると仮定して，一戸当たりの所得を計算した．

まず，世界最大の穀物輸出国，米国について考えてみよう．米国では農業人口一人当たりの農地は18haであるから，農家一戸では平均72haの農地を有していることになる．2003年における1haの生産額を1,160ドルとすると，米国農民の平均所得は，

$$1{,}160[ドル(生産額)/ha] \times 72[ha/戸] \times 0.5[所得/生産額]$$
$$= 41{,}760[ドル(所得)/戸]$$

となる．年収41,760ドルは，米国における非農業部門の賃金と比べると特によいとも思えないが，田舎に住むことで住居費などが安いであろうから，それほど不満のない水準といえよう．

同様の方式で，アジアの農民の収入を推定しよう．まず，東南アジアの代表としてタイの農民について見てみる．タイの農民はアジアでは比較的広い農地を持っているが，それでも一戸当たり農地面積は2.4haにしかならない．2003年の1haの生産額は815 [ドル/ha] であったから，

$$815[\text{ドル(生産額)}/\text{ha}] \times 2.4[\text{ha/戸}] \times 0.5[\text{所得/生産額}]$$
$$=978[\text{ドル(所得)/戸}]$$

となる．これは，国民一人当たり GDP が 1,000 ドル以下の時代には，まあまあの収入と考えるが，中進国になり非農業部門の一人当たり GDP が 4,200 ドル（2004 年）にもなると都市部との差は歴然となる．都市で非農業部門に働く 4 人家族を考えると，その収入は，

$$4,200[\text{ドル(生産額)/人}] \times 4[\text{人/戸}] \times 0.5[\text{所得/生産額}]$$
$$=8,400[\text{ドル(所得)/戸}]$$

にもなる．農家の所得は都市住民の 1/8 以下になってしまう．このことは，表 6.2 の結果とも一致している．

同じことを中国について見てみよう．中国の一人当たりの農地面積は 0.19 ha と極端に小さい．これを 4 倍しても一戸当たりの農地面積は 0.76 [ha/戸] にしかならない．2003 年の 1 ha の生産額は 1,281 [ドル/ha] であったから，

$$1,281[\text{ドル(生産額)}/\text{ha}] \times 0.76[\text{ha/戸}] \times 0.5[\text{所得/生産額}]$$
$$=487[\text{ドル(所得)/戸}]$$

中国の農民が極端に貧しいことがわかろう．中国でもタイでも農業に従事する人と非農業部門で働く人の間には大きな所得格差が存在する．

次に日本について同様の方式で検討してみよう．日本では農地の集約を進めているが，それでも 2003 年の農民一人当たりの農地は 0.77 ha にとどまっている．なお，日本では農村でも核家族化が進んでいるから，一戸の人数を 4 人とすることは現状よりも多めの人数での推定になるが，ここでは他国と同じ条件にするために，あえて一戸の人数を 4 人とした．だが，一戸の人数を 4 人としても農地は 3.08 ha にしかならない．日本では輸入を制限するなどの措置の結果，農作物の価格が他国よりはるかに高くなっている．このため，1 ha の生産額は米国の 15 倍に当たる 17,500 [ドル/ha]（2003 年）にもなっている．しかし，それでも一戸当たりの所得は，

$$17{,}500[\text{ドル(生産額)}/\text{ha}] \times 3.08[\text{ha}/\text{戸}] \times 0.5[\text{所得}/\text{生産額}]$$
$$= 26{,}950[\text{ドル(所得)}/\text{戸}]$$

にとどまる．1ドル120円とした場合，年間所得は約320万円である．1ha当たりの生産額を米国の15倍に引き上げていてもこの程度にとどまっている．これは経営面積3ha程度と，日本では比較的規模が大きい農家を考えた場合であるが，それでもこの程度の所得にしかならない．日本の多くの農家が兼業している最大の理由である．なお，10.4.3でもう一度ふれるが，単位農地面積当たりの生産額が高いこと（農業に対し有形・無形の保護を加え，生産額を高くしていること）は，わが国でのエネルギー作物生産を考える場合に最大の障壁になる．休耕田を用いて作られたエネルギー作物は，わが国で作られる米が国際社会で価格競争力を持たないのと同様に，国際競争力を持つことはない．

最後に，フランスの農家の所得を同様の方式で計算すると，

$$3{,}064[\text{ドル(生産額)}/\text{ha}] \times 33.4[\text{ha}/\text{戸}] \times 0.5[\text{所得}/\text{生産額}]$$
$$= 51{,}200[\text{ドル(所得)}/\text{戸}]$$

となる．フランスの1ha当たりの生産額は米国の3倍程度であり，米国に比べ農作物の値段は高いが，その代わりフランスの農民は米国の農民に比べても十分な所得を得ている．フランスの農業はアメリカ農業と渡り合える水準にあるといってよいだろう．これは，現在フランスの一戸当たりの農地面積が米国の40%程度にまでに拡大されているためである．先に見たように，フランスは過去40年の間に農家の経営規模を6.3倍に拡大している．

アジアの農民の所得を向上させるには，農民の数を減らして一戸当たりの農地面積を増やすか，農産物の価格を上げて1ha当たりの生産額を高めるかしかない．日本は，これまで農作物の価格を上げて農家の所得を向上させようとしてきたが，農作物の内外価格差が指摘されるなか，1990年頃からはそれも限界にきている．このため，農家の所得を向上させるためには規模拡大を行わざるを得ない．今日，規模拡大が農政の中心になっている所以である．しかし，規模拡大により農家一戸当たりの所得は向上しようが，それによって欧米に匹敵する競争力を付けることは難しい．図6.7で見てきたように，米国や西ヨー

ロッパも規模拡大を行っているためである．

　日本の農家にフランス並の競争力を持たせるには，1ha 当たりの生産額を 1/5 に下げる必要がある．1ha 当たりの生産額を 1/5 に下げると，現在の所得を維持するだけでも規模を 5 倍にしなければならない．しかし，日本が規模を 5 倍にしている間に，フランスではさらに規模拡大が進むであろう．規模拡大により日本農業が国際競争力を持つことは，至難の業といえる．

〈コラム：アジアにおける農業と伝統・文化・政治〉

　農業技術の急速な発展により農業に必要とされる労働力が激減することは，アジアの文化や社会に大きな影響を与える．東南アジアを見ると，その文化は日本と同様に水田農業に根ざしたものが多い．しかし，急速な農業技術の発展により農業に人手がいらなくなることによって，東南アジアなどでも，出稼ぎが増え地方人口の減少が続いている．

　日本では中山間地の農業の維持が問題となっているが，機械化が容易な平地において単収が飛躍的に上昇すれば，国全体の食料供給を考える場合，なにも条件が不利な中山間地でまで農業を行う必要はない．中山間地で農業が行われていた最大の理由は，平地の農業の生産性が低かったためである．

　また，輸送力が飛躍的に向上し世界の市場が統合されたことも中山間地農業の衰退につながる．一般消費者にとってみれば，食料に対する「安全と安心」が確保されれば，生産地は日本に限らず，米国でも，ブラジルでもよいことになる．条件が不利な地域の農業が必要でなくなる問題は日本だけにとどまらない．今後，経済発展が続けば，アジアの条件不利地の農業は，日本と同様の立場に追い込まれるであろう．すでに，その兆候はタイや中国に見られる．

　農業機械の発達が続けば，特に農作物のなかでも機械化が容易である穀物の場合，それを作る農民の数は極端に少なくなる可能性が高い．現在，世界の穀物栽培面積は 6 億 ha であるが，もしオーストラリア並みに農民一人が 200 ha を耕せば，世界全体で穀物を作る農民は 300 万人ですむことになる．2050 年に世界人口が 90 億になるとされるが，穀物を作っている農民は 3,000 人に 1 人ということになる．農村の過疎化は農業の機械化が進めば必然の出来事である．

　このことが進行する過程において，現在でも多くの農民を抱えるアジアでは，社会に大きな摩擦が生じることになるだろう．農民が多かったということは，農民特有の思考方式や行動様式が色濃く残る社会が存在し，また，農業に付随

する行政組織や教育機関が多いことを意味する．日本の政治で農民票が重視されているように，農民は数の多さにより時の政治にも大きな影響力を持っている．このように，多くの農民が存在することを前提にして作られた行政組織，教育機関そして政治は，農民が減る過程において，大きな変革を迫られることになる．当然，その変革は農業の周辺にいた人々にとって，痛みをともなうものになる．

　変革が急激であり過ぎるために，古きよき農村とその文化・倫理を懐かしむ動きが強まるかもしれない．昨今の流行語「スローフード」や「地産地消」は，そのような主張を代弁しているとも考えられる．古きよき都市近郊農村を懐かしむ『となりのトトロ』に代表される映画が求められるのも，農村の衰退があまりに急であるからと考えられなくもない．

　しかし，技術革新の流れのなかで，農業に関する技術革新だけを止めることは不可能である．先進国における農業の効率化，その開発途上国への急速な普及は今後も加速度的に進むだろう．技術革新はブラジルのセラードに代表される未開の土地にもおよんでいる．農業人口の減少は，特に農民の多いアジアでは，強い社会的摩擦を起こしながら，21世紀において急速に進行することになろう．

7 食料貿易と自給率
西洋が輸出，東洋が輸入/多くの国で低下する自給率

　食料自給率が低いためか，日本では食料貿易問題は農民だけでなく一般国民にとっても大きな関心事になっている．たとえば1988年の牛肉やオレンジの貿易自由化や，1994年の米の関税化は，その時々の大きな政治問題になった．しかし，自給率に関してはやや感情的な議論が先行し，世界の食料貿易や自給率の実態は意外に知られていないように思う．本章では農業や輸送技術の革新との関連において，世界の食料貿易をマクロな視点から検討する．

7.1 穀物貿易

7.1.1 西洋が輸出，東洋が輸入

　まず，世界の穀物貿易の状況を見てみよう．穀物輸出量を図7.1(a)に示す．世界では2004年において2億9,800万tの穀物が交易されている[1]．これは，一人当たりにすると年間46.8kgに相当する．図7.1(a)には，穀物がどこから輸出されているかについて，世界を西洋，東洋，サハラ以南アフリカ，中米と南米を合わせた地域の4つに分けて示した．西洋，東洋の区分はこれまでと同様である．
　これを見ると，穀物はその大半が西洋から輸出されていることがわかる．東洋の輸出量は，最近，増えているものの西洋に比べれば圧倒的に少ない．また，小麦の輸出国として知られるアルゼンチンを含む中米と南米からの輸出量は意

---

[1] 貿易統計において世界の輸出量の合計と輸入量の合計との間には若干の違いがある．これは越年貿易に関わる誤差と思われる．ここでは特に断りのない限り，世界の総輸出量を世界の総貿易量とする．

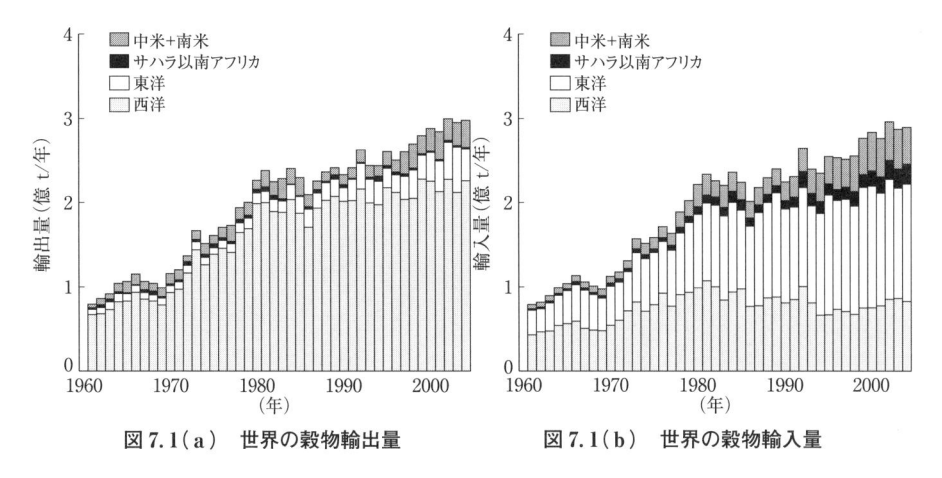

図7.1(a) 世界の穀物輸出量　　図7.1(b) 世界の穀物輸入量

外に少ない．また，サハラ以南アフリカは穀物をほとんど輸出していない．

　図7.1(b)には図7.1(a)と同じ区分で世界のどの地域が穀物を輸入しているかを示したが，これを見ると東洋の輸入量が多いことがわかる．西洋は輸入量も多いが輸出量はより多い．このため，全体としては穀物の輸出地域になっている．また，サハラ以南アフリカでの輸入量は東洋などに比べれば絶対量はいまだ少ないものの，近年，その量が確実に増加している．一方，中米と南米は，現在，穀物の純輸入地域になっている．

　私たちはなんとなく，アジアや中南米の開発途上国が穀物を輸出し，西洋の先進国がそれを輸入しているとのイメージを持っているが，事実はまったく逆である．西洋が輸出し，主に東洋がそれを輸入している．西洋のほとんどが先進国で，東洋には開発途上国が多いと考えると，日本は先進国でありながら東洋に位置する極めて特殊な国になる．この特性に留意しながら日本の食料自給率をもう一度とらえなおす必要があろう．

　世界全体の穀物貿易量は順調に増加していたが，生産量と同様に1990年代に入ってから，その増加が鈍化している．これは後に述べるように，大豆や食肉の貿易量が増えているためである．

　次に，世界の穀物貿易の内訳をもう少し細かく見てみよう．表7.1には2004年における穀物純輸入量[2]を示す．東洋で穀物の輸入が多いとしたが，東洋のなかでも東アジアの輸入量が多く，これに西アジアが続いている．一方，

表 7.1 穀物純輸入量（2004年，単位は100万 t/年）

	純輸入量
東アジア	52
東南アジア	5
南アジア	−5
西アジア	29
オセアニア	−26
太平洋諸島	1
北ヨーロッパ	−1
西ヨーロッパ	−23
南ヨーロッパ	19
東ヨーロッパ	0
旧ソ連（ヨーロッパ）	−8
旧ソ連（アジア）	−0
北アフリカ	21
東アフリカ	5
西アフリカ	9
中央アフリカ	2
南アフリカ	5
北米	−104
中米	24
南米	−13
全世界	—

注）マイナスは輸出を表す．

　東南アジアは，米の輸出地域であることから穀物の輸出地域と思われがちであるが，穀物全体を見たときには輸入地域になっている．これは，東南アジアは米は輸出しているが，小麦，トウモロコシを大量に輸入しているためである．
　また，食料不足が伝えられることが多かったインドを含む南アジアは，穀物

---

2) 穀物には小麦，米，トウモロコシなどの種類がある．このため，米は輸入しているが小麦は輸出しているなどのケースが生じる．穀物を大量に輸出している国でも，穀物を輸入している場合がある．例えば穀物の大量輸出国である米国は2004年に9,330万tの穀物を輸出しているが，同年に620万tの穀物を輸入している．本書では輸入量から輸出量を引いた値を純輸入量と表記した．輸出量から輸入量を引いた値は純輸出量とした．米国の純輸出量は8,710万t，また，純輸入量はマイナス8,710万tである．

の輸入地域と考えがちであるが，現在は輸出地域になっている．世界の穀物貿易は，近年，その構造が大きく変化している．

次に，米，小麦，トウモロコシ，大豆について，その貿易の概要を見ることにしよう．このなかで，日本人が関心の深い米については，その 2050 年時点での貿易量予想も含め，少し詳しく解説する．

7.1.2 米貿易

2004 年における米の貿易量は 2,900 万 t であった．米の貿易量は小麦やトウモロコシに比べて少ない．2004 年において米を輸出している国は 21 カ国であるが，タイ，インド，ベトナム，米国の上位 4 カ国の輸出量が全体の 82% を占めている．一方，米を輸入している国は 162 カ国にもおよぶ．

米の輸出量が多い地域は東南アジアであり，2004 年には 1,420 万 t を輸出している．現在，最大の米輸出国はタイで，2004 年の輸出量は 999 万 t にものぼり，これは東南アジアからの輸出の 70% に相当している．タイはこれまでも米輸出国であったが，近年，その輸出量がますます増加しており，米の自給率は 172% にもなっている．

タイに続いて輸出量が多いのはベトナムであるが，その輸出量は 2004 年において 409 万 t になっている．ベトナムは 1988 年までは米を輸入していたが，1989 年以後輸出国に転じ，1990 年代において輸出量が急増している．ただ，21 世紀に入ってからの伸びは緩やかになっている．タイとベトナムからの輸出量の合計は，現在東南アジアからの輸出量の 99% を占めており，この 2 国以外ではミャンマーとカンボジアが米を輸出しているが，その量はわずかである．

タイとベトナムが輸出国であるのに対して，東南アジアにおいてブルネイ，シンガポール，フィリピン，マレーシア，インドネシアが米輸入国になっている．この中でブルネイ，シンガポールは都市国家ともいえる存在であり，米の輸入国であることは理解できる．しかし，東南アジアという米作りに適した地域にありながら，なぜフィリピン，マレーシア，インドネシアは米輸入国になっているのであろうか．このことについて，少し考えてみたい．

フィリピンは 1980 年代までは米をそれほど輸入していなかったが，1990 年

代中頃からは恒常的な米輸入国になっている．フィリピンは島国であり，ルソン島以外では米作に適した土地が少ない．それにもかかわらず人口増加率が高いため，米生産が人口増加に追い付かない状態が続いている．また，タイだけでなくベトナムも輸出国になるなか，米の国際貿易価格は低迷している．フィリピンにおける米単収は，ベトナムのような増加が見られないこともあり，米の自給を目標にかかげてはいるものの，無理に自給しなくとも足りない分は輸入すればよいと考えているようにも思える．なお，フィリピンの 2004 年の輸入量は 105 万 t，米自給率は 93.3% である．

マレーシアは，多少の変動はあるが 1961 年以来ずっと数十万 t の米を輸入し続けており，米の自給率は 80% 前後になっている．2004 年の米輸入量は 52 万 t であった．これは，マレーシアではゴムやオイルパームなどの生産が重視されており，足りない分は隣国のタイなどから輸入する方針をとっているようだ．

インドネシアは 1980 年代までは米の輸入国であったが，米単収に関連して 5.2.4 で述べたように，米増産運動が行われたことから，1980 年代から 1990 年代にかけては米輸出国になった．インドネシアの米増産は「緑の革命」の典型とされる．1990 年代後半になって，再び米輸入国に転じはしたが，現在，インドネシアの米自給率は高い．1990 年以降において，輸入量が最も多かった 1999 年でも輸入量は 475 万 t にとどまり，自給率は 92% までにしか低下していない．21 世紀に入ってからは 97% 以上を保っている．

東南アジア以外で米輸出量が多いのはインドである．インドは 1990 年代後半から米輸出国に転じ，2004 年の輸出量は 479 万 t とベトナムを抜いて世界第 2 位の輸出国になっている．インドにおける米輸出量の増加は，インド国内の食料事情の改善を反映している．一方，日本へ多くの米を輸出している米国の輸出量はインド，ベトナムに次いで世界第 4 位であり，2004 年の輸出量は 259 万 t である．

次に，米の輸入国を詳しく見てみよう．米は先ほど述べたように東南アジア内にも輸入国があるが，それ以外では西アジア，サハラ以南アフリカの国々が多く輸入している．特に近年，サハラ以南アフリカにおける輸入量が増加しており，米の主な輸入地域になりつつある．2004 年におけるサハラ以南の純輸

入量は725万 t にのぼっている．サハラ以南でも，西アフリカにおける輸入量が456万 t と最も多く，一方，インド洋に面し，米輸出地域である東南アジアやインドに近い東アフリカの輸入量は71万 t と少ない．

表7.2には輸入量が多い12カ国について，その米純輸入量を示した．現在，世界最大の米輸入国はナイジェリアであり，その輸入量は約140万 t である．これにサウジアラビア，フィリピンが続いている．サウジアラビア，南アフリカ共和国ではもともと米は生産されていなかったので，米を食べる文化はなかったと思われるが，両国には米が主食のインドや東南アジアからの出稼ぎ労働者が多く入国したことから，米食が広まっていったと考えられる．

アフリカではナイジェリア，コートジボワールと象牙海岸の国々で輸入量が多いが，この付近はアフリカでも米作が盛んな地域である．米作が盛んな地域で米の輸入量が増えている．これは，米が生産されているが，生産量の増加が人口増加に追い付かないためであろう．一方，米がおいしいためか，近年，両国の一人当たりの米消費量が徐々に増えている．これも輸入量が増加する原因である．

2004年における日本の米輸入量は61万4,000 t である．これは輸入量としては世界第12位にとどまり決して多い量ではない．日本の輸入量はガット・

表 7.2　米純輸入量（2004 年，単位は 1,000 t/年）

	純輸入量
ナイジェリア	1,398
サウジアラビア	1,205
フィリピン	1,049
バングラデッシュ	991
イラン	984
コートジボアール	868
ブラジル	815
セネガル	744
南アフリカ共和国	731
北朝鮮	702
イラク	650
日本	614

ウルグアイ・ラウンド貿易交渉の結果決まった量（ミニマムアクセス）であり，1990年代後半以降ほぼ表7.2に示した量を輸入している．

ただ，日本の米貿易は表7.2に示した他の国とは異なっている．それは，日本人が短粒米（ジャポニカ米）を好むことに起因する．短粒米は米の中では少数派であり，日本，韓国，北朝鮮以外では，中国の東北部，台湾北部，米国とオーストラリアの一部で生産されているに過ぎない．それ以外の国では長粒米（インディカ米）が生産されており長粒米の生産量の方が圧倒的に多い．今後，日本人が長粒米を食するようになれば別であるが，短粒米にこだわるのならば，それを作っている国は多くない．日本の米貿易は，世界の米貿易とは少し異なる問題として認識しておく必要がある．

7.1.3 小麦貿易

小麦の最大輸出地域は北米である．2004年において4,590万tを輸出している．これにオセアニア1,850万t，西ヨーロッパ1,590万tが続く．その他，旧ソ連（ヨーロッパ）から511万tが輸出されている．旧ソ連は，崩壊以前の1980年代には2,000万t以上も輸入した年があったから，これは大きな変化である．旧ソ連の穀物生産については第9章でも触れる．

小麦を多く輸入している地域は，東アジア，東南アジア，西アジア，北アフリカである．また南ヨーロッパの小麦輸入量も多い．このなかで，東アジアの輸入量は1980年代に多かったが，現在は減少傾向にある．これは中国における輸入量が減っているためである．一方，東南アジアでは輸入量が増える傾向にある．

ヨーロッパ全体を見たとき，2004年の純輸出量は421万tと意外に少ない．これは，西ヨーロッパは輸出地域であるが，南ヨーロッパが輸入地域であるためである．ヨーロッパ全体を見たとき，1960年代から1970年代にかけては小麦を輸入していた．しかし，その後，輸出地域に転じ1990年頃には2,000万t以上を輸出している．ただ，最近，輸出量は減少ぎみである．これは，1990年代以降ヨーロッパにおいて小さな政府志向が強まり，農業保護が弱くなっているためと考えられる．ヨーロッパと同時期に「小さな政府」を指向したニュージーランドでは，農業保護を大幅に見直した結果，1980年代後半から小麦

の輸入量が急増している．ヨーロッパの小麦輸出量は減少傾向を続けており，ヨーロッパが再び小麦の輸入地域に転じることも十分に考えられる．

7.1.4 トウモロコシ貿易

トウモロコシの輸出量において米国は他を圧倒している．米国の2004年の輸出量は4,840万tにものぼるが，これは，全世界の輸出量の59％を占めている．この米国に，アルゼンチンの1,070万t，フランスの583万t，ブラジルの470万tが続いている．

そのトウモロコシの多くを東アジアが輸入しており，2004年の輸入量は2,990万tであり，東アジアは世界の輸出量の36％を輸入している．ただ，東アジアのトウモロコシ輸入量は1990年代以降はあまり増加していない．これは，中国においてトウモロコシの飼料としての需要が大豆にとって代わられているためである．

一方，西アジアと東南アジアで輸入量が増える傾向にある．これは，この地域で食肉の生産が盛んになったことに関連している．ただ，現在までのところ，南アジアの輸入量はそれほど増えていない．これは，第3章で見たように，南アジアでは宗教上の理由から，食肉の需要がさほど伸びていないためと考えられる．

7.1.5 大豆貿易

大豆は穀物ではないが，トウモロコシの代替品としての貿易量が増えているため，ここで扱うことにする．第2章で大豆の生産量が増加していることを述べたが，生産量の増加は貿易量の増加にうながされたものと見ることもできる．大豆油の溶りかすがよい飼料になることはすでに述べたが，この畜産における技術革新は世界の穀物貿易に大きな影響を与えている．

図7.2(a)は世界の大豆輸出量，図7.2(b)には輸入量を示す．穀物の場合と同様に世界を4つに分けて表示したが，図7.2(a)を見ると，これまで西洋からの輸出が多かったが，近年は中南米からの輸出量が急増していることがわかる．一方，輸入量は東洋で急増している．

穀物と同様に大豆も20の地域に分けてより詳細に見てみよう．表7.3には

160　第7章　食料貿易と自給率

図7.2(a)　世界の大豆輸出量

図7.2(b)　世界の大豆輸入量

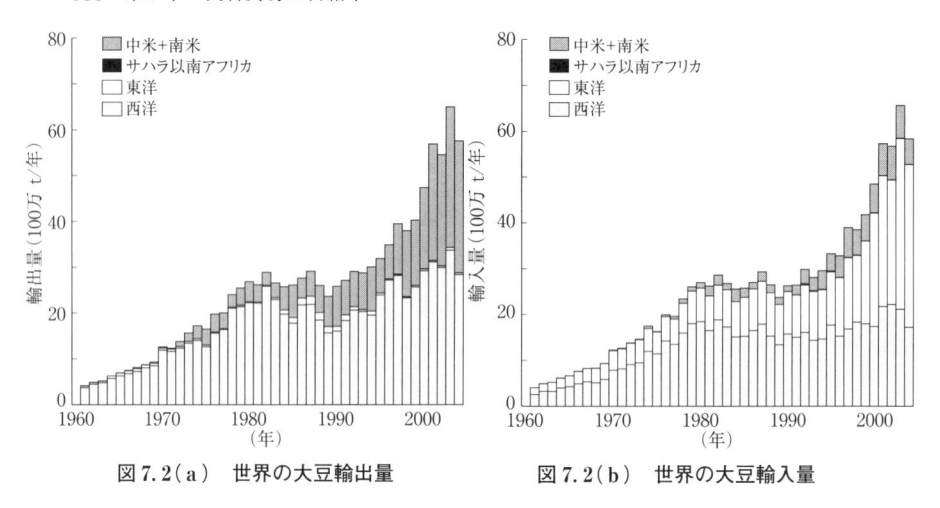

20の地域における2004年の純輸入量を示す．この表から，大豆はその多くが北米と南米から輸出されていることがわかろう．その他の地域からは輸出されていないといってもよい．また，その内訳を見ると，北米でもカナダからの輸出は47万tに過ぎず，そのほとんどは米国からのものになっている．また，南米からの輸出もブラジル，アルゼンチンに集中しており，この2国で南米からの輸出量の90%を占めている．近年，特にブラジルからの輸出が増えている．

東アジアは世界で交易される大豆の多くを輸入しており，2004年の輸入量は2,790万tになっている．アジアでも，東南アジアの輸入量は388万t，西アジアは248万t，また南アジアも12万tにとどまっており，東アジアがアジア全体の81%を輸入している．東アジアの中でも中国の輸入量が圧倒的に多く2,190万tにもおよんでいる．日本の輸入量も多く，その量は441万tである．しかし，日本の輸入量が多いといっても，それは中国の1/5に過ぎない．

西洋ではヨーロッパが大豆の輸入地域であり，西ヨーロッパの輸入量は東アジアに次いで多い．これに対して，北ヨーロッパ，東ヨーロッパの輸入量は少ない．ここで，北ヨーロッパの人口は2,460万人に過ぎないが，東ヨーロッパの人口は1億2,000万人と日本にほぼ等しい．この東ヨーロッパにおいて大豆の輸入量が少ない理由は，現在でも伝統的な放牧や飼料用穀物を用いた畜産が

表 7.3 大豆純輸入量 (2004年, 単位は100万 t/年)

	純輸入量
東アジア	28
東南アジア	4
南アジア	0
西アジア	2
オセアニア	0
太平洋諸島	0
北ヨーロッパ	1
西ヨーロッパ	9
南ヨーロッパ	5
東ヨーロッパ	0
旧ソ連（欧州）	-0
旧ソ連（アジア）	0
北アフリカ	1
東アフリカ	0
西アフリカ	-0
中央アフリカ	0
南アフリカ	0
北米	-26
中米	4
南米	-27
全世界	—

注）マイナスは輸出を表す．

主流になっているためと考えられる．東ヨーロッパにおいても，畜産の技術革新の波が押し寄せれば，大豆輸入量が増えるかもしれない．

〈コラム：大豆の貿易量が増加する理由―国内政治〉

アジア，特に中国で大豆輸入量が増えているが，その増加に対応して中米，南米，特にブラジルからの輸出量が増加している．大豆貿易量の増加は穀物貿易量が増えない原因になっているが，これには次のような事情も考えられる．
ガット・ウルグアイ・ラウンドやWTOなどの貿易交渉において最も問題

になるのは農産物貿易である．農産物貿易の自由化は，米国，カナダ，オーストラリア，ブラジルなど一部の国にとっては好都合であるが，他の多くの国においては国内農業の衰退につながる．農産物のなかでも，穀物は昔から食料の中心であり，各国には穀物を生産する農民が多数存在する．このため，多くの農民が関係する穀物の貿易自由化は，各国において必ず大きな政治問題になる．日本の米を見れば，この事情は容易に理解されよう．

その日本でも，飼料用穀物は大量に輸入している．日本の飼料用穀物の輸入は1960年代から1970年代に急増しているが，当時，その輸入が大きな政治問題になったわけではない．日本では飼料用穀物はほとんど作られていなかったため，国内の生産者から反対の声はほとんど上がらなかった．むしろ，農家に副収入をもたらすものとして畜産振興が叫ばれていた時代であり，それを支える飼料用穀物の輸入は農民から歓迎されたといってよいだろう．

大豆についても事情は同じである．日本では大豆は豆腐や納豆，味噌などの原料として作られていたに過ぎず，1961年においても，その生産量は39.2万tに過ぎなかった．日本における大豆の輸入量は飼料用穀物と同様に1960年代から1970年代にかけて増加するが，この主な用途は大豆油を取ることと，搾りかすを飼料として用いることであった．1961年に116万tだった輸入量は1983年には499万tになっている．大豆の輸入量は国内生産量とは比べものにならないほど多い．大豆は搾油と飼料という新たな用途のために輸入されたが，このように，新たな用途のための輸入は，国内生産者との競合が起こらないため，反対の声が上がりにくい．

穀物貿易や畜産物貿易では米国と鋭く対立する西ヨーロッパでも，日本とほぼ同時期に大豆の輸入量が急増している．ちなみに，西ヨーロッパでは1961年の時点において大豆はまったく栽培されていなかった．大豆の輸入量は東南アジアや西アジアでも急増しているが，東南アジアや西アジアにおいても大豆はほとんど栽培されていない．これらの地域でも，日本と同様の理由で大豆は輸入しやすい農産物と考えられる．

米国やブラジルから安価な大豆が供給されれば，国内の畜産業が助かるから，その輸入は農業部門にとっても都合がよいことになる．このような事情を考えると，今後，穀物の貿易量は増えなくとも，大豆の貿易量は増加し続ける可能性が高い．

7.1.6 貿易率

穀物や大豆において，生産量と貿易量とはどのような関係にあるのであろう

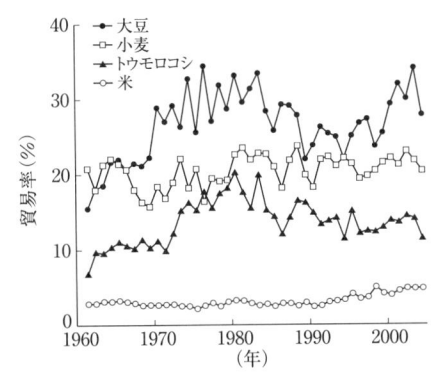

図 7.3 主要な穀物と大豆の貿易率（穀物輸出量が生産量に占める割合）

か．図 7.3 は穀物のなかから米，小麦，トウモロコシを選び，それに大豆を加えて，輸出量が生産量に占める割合を示したものである．ここでは，輸出量と生産量の割合を貿易率と呼ぶことにしよう．

貿易率が最も高いのは大豆であり，ここ 40 年ほどの間 30% 前後の水準で推移している．次に貿易率が高いのは小麦で 20% 前後の水準である．トウモロコシを見るとその貿易率は，1970 年代後半までは小麦と同程度であったが，その後低下し 2004 年の値は 12% と小麦の半分程度になっている．この理由は，アジアで大豆輸入量が増加したことにより，アジアのトウモロコシ輸入量が増えていないためである．

それらに比べると，米の貿易率は小さく，またその変動の幅も小さい．米の貿易率は小麦やトウモロコシ，大豆の傾向とは大きく異なる．

米を主に生産しているのはアジアであるが，アジアは長い歴史を有する地域である．日本を見れば容易にわかるように，主食である米は歴史のなかで重要な役割を果たしてきた．このため，食料の貿易量が飛躍的に増加した 20 世紀においても，わが国では米は自国で生産することが当たり前との考えが広く存在し，この考えは現在も続いているように思える．韓国の米に関する考え方も日本によく似ているようである．また，日本や韓国以外のアジアの国を見ても，米を輸入するのは，不作などの理由でどうしても足りないときだけ，と考えている国が多いように思える．

米を主食とする国で，米の多くを海外に依存する方針をとっているのは，シンガポール，ブルネイの 2 カ国に限られるが，両国は都市国家のような国である．マレーシアも米の一部を海外に依存しているように見えるが，マレーシアは先にも述べたようにその農業をオイルパームやゴムの生産に特化しているやや特殊な国であり，また，隣国のタイは伝統的な米輸出国である．

米の貿易量が少ないことは，米のほとんどが食用として生産されていることにも関連している可能性がある．2.2.3 で見たようにトウモロコシはその多くが飼料に使われ，また，小麦も近年飼料としての利用割合が増えている．食用とするものは自国で生産していたい，との感情があるのかもしれない．

ただ，米の貿易率が少ない理由を，主食として用いられていることや，アジアの特殊性だけに求める見方は，21 世紀を展望する上では危険である．19 世紀において穀物が家畜飼料となる割合は現在ほど高くなかったが，その 19 世紀においても大英帝国の穀物自給率が大変低かったことに象徴されるように，西洋では穀物は 19 世紀から活発に貿易されている．食用という理由だけで，貿易量が少ないとはいえない．穀物貿易には港や港までの道路の整備が必要だが，西洋ではインフラの整備が 19 世紀においても進んでいたために，穀物が活発に交易されていたと考えるべきであろう．

それに対して，現在でも米を生産しているアジア諸国の多くは開発途上国である．むろん，日本は先進国であるが，日本が先進国の仲間入りをしたのは 1960 年代以降のことであり（日本の OECD 加盟は 1964 年）先進国としての歴史は浅い．米の貿易量が少ない理由は，米が主に開発途上国において自給自足に近い経済のなかで作られ続けてきたことが大きいと考える．今後，港湾などのインフラの整備が進めば，米の貿易率も増加していくと考える方が自然であろう．自給自足的な農業から産業的な農業への移行は経済発展の当然の帰結でもある．図 7.3 に示される米の貿易量の低さは，米の特殊性ではなく，アジアの経済発展が遅れていたためと考えるほうがよさそうである．

貿易交渉が紛糾することにはなろうが，日本の現状と世界の趨勢を考えるとき，長い目で見れば，わが国でも米輸入量は増加していくだろう．米の貿易率だけが低い時代は続かないと考える．図 7.3 をよく見ると，1990 年代以降は米の貿易率は徐々にではあるが増加しており，その予兆を見てとることができる．

7.1.7 輸出価格

米，小麦，トウモロコシ，大豆の輸出価格を図7.4に示す．これを見るとすべての輸出価格が1973年から1974年にかけて大幅に上昇していることがわかる．この上昇は植物油（図4.7）と同様，石油危機とほぼ同じ時期に生じている．この時期の穀物価格の上昇は，旧ソ連における不作や米国における大豆の不作が契機になったといわれている．しかし，第2章で見たように，世界の穀物や大豆の生産量はほぼ一貫して増加しており，若干の年々変動があるものの，1970年代初頭に特に減少が著しかったわけではない．穀物価格は個々の需給により決定されていると考えるより，コンドラチェフの波のような，何か別の次元の要因により決定されていると考えた方がよさそうである．

この中で1t当たりの価格が最も高いものは米である．それに大豆が続き，小麦とトウモロコシの価格は，米の半分以下である．

世界経済は成長を続けており，世界平均の一人当たりの名目GDPは1974年において1,298ドルであったが，2004年には6,482ドルにまで増えている．一人当たりの名目GDPは30年間で約5倍に増加したが，穀物価格はこの間ほとんど上昇していないから，GDPの半分を所得と考えると，穀物価格は所得との比較において1/5に下落したことになる．むろん，所得には分布があり，

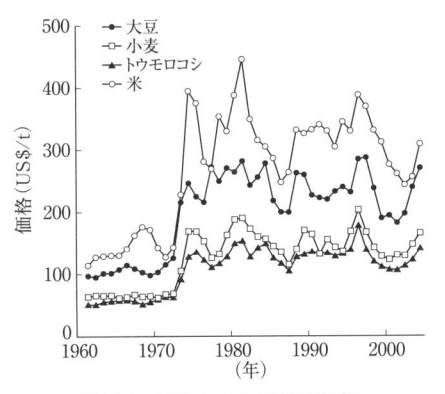

図7.4 穀物と大豆の輸出価格
輸出総額を輸出総量で除すことにより求めた．

富める国の GDP だけが上昇し，貧しい国は置き去りにされているとの議論もあるから，世界のすべての人々にとって穀物が入手しやすくなったとはいえない．しかし，マクロに見たとき，所得に対して穀物の価格が相対的に下落していることは事実であろう．

〈コラム：サウジアラビアの自給率〉

　サウジアラビアは砂漠の国として知られる．その過酷な環境のため，かつては人口が少なかった．2億1,500万 ha（日本5.9倍）もの国土を有しながら，1961年の人口は420万人に過ぎない．その一方で，サウジアラビアは石油大国でもあるが，その豊富な石油収入は砂漠の国を一変させている．経済もさることながら，人口が急増しているのである．1961年から2005年までの平均人口増加率は年4.4％にものぼり，世界のなかでも人口増加率が高い国の1つに挙げられている．2004年の人口は2,400万人であり，国連の中位推計では，2050年には4,950万人になるとされるから，1950年からの100年間で，人口が10倍以上に増えることになる．

　人口が増加すれば当然食料が必要になる．1961年に66.6万 t に過ぎなかった穀物消費量は2004年には953万 t にまで増加した．人口が5.7倍に増えた期間に，穀物消費量は14.3倍に増えたことになる．豊かになり，食生活が急速に変化したのだ．

　経済を石油に依存しなかった時代，サウジアラビアの食生活はずいぶん質素であったと思われる．1961年における一人当たり穀物消費量は159 kg，食肉消費量は9.3 kg であり，これは当時の多くの開発途上国と比べても少ない方である．それが石油大国になった2004年には，穀物消費量は398 kg，食肉消費量は50.2 kg になった．消費量の増加はどちらも1970年代中頃から1980年代初期にかけてが特に急激であったから，日本が石油ショックに苦しむなかで，サウジアラビアは食生活を改善していったといえる．ただ，食肉の消費量について見ると，1980年代中頃には頭打ちになり，その後は横ばいになっている．2004年の一人当たり食肉消費量は，米国の半分にもおよばない．その量は日本や韓国の消費量よりもやや多いが，サウジアラビアでは水産物の消費量が少ないから，動物性タンパク質の摂取量としては，日本や韓国とほぼ同じ水準になっている．動物性タンパク質摂取量は，砂漠の国の人も日本人と同様に，西洋の半分以下で十分のようだ．

　ここまで食料消費量の変遷について述べてきたが，それではサウジアラビア

では，食料をどのように調達しているのであろうか．砂漠の国であるからその多くを輸入している，と単純に考えてしまうと少々違っている．たしかに，穀物輸入量は1961年には30.5万tと少なかったが，1984年には765万tに増加している．しかし，食料の多くを海外に依存することに不安を感じるのはどこの国も同じようで，サウジアラビアでは食料自給を目標に掲げ，地下水汲み上げ農業により穀物の増産に努力した．その結果，1980年代に穀物生産量が急増し，1990年には穀物をほぼ自給するにまで至った．

しかし，サウジアラビアが穀物の自給をほぼ達成したのは1990年から1991年までの2年間でしかない．地下水を汲み上げることによって行った穀物の生産を持続できなかったためである．サウジアラビアの地下水資源量には限界があり，自給を達成するほどの地下水を汲み上げ続けることはできなかったのだ．その結果，穀物生産量は1994年にピーク（504万t）をむかえた後，急に減少した．その後は，多少の増減はあるものの生産量は250万t前後で推移している．ただ，データを見る限り250万t前後の穀物を生産し続けることは可能なようである．

一方，穀物の生産量が減少したことから，1990年代初頭にほぼゼロになった穀物輸入量は，2004年には673万tにまで増加した．ただ，今後，穀物輸入量が一方的に増加することはないと考える．それはサウジアラビアで，食肉の輸入量が増加しているからである．

食肉を直接輸入し始めると，飼料としての穀物がいらなくなる．一人当たり穀物消費量は300 kg前後で推移する可能性が高い．これに基づくと，2050年に人口が4,950万人になったとき，穀物消費量は1,490万tになる．ただ，国内で250万t程度が生産され続けるとすると，2050年に輸入しなければならない量は1,240万tとなる．日本の純輸入量が2,680万t（2004年）であることを考えると，サウジアラビアにおける人口爆発が世界の食料需給に大きな影響を与えるまでには至らないであろう．

7.2 食肉貿易

7.2.1 世界の貿易量

図7.5(a)には世界の食肉輸出量を，図7.5(b)には食肉輸入量を示す．世界を4つに分けたが，その区分は穀物の場合と同様である．世界における食肉

図7.5(a) 世界の食肉輸出量

図7.5(b) 世界の食肉輸入量

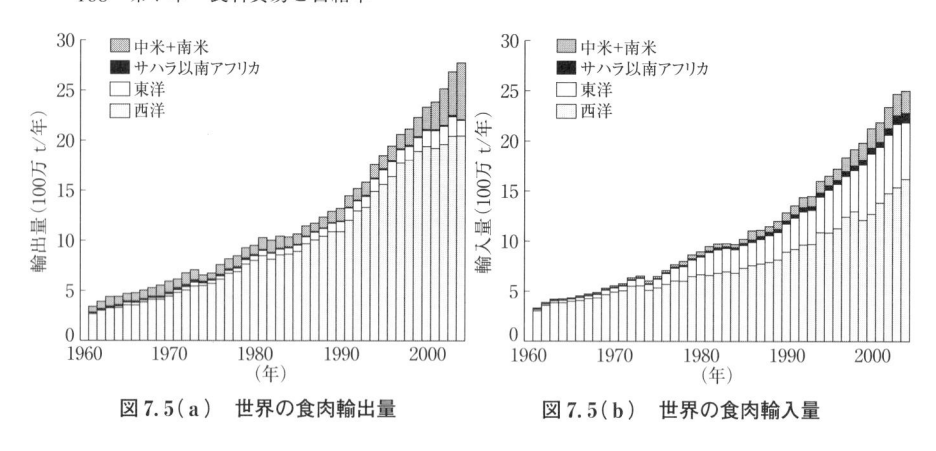

　貿易量は著しく増加している．その増加は指数関数的といってよく，2004年の貿易量は10年前に比べて56%も増加した．食肉の貿易量の増加には冷凍分野における技術革新が大きく貢献している．

　食肉は西洋からの輸出が多い．最近は中南米からの輸出も増えているが，未だその輸出量は西洋に比べてわずかである．西洋からの輸出の内訳を見ると，西ヨーロッパからのものが多い．2004年における西洋からの輸出量は2050万tであったが，このうちの40%に相当する828万tは西ヨーロッパからの輸出であった．ただ，近年は北米からの輸出も増加しており，2004年の輸出量は539万tであった．

　南米では食肉輸出国としてアルゼンチンが有名であるが，アルゼンチンの食肉輸出量は近年停滞している．2004年の輸出量は58.7万tで，これは世界の輸出量の2.1%に過ぎない．1961年には世界の輸出量の13%を占めていたから，当時，アルゼンチンは食肉の主要輸出国といえたが，現在は主要輸出国とはいえない．

　南米ではブラジルからの食肉輸出量が増えている．2004年における輸出量は435万tであり，世界の輸出量の16%を占めるまでに至っている．ブラジルからの輸出量の伸びには目覚ましいものがあり，1995年からの10年間の年平均増加率は26%にもなっている．驚異的な伸び率である．

　一方食肉の輸入地域を見ると，これまでは西洋がその大半を占めていたが，

近年は東洋の輸入量も増えている．2004年において輸入量が最も多い国はロシアであり，236万tを輸入している．これに日本の213万t，イギリスの201万t，米国の184万t，ドイツの176万tが続いており，1位から5位までを先進国が占めている．これは穀物の輸入においては最大の輸入国が日本であり，それに開発途上国である中国，メキシコが続いたこととは異なる．

しかしながら，その絶対量はいまだ少ないものの，開発途上国が多い東洋でも輸入量は着実に増加しており，2004年の輸入量は568万tと世界の輸入量の23%を占めるまでになっている．東洋の輸入量の37%に当たる213万tは日本が輸入しているが，近年は日本以外の輸入量も増えている．特に1980年代以降は韓国，シンガポール，マレーシアの輸入量の伸びが目立ち，2004年の輸入量は，韓国が41.6万t，シンガポールが20.6万t，マレーシアが17.5万tとなっている．経済力を強めたアジア諸国で食肉の輸入量が増える傾向にあるが，これは，今後，インドネシアなどにも波及しよう．

7.2.2 貿易率

穀物と同様に，食肉の貿易率（輸出量が生産量に占める割合）を検討してみよう（図7.6）．図では参考のために，牛乳についても貿易率を示したが，食肉，牛乳ともに貿易率が増加していることがわかる．食肉の貿易率は2004年には11%にまで増えている．これは，図7.3に示した大豆や小麦の貿易率に比べればいまだ低い水準にあるが，食肉と牛乳の貿易率はほぼ単調に増加して

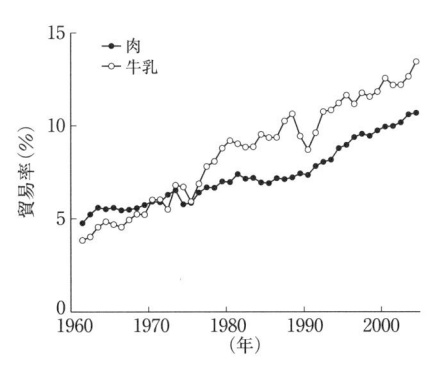

図7.6 食肉と牛乳の貿易率（輸出量が生産量に占める割合）

いる．この傾向は穀物とは明らかに異なる．穀物の貿易率がほぼ一定で推移しているのに対して，食肉の貿易率が単調に増加していることは，飼料を輸入して行う畜産から，食肉を直接貿易する形態への移行が進んでいることを示している．この貿易形態の移行はシンガポールにその典型を見ることができる．

シンガポールでは1980年代中頃まではトウモロコシを輸入して行う畜産が盛んであった．しかし，1990年代になるとトウモロコシの輸入量が減少し，代わりに食肉の輸入量が増えている．2004年におけるシンガポールの食肉自給率は32%にまで低下している．同様の傾向はサウジアラビアなどでも見られる．マクロに見ると，世界では飼料を輸入して行う畜産から，食肉を直接貿易する形式への移行しつつある．

7.2.3 輸出価格

図7.7には食肉と水産物の輸出価格を示す．参考のために食料として交易される水産物の価格も示した．穀物の価格（図7.4）は1970年代初頭に急上昇し，その後，変動はあるもののほぼ一定のレンジ内で推移していた．だが，食肉では価格が1970年代初頭に上昇したことは穀物と同様であるが，それ以降においても1980年代中頃から再び上昇する傾向にある．食肉の価格には穀物ほど年々変動がない．これは，穀物の作柄には天候の影響を受けて豊凶があるのに対し，現代の畜産は工業のように管理された状態で行われており豊凶がな

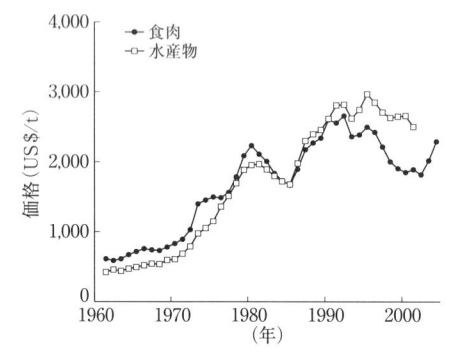

図7.7 食肉と水産物の輸出価格
輸出総額を輸出総量で除すことにより求めた．

いためと考えられる．また，食肉の価格と水産物の価格は，ほぼ同じ水準にあり，またその変動の傾向も似ている．日本では，食肉と水産物はどちらも主菜として考えられているため，食肉と水産物の価格が似たような傾向で動くことは考えられる．しかし，世界では食肉と水産物は別のものと考えられていることが多いように思う．食肉の価格に水産物の価格がつられて動いていくことは不思議に感じられる．穀物の価格を見た際にも述べたが，食料の交易価格はその需給により決まるのではなく，別のメカニズムによっているように思える．

2004年における食肉の価格は2,289［ドル/t］であり，これは同年のトウモロコシ価格141［ドル/t］の16倍であった．豚肉を生産することを考えると4kgのトウモロコシから1kgの食肉が生産できるから，トウモロコシを輸入して食肉を作ることは農民に所得をもたらすことになる．ただ，シンガポールの例が示すように，経済がより発展すると飼料を輸入して行う畜産が縮小し，食肉を直接輸入するようになる．シンガポールは畜産より付加価値の高い産業に労働力を移した方がよいと判断したのであろう．

7.3 自給率

食料貿易に関わる指標として食料自給率がある．近年，日本の食料自給率は熱量基準で，40%を下まわる水準になっており（2006年度は39%），政府はその向上を政策目標に掲げている．わが国の食料自給率に関する議論は農政との絡みで議論されるが，ここでは世界の自給率がどのようになっているか，マクロな視点から考えてみたい．食料自給率の中でも特に重要な穀物自給率について検討する．

7.3.1 世界の穀物自給率

日本で食料自給率が問題にされる際，イギリスとドイツが1970年代に穀物自給率を向上させたことがよく引き合いに出される．両国ともに1961年における自給率は低く，イギリスが52%，ドイツが73%であった．しかし，その後，両国は自給率の向上に努め，イギリスは1981年に，ドイツは1991年に完全自給を達成している．その後，2004年までを見ると，ドイツの自給率は常

に 100% を上まわっており，また，イギリスでも 2001 年と 2002 年に 100% を若干下まわったが，それ以外の年は 100% 以上になっている．

　しかし，同じヨーロッパでもイギリスとドイツ以外に目を向けると，その様子は少し違ったものになる．スペインは 1980 年代においては，イギリス，ドイツと同様に自給率向上に努めていた．その結果，1989 年に一度だけ完全自給を達成している．しかしそれ以降，スペインの自給率は低下し続けており 2004 年の自給率は 77% になっている．また，イタリアの自給率も 80% 前後で推移しており 2004 年の値は 77% である．スイスは永世中立を掲げて EU に加盟しておらず，また国防意識の高い国として知られるが，その自給率は決して高い水準ではない．スイスの自給率は 1980 年代までは 40% に達しなかった．その後，自給率の向上に努め 1990 年代中頃には 70% を上回る水準にまで回復させていたが，その後，再び低下傾向にあり，2004 年の自給率は 64% である．

　ヨーロッパ諸国は自給率の向上に努めていると喧伝されるが，それは必ずしもすべての国に当てはまるわけではない．オランダの穀物自給率は 1961 年においても 37% であったが，その後，さらに低下し 2004 年の値は 22% になっている．同年におけるわが国の穀物自給率は 31% であるから，オランダの自給率は日本を大きく下まわっていることになる．また，ポルトガルの自給率も 1961 年には 80% であったが，2004 年の値は 32% と日本と同程度にまで低下している．

　より広く世界の穀物自給率を見てみよう．本書で検討している 192 カ国のなかで穀物自給率が 100% を上まわっている国は 32 カ国に過ぎない．残りの 160 カ国は自給率が 100% を下まわっている．このうち 20 カ国は自給率が 0% である．穀物をすべて輸入している国はアイスランドやシンガポールに代表される島国，またバチカンなどの小国である．これらの国々の個々の人口は少ないが，それでも 20 カ国の合計は 677 万人にもなる．このなかでは，シンガポールの人口が 427 万人と最も多い．

　自給率が 50% 以下の国に住む人口の合計は，1961 年には 4,100 万人であった．それが，2004 年には 4 億 5,300 万人に増えている．11 倍に増加したことになるが，この間に世界の人口は 2 倍にしか増えていないから，自給率が低い国に住む人口は急激に増えたことになる．

また，穀物自給率には面白い傾向がある．イスラエルの6.7%, リビアの9.2%, キューバの33.1%, イラクの55.7%, ベネズエラの65.9%など，国際社会でなにかと騒ぎを起こす国の自給率が意外に低いことである（2004年の値）．わが国には自給率が低いと有事の際に心配との議論が存在するが，これらのなにかと騒ぎを起こす国に対してさえ，いままで穀物の禁輸措置が取られたことはない．穀物の禁輸は一般の人々の生活に影響が大きいため，人道上の理由から実施しにくいこともあるが，一部の国が禁輸を行っても他の国が争って輸出する可能性があり，効果が見込めないからでもある．北朝鮮で食料の供給が大きな問題になったのは，食料の禁輸が行われたことが原因ではなく，食料を買う外貨がなかったことによる．

7.3.2 自給率の変遷

次に，世界の穀物自給率がどのように変遷しているか見てみよう．小国は穀物のすべてを他国に依存するケースが多いから，小国を除いて自給率が1961年以降どのように変遷しているか調べてみよう．図7.8は，2004年の人口が2,000万人以上の国のなかで，2004年の自給率が低い順に10カ国を選び，その自給率の変遷を示したものである．

10カ国の内訳は，西アジアではイエメン，サウジアラビア，イラク，東アジアでは日本，韓国，東南アジアではマレーシア，南米ではペルー，コロンビ

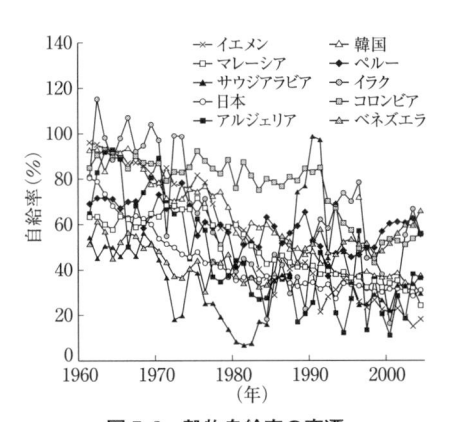

図7.8　穀物自給率の変遷
人口2,000万人以上の国のうち，自給率の低い10カ国を選んだ．

ア，ベネズエラ，北アフリカではアルジェリアとなっており，地域的にも広く世界に分布している．これら10カ国の人口の合計は2004年において4億400万人である．日本の人口が1億2,800万人と最も多いが，韓国4,780万人，コロンビア4,560万人など，人口が4,000万人を超える国も2カ国ある．

図7.8では10カ国を一度に示したため見にくくなっているが，それでもすべての国において，時間の経過とともに自給率が低下していることがわかる．このなかでサウジアラビアの自給率については変動幅が大きいが，その理由はすでにコラムで述べた．その他の国では，ほぼ一貫して自給率が低下し続けている．

この10カ国は，日本と韓国を除けば，人口が大きく増加した国でもある．2004年の人口を1961年に比べると，サウジアラビアで5.9倍，イエメン3.9倍，イラク3.8倍，ベネズエラ3.4倍，マレーシア3.0倍になっている．10カ国中5カ国で人口が3倍以上に増えている．この間に世界人口は2.1倍にしか増えていないから，穀物自給率が低下している国は人口増加率が高い国といえる．

また，これらの10カ国には1961年において，合計で8,500万人の農民がいたが，2004年には5,020万人にまで減少している．この間，世界の農業人口はほぼ横ばいで推移しているから，この10カ国は農業人口の減少が著しい国ともいえる．10カ国の合計を見たとき，その農業人口比率は1961年には44%であったが，2004年には12%にまで低下した．産業の非農業化が急速に起こった国で，穀物自給率が低下したともいえる．

人口が急増し，また産業の非農業化が進行する国で穀物自給率が低下している．日本や韓国で米の輸入が問題になるように，どの国も農業保護の立場から自給率の向上には，程度の差こそあれ努力したと思われるが，人口が急増し，また産業の非農業化が進むなかで，自給率を維持することができなかった．

このような現象が生じる背景には，世界の穀物価格が1980年以降ほぼ一定のレンジで推移しているため，自国の経済が順調に発展すれば，穀物は輸入した方が安いという現実がある．また，第2章で見たように先進国を中心に穀物単収が驚異的に増大したため，世界の穀物はいつでも余り気味であり，容易に輸入できる状況が続いている．ガット・ウルグアイ・ラウンドやWTOなど

の貿易交渉で農業が問題となるのは，農産物を売りたい国が多い一方，買いたい国が少ないからである．決して，その逆ではない．

穀物自給率の低下はなにも日本に限った問題ではない．広く世界に存在する現象といえる．

7.3.3 農地面積と自給率

農地面積は穀物自給率にどのような影響を与えているのであろうか．ここでは総栽培面積を農地面積と考え，農地面積と自給率の関係を検討する．図7.9は人口1,000万人以上の国を選び，農地面積1ha当たりの人口と穀物自給率の関係を示したものである．これは人口が1,000万人に満たない小国は，都市国家に近いような形態が多く，自給率が極端に低いケースが目立つためである．2004年において人口が1,000万人以上の国は78カ国存在する．

図7.9からわかるように，農地面積当たりの人口と穀物自給率の間にはよい相関関係が存在する．図7.9では代表的な国については国名を示したが，穀物の大量輸出国である米国，フランス，オーストラリア，アルゼンチンでは農地面積当たりの人口が少ない．これに対して，自給率が低い日本，韓国では農地面積当たりの人口が多い．イギリス，ドイツは食料自給率を100%以上にして

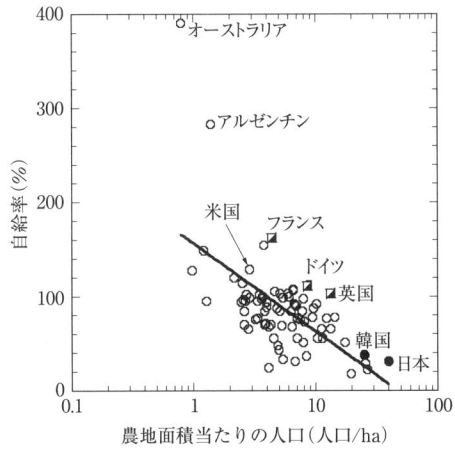

図7.9 農地1ha当たりの人口と穀物自給率の関係
人口1,000万人以上の国を選んで示した．

いるが，その農地面積 1 ha 当たりの人口は，ドイツで 8.6 人，イギリスでも 13.4 人である．これに対して日本は 40.1 人，韓国は 25.2 人となっている．

図中には 78 カ国のデータに対する回帰線を示すが，この回帰線より上にある国は農地面積の制約の割には多くの穀物を生産している国である．ここで国名を挙げた国はすべて回帰線より上にあり，先進国は回帰線より上に位置する傾向が強いといえるが，これは，一般に先進国では穀物単収が高いためである．

図 7.9 から日本や韓国の自給が低いのは，農地面積当たりの人口が多いためであることが理解できよう．イギリス，ドイツが自給率を向上させたと喧伝されるが，日本，韓国とイギリス，ドイツとでは 1 ha 当たりの人口が大きく異なっている．イギリスやドイツは少し努力すれば穀物自給率を 100% にすることができた．これに対して，日本や韓国が自給率を 100% にするためには，農地のさらなる拡張など大変な努力が必要になろう．

日本の食料自給率が低いのは農地の制約による部分が大きい．自給率を 100% にするには，農地面積当たりの人口を最低でもイギリス付近にまで移動させる必要があると考えられる．そのためには人口を 1/3 にするか，農地面積を 3 倍にする必要がある．日本が穀物を完全自給することは，極めて難しい．

〈コラム：大英帝国の自給率〉

　穀物は古くから取引が行われてきた商品である．経済学の教科書には「穀物条例」なる言葉とともに，関税や保護主義についての解説がある．イギリスは古くから穀物を輸入している．

　ミッチェルが編集した統計（Mitchell, 1988）では，イギリス[3]における穀物生産量は 1885 年まで遡ることができるが，1885 年の生産量は小麦 215 万 t，大麦 190 万 t，えん麦 193 万 t であり，穀物の総生産量は 598 万 t であった．これに対し，同年のイギリスの輸入量は小麦・小麦粉が 392 万 t，大麦が 78.1 万 t，えん麦が 66.3 万 t，トウモロコシが 160 万 t となっているから，総穀物輸入量は 696 万 t にものぼり，1885 年の大英帝国の穀物自給率は 46% となる．

---

[3]　イギリスの統計は北アイルランドを含むもの，ブリテン島のみのもの，イングランドのみのものが入り混じっている．ここに挙げた数字もイギリスとして統一されているわけではない．概数として理解されたい．重量単位はすべて t に換算した．

当時，大英帝国は国力の絶頂期にあったが，絶頂期の穀物自給率は大変低かった．

　1875年の世界人口は13億2,500万人，1900年の人口は16億2,500万人と推定されている（Cohen, 1995）．1885年における人口を14億人と仮定して，一人当たりの穀物生産量を現在の開発途上国並みの200 kgとすると，世界の穀物生産量は2億8,000万tと推定できる．この数字を用いると，大英帝国は世界の生産量の2.5%を輸入していたことになる．

　現在，日本は穀物の輸入大国といわれるが，その輸入量は2,720万t（2004年）である．同年の世界の穀物生産量は22億7,000万tであるから，日本は世界の生産量の1.2%を輸入していることになる．現在に比べて，輸送手段が比べものにならないほど未発達だった1885年において，大英帝国がいかに多くの穀物を輸入していたか理解できよう．

　西洋では，穀物貿易は19世紀から盛んであった．ここに示した1885年は明治18年であるが，日本が黒船に驚いてからさほど時間が経っていない頃である．その時分，他のアジア諸国は日本以上に輸送手段の発達が遅れていたと考えられる．アジアの穀物貿易は，西欧に比べて開始されてからの時間が浅い．米はアジアの穀物であるが，図7.3に示された米の貿易率の低さは，このような視点からも考えていく必要があろう．

7.4　食料貿易と経済

　農産物の貿易は経済にどのような影響を与えているのであろうか．マクロな視点から検討してみよう．

7.4.1　食料輸入額と輸入総額

　日本は食料輸入量が多い国の1つであるが，ここでは，食料の輸入が経済全体のなかでどのような位置を占めているかを，日本を例として考えてみたい．

　図7.10は日本における食料輸入額が日本の輸入総額に占める割合を示したものである．食料輸入額はFAOデータに，輸入総額は世界銀行データによった．日本では，1965年において食料輸入額は輸入総額の34%を占めていた．しかし，その後，この割合は徐々に低下し2003年には8%になった．この間，穀物輸入量は1,050万tから2,770万tへ，また，食肉輸入量は9.1万tから231万tへと大幅に増え，食料輸入額も28.0億ドルから370億ドルへと13倍

178　第7章　食料貿易と自給率

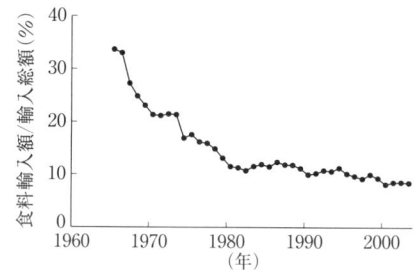

図 7.10　日本の食料輸入額が輸入総額に占める割合
世界銀行（2006 年）と FAO（2005 年）より作成．

に増えているが，輸入総額が 83 億 1,000 万ドルから 4,390 億ドルへと 53 倍にも増大したため，食料輸入額が輸入総額に占める割合は低下している．ただ，その低下は 1980 年頃までに生じており，割合が 10% 程度になってからはあまり低下していない．

次に食料輸入額の内訳について見てみよう．食料輸入総額に占める穀物，食肉，水産物の輸入額の割合を図 7.11 に示す．これを見ると，穀物の輸入に要する金額が輸入総額に占める割合が徐々に低下し，代わって食肉，特に水産物が占める割合が増加していることがわかる．1961 年には 0.7% だった食肉の輸入額が食料輸入額に占める割合は，2004 年には 22% に増加している．また，水産物も 1961 年には 0.7% であったが，2001 年には 39% にまで増加している．

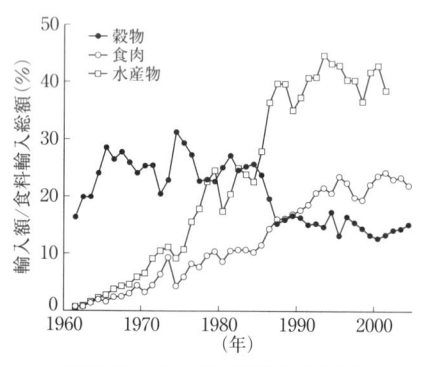

図 7.11　日本の食料輸入額内訳

水産物の割合は1993年に45%とピークを記録している．日本では1993年はバブル経済の余韻さめやらぬ頃であるが，その時分，食料輸入代金の約半分を水産物の輸入に費やしていることになる．水産物のなかで金額が大きいものにエビ，マグロ，ウナギなどとあるが，バブル期にはこれらを盛んに輸入していた．

2004年に日本が穀物の輸入のために支払った金額は62億7,000万ドルである．これは同年の輸入総額である4,390億ドルの1.4%に過ぎない．食料のなかで比べても，穀物の輸入に必要な金額は，水産物の輸入に必要な金額の半分以下である．

金額ベースで見るとき，日本人は生きるために食料を輸入しているというよりは，食を楽しむために食料を輸入しているといった方がよいだろう．

7.4.2　食料輸出と経済発展

次に，食料輸出が経済にどのような影響を与えるか，食料輸出大国である米国とタイについて検討してみよう．米国とタイにおいて，輸出総額に占める食料輸出額の割合を図7.12に示す．タイにおいて食料輸出額が輸出総額に占める割合は，1965年においては69%にも達しており，当時のタイにとって食料輸出は重要な産業であった．しかしながら，時間の経過とともにその割合は低下し，2004年における割合は11%になっている．食料輸出はタイの有力産業

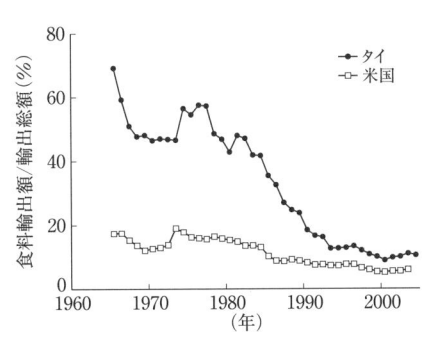

図7.12　米国・タイの食料輸出額が輸出総額に占める割合
世界銀行（2006年）とFAO（2005年）より作成．

ではなくなっている．特に1980年代に入ってから，食料輸出額が輸出総額に占める割合が急速に低下している．タイにおいて1980年代は急速に工業化が進んだ時代であるが，それに歩調を合わせるように食料の輸出額が輸出総額に占める割合が低下している．この傾向は今後も継続することになろう．

ここまで見てきたタイは開発途上国であるが，では，先進国における食料輸出は経済全体のなかでどのような位置を占めているのであろうか．これを米国のケースで見てみよう．米国は「世界のパン籠」と呼ばれるほど多くの穀物を輸出しており，最近では食肉の輸出量も増えている．そのことから，米国では食料輸出額が輸出総額に占める割合は大きいと思いがちであるが，実際には極めて低い水準にある．2003年の割合は6%に過ぎず，1965年に遡っても17%に過ぎない．圧倒的な穀物輸出力を誇る米国でも，食料輸出は輸出全体の中で重要な位置を占めていない．

経済が発展するとGDPに占める農業生産の割合が低下することは前章で説明したが，同様の傾向は食料貿易にも存在する．なお，タイ，米国ともに1970年代初頭に若干その割合が増加しているが，これは石油危機に際し穀物などの価格が急騰したことを反映している．

最後に，タイにおける食料輸出の内訳を見てみよう．図7.13には穀物，食肉，水産物，果実の輸出額が食料輸出総額に占める割合を示す．これを見ると，日本の輸入と同様に，タイの輸出でも穀物の割合が低下し，水産物，食肉の割合が増加している．タイは米の輸出国として有名であるが，2004年において，

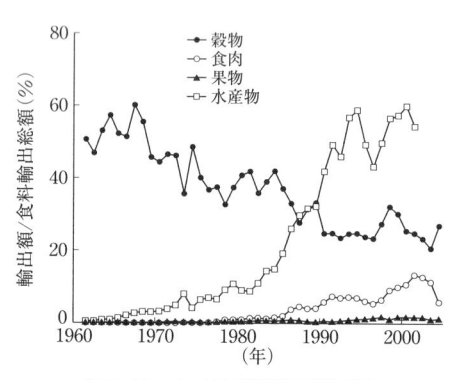

図7.13 タイの食料輸出額内訳

穀物（主に米）輸出額が食料輸出額に占める割合は27%に過ぎなくなっている．一方，水産物輸出額が食料輸出総額に占める割合は年々上昇しており，2001年には54%にもなっている．養殖エビの輸出がこれに大きく貢献している．

タイの食肉輸出額はこれまでのところ大きくは増加していない．また，2004年に食肉の割合が急落しているのは，鳥インフルエンザの影響により鶏肉貿易が縮小したためである．一方，タイは熱帯果実の輸出国とのイメージもあるが，現時点(2008年現在)では，果実の輸出は食料輸出のなかで大きな役割を果すまでには至っていない．輸入における日本，また輸出におけるタイを考えても，金額の面から見る限り，水産物，特にエビの影響が大きくなっている．

第 III 部
2050 年の展望

　第III部では，これまでに得られた知見に基づき，2050年を展望していく．これに先立ち，第8章では不足や枯渇が懸念されることの多い資源として，リンと水資源の現状を概観する．その後，第9章では食料に関連したことがらが話題となっている地域について検討を加え，最後に第10章において，世界全体の食料生産について検討したい．

8 資源と農業生産
資源は不足していない

リンは窒素とともに重要な肥料であるが，その原料になるリン資源の枯渇が以前から危惧されてきた（安藤・小田，1991）．また，水は農業生産と切っても切れない関係にあるが，その水については，「人類は20世紀に石油で戦争したが，21世紀には水で戦争する」などともいわれている（World Bank, 1995）．21世紀の食料生産は水不足により大きな影響を受けるのであろうか．本章ではこれからの農業のカギを握るリンと水資源の現状を検討したい．

8.1 リン資源

植物の成長には窒素，リン，カリウム，鉄などの多くの無機物が必要であるが，それらは通常土壌に含まれている．自然生態系のように，ある土地に植物が生育しその地で枯れることを繰り返していれば，これにともない無機物質も循環する．しかし，農業を行うと収穫にともない農地から無機物が持ち出されることになり，収穫を繰り返すと植物の生育に必要な無機物が農地に欠乏する．これを補うのが肥料である．無機物の中で窒素とリンが最も欠乏しやすい．窒素とリンが特に重要な肥料とされる所以である．

このなかで，窒素肥料は第5章で述べたとおりハーバー・ボッシュ法が開発されたことで，エネルギーさえあれば，いくらでも作ることができるようになった．これに対して，リン肥料はリン鉱石から作られており，地下資源である以上，掘り尽くしてしまえばなくなってしまう．石油と同じように枯渇が危惧される資源である．

リン鉱石はフッ素アパタイト（$Ca_5(PO_4)_3F$）などからなるが，リン鉱石は5酸化二リン（P_2O_5）を35%程度含んでいる．現在，リン鉱石は米国，ロシ

ア，モロッコ，中国などで採掘されている．その資源量は，1t当たり40ドル以下で採掘可能な鉱石が140億t，100ドル以下で340億t，これ以外にも400億t程度は存在するとされている．1985年において1.5億tのリン鉱石が採掘されていた．1980年代には，この採掘量は指数関数的に増加するとされていたため，ある試算では経済埋蔵量は2035年に，埋蔵基礎量も2066年にはなくなると予測されていた．当時，枯渇対策の1つとして，下水からのリンの回収が提案されていた（安藤・小田，1991）．

この指摘から17年ほどが経過したが，現在，この問題をどのように考えればよいのであろうか．ここでは，その後のリン肥料の消費量などから，リン資源の将来について展望した．

8.1.1 リン肥料使用量

図8.1に世界のリン肥料消費量を示す．これは5酸化二リン（P_2O_5）としての重量であり，図8.1でも，窒素肥料の場合と同様に，東ヨーロッパをヨーロッパに加えず，旧ソ連と一緒にしている．これは，ソ連崩壊にともなう両地域の減少傾向がよく似ているためである．

世界のリン肥料消費量の変遷は窒素肥料のそれに似ている．旧ソ連と東ヨーロッパの消費量は1980年代後半から1990年代中盤にかけて大きく減少している．また，ヨーロッパの消費量も1980年代からは減少傾向にある．一方，ア

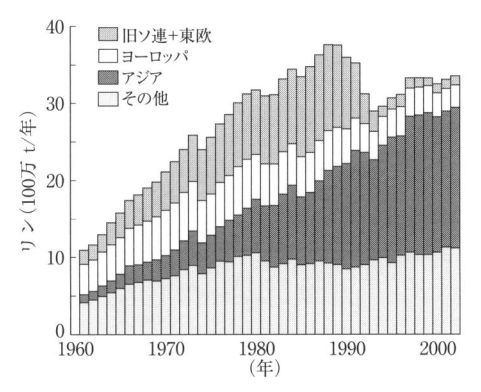

図8.1 リン肥料（P_2O_5）消費量

ジアの消費量は増加しているが，1990年代後半からはその増加が鈍化している．その他の地域でも1980年代以降は増加が鈍化している．このように多くの地域で消費量の増加が鈍化していることから，ソ連崩壊の影響を除いても，世界の消費量は1990年代中頃から横ばい状態になっている．消費量の増大によって，資源の枯渇が危惧された時代とは状況が変わってきている．

2002年において，リン肥料を最も消費していた国は中国でその消費量は992万tにのぼり，これにインドの400万t，米国の387万tが続いている．このなかで米国は1976年には511万tを消費していたが，それ以後は減少し，1980年代中盤からは400万t付近で横ばいになっている．また，中国，インドでも21世紀に入り消費量は頭打ちの傾向を見せている．

8.1.2 減少する投入量

図8.2には西ヨーロッパ，東アジア，南アジアにおける総栽培面積当たりのリン肥料投入量を示す．この値は窒素肥料の場合とは異なり，大豆など豆類にもリン肥料を投入するとして算出した．

西ヨーロッパでは1961年において，すでに89.2 [kg/ha] ものリン肥料を投入していた．その投入量は1973年には151 [kg/ha] になったが，その後，徐々に低下し2002には51.6 [kg/ha] になっている．

東アジアの消費量は1961年には4.6 [kg/ha] と極めて少なかったが，その

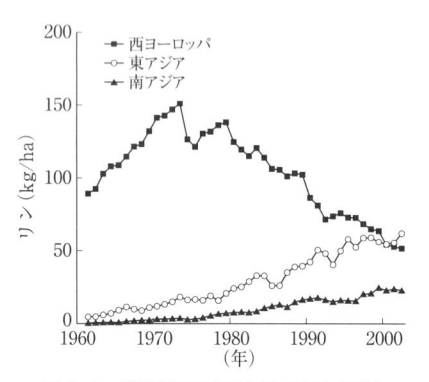

図8.2 総栽培面積当たりのリン肥料（P_2O_5）投入量

後増加し2002年の投入量は62.1 kgになり，この結果，2002年の東アジアの投入量が，西ヨーロッパを上まわることになった．また，南アジアの投入量は東アジアよりはゆっくりとしたペースであるが，確実に増加している．2002年の投入量は22.8 [kg/ha] である．

リン肥料は水に溶けるとリン酸イオン（PO_4^{3-}）となるが，リン酸イオンは土壌に吸着されやすく，蓄積される性質がある．西ヨーロッパでは早くからリン肥料が使用されてきた．また，西ヨーロッパは畜産が盛んな地域でもあり，農地で生産された穀物の多くが家畜飼料にされている．家畜は飼料を食べることにより飼料に含まれるリンを摂取する．このリンは家畜の食肉や骨の成分になるが，その多くは糞尿に含まれて放出されるので，家畜の糞尿を農地に還元すれば，リンは農地に戻ることになる．このリン循環のループから外れるのは家畜の肉や骨の成分となるものであるが，その量はわずかである．

西ヨーロッパではリン肥料が投入され続けるとともに，家畜の糞尿も農地に還元されていたから，土壌中のリン濃度は徐々に上昇することになり，このことにより新たにリン肥料を加える必然性は薄らいでいる．これが西ヨーロッパでリン肥料投入量が減少している理由と考えられる．

窒素とリンの土壌中での挙動の違いは，消費している肥料の比からもわかる．図8.3には窒素肥料の消費量（N重量）を，リン肥料の消費量（P_2O_5の重量とした）で除した値（N/P比）を示す．世界全体でのN/P比は1961年には2.4であったが，2002年には5.8にまで増加している．これは使用量の伸びにおいて，窒素肥料がリン肥料を上まわったことを示している．

図8.3中には西ヨーロッパ，北米，南米，オセアニアの値も示すが，2002年における西ヨーロッパのN/P比は8.9，北米も6.3になっている．これに対し，オセアニアの値は2.0，南米も2.1である．1961年においては西ヨーロッパの値も2.1と低かったが，2002年においては8.9に上昇している．これは西ヨーロッパや北米では窒素肥料に比べて，リン肥料の投入量が減少していることを示している．これに対し，オセアニアや南米など農業の歴史が浅い地域では投入肥料のN/P比はいまだに低く，窒素肥料とともにリン肥料も大量に投入されている．

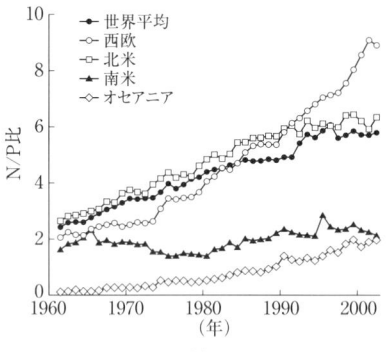

図 8.3 肥料の N/P 比

8.1.3 旧ソ連と東ヨーロッパの経験

　先進国では，長い間リン肥料が投入し続けられたため，土壌中のリン濃度が高まっている．土壌中にリン肥料の蓄積がなかった時代に作成された施肥基準は，蓄積が続いた時代には合わなくなっている（西尾，2005）．しかし，どこの国でも収穫が減少するリスクを冒してまで，肥料を大幅に削減する動機は乏しい．

　5.1.2 でも見たように，旧ソ連と東ヨーロッパでは経済の崩壊にともない，窒素肥料，リン肥料双方の使用量が激減している．これは肥料を大幅に削減したら農業生産がどのように変化するかについて，壮大な実験を行ったとみなすこともできる．そこからは，21 世紀における肥料と農業生産の関係を考える上で貴重なデータが得られる．

　図 8.4(a) には，ソ連と東ヨーロッパにおけるリン肥料（P_2O_5）の単位面積当たり投入量を示した．リン肥料投入量は 1980 年代後半に急減している．最も投入量が少なかった 1994 年の値は 1988 年の値と比べて，東ヨーロッパで 23.2%，旧ソ連では実に 9.7% までになっている．

　このように投入量は激減したが，図 8.4(b) からわかるように穀物単収はさほど低下していない．東ヨーロッパでは投入量が減少しても穀物単収は 1991 年までは上昇し続けており，低下が見られるのは 1992 年になってからである．1992 年の単収は 1988 年の 78% にまで低下したが，翌年からは再び上昇を始

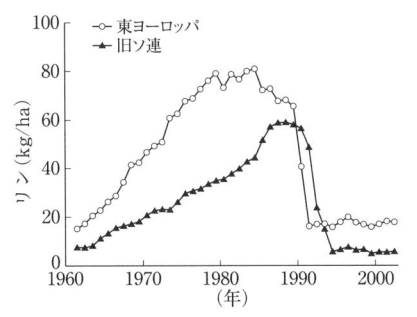

図 8.4(a)　単位面積当たりリン肥料（P_2O_5）投入量

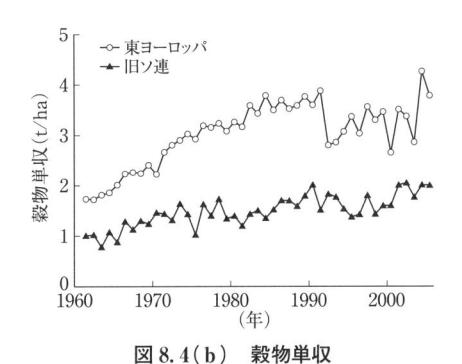

図 8.4(b)　穀物単収

め，2004年の単収は1998年を上まわっている．旧ソ連の場合には東ヨーロッパほど明確な低下は見られず，ほとんど影響がなかったといってもよい．

これは一体なぜなのだろうか．その理由は，旧ソ連や東ヨーロッパでは長年にわたり，リン肥料が大量に投入され続けてきた結果，土壌中のリン濃度が高まっていたからのようだ．筆者は2-3年は単収が落ちなくとも不思議ではないと考えたが，図8.4(a)，図8.4(b)を見ると10年以上が経過しても単収は低下していない．むしろ，両地域ともに2004年の単収は1988年よりも多い．筆者はこのことを不思議に思い，次のような試算を行った．

旧ソ連と東ヨーロッパでは小麦の栽培面積が多い．ここでは，小麦栽培を想定してリンの収支を検討してみよう．小麦の地上部（根を除いて収穫される部分）1 t が収穫されると，P_2O_5 が 9.5 kg 持ち出される（西尾，2005）．茎の部分などは畑地にすき込まれることもあるが，ここでは茎も持ち去られると仮定

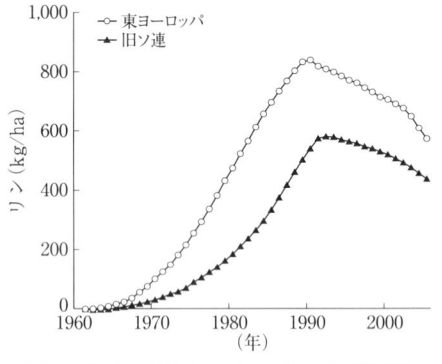

図 8.4(c) 土壌中のリン（P_2O_5）蓄積量

した．リン投入量は図 8.4(a)にしたがうとして，また，1961 年における土壌中のリン蓄積量はゼロと仮定した．この仮定に基づき，土壌中のリン蓄積量を求めると図 8.4(c)に示すような値となった．

リン肥料は 1990 年において，東ヨーロッパでは 839 [kg/ha]，旧ソ連でも 540 [kg/ha] が土壌に蓄積されていたことになる．むろん，降雨時などに流出が起きている可能性があるため計算通りに蓄積されていたかどうかはわからないが，それでも膨大な量のリンが土壌に蓄積されていたことは確かであろう．この蓄積はソ連崩壊後に取り崩されてはいるが，その速度は緩やかなものになっている．計算上では 2002 年時点で旧ソ連，東ヨーロッパともに蓄積量の 1/6 程度を取り崩したに過ぎない．まだ，しばらくはリン肥料を投入しないでも農業を続けることが可能と思われる．

8.1.4　21 世紀中は枯渇しない

これまでの検討を総合すると，21 世紀においてリン肥料の消費量は大きくは増加しないと推定される．エネルギー作物を除き食料の生産だけに限れば，単位面積当たりの投入量は図 8.2 で見たように 50 [kg/ha] 程度で推移する可能性が高い．こう考えると，世界の総栽培面積は 12.6 億 ha（2004 年）だから，リン肥料の消費量は最大でも 1 年間に 6,300 万 t 程度と思われる．これは，現在の約 2 倍である．

しかし，旧ソ連，東ヨーロッパの経験を勘案すると，単位面積当たりのリン

肥料の投入量は50［kg/ha］より減少する可能性も高い．そのことを計算に入れると，サハラ以南アフリカで使用量が増えるとしても，世界全体の消費量は現在の1年間の消費量である約3,000万tから大きく増加しないこともあり得る．1980年代に指摘されたように，リン肥料の消費量が指数関数的に増加することはない．

リン資源量は有限であるから，いずれは枯渇するであろうが，リンは土壌に蓄積される性質があるため消費量が大きくは増加しない．リンは石油以上に枯渇しない資源といえる．現在，年間のリン鉱石採掘量は1.5億tであるが，これが続いたとしても1985年において1t当たり35ドルで採掘できるとされた資源量である140億tをすべて採掘するには90年以上の時間を要する．また，100ドル以下での資源量は340億tであるから，これを掘り尽くすには227年ほどかかることになる．

石油は新たな油田が発見されなければあと30年で枯渇するともいわれている．しかし，近年，海底などで次々に新たな石油資源が発見・採掘され，市場に供給されている．地下資源の探査・採掘技術は大きく進歩している．石油は枯渇が危惧されると探査に努力が払われ，その結果，確認埋蔵量が上方修正されてきた．リン資源についても，同様の構図が存在すると考えられる．食料の生産を考える場合，リン資源は石油以上に枯渇しにくい資源といってよいであろう．

ただ，膨大な量のエネルギー作物が生産され，その際に極めて大量のリン肥料が使われる可能性もあり，その場合には，話が違ってくる．エネルギー作物の生産は，リン資源の面からも検討する必要があろう．

8.2 水資源

農業と水とは切っても切れない関係にある．いうまでもなく，水がなければ農業はできない．農業は水を供給する方法の違いによって，天水農業と灌漑農業に分けられる．天水農業は降雨に頼るものであり，灌漑農業は灌漑水を利用するものである．

水田には灌漑が欠かせない．東南アジアには天水に頼る水田（天水田）も散

見されるが，天水田は生産が安定せず，また，肥培管理がしにくいことから，一般に単収も低い．しかしながら，現在でも世界の農地の約6割において天水を利用した農業が行われている．水田を見慣れている日本人にとって，天水を利用した農業は原始的なものとの印象があるが，単純にそうともいえない．小麦などはもともと灌漑設備がない農地で作ることが普通であったからだ．

8.2.1 余っている地域，足りない地域

20に分けた各地域の水資源量と，灌漑に関わる取水量，取水率（水資源量に対する取水量の割合）について表8.1にまとめた．現在，世界全体で人類が使用している水は2,900 [km^3/年] と推定され，これは全水資源量の7%に相

表8.1 水資源と灌漑

	水資源 (km^3)	取水量 (km^3)	取水率 (%)
東アジア	3,505	592	17
東南アジア	5,236	122	2
南アジア	3,763	567	15
西アジア	436	213	49
オセアニア	670	17	3
太平洋諸島	874	0	0
北ヨーロッパ	849	9	1
西ヨーロッパ	511	117	23
南ヨーロッパ	353	99	28
東ヨーロッパ	305	64	21
旧ソ連（ヨーロッパ）	4,449	109	2
旧ソ連（アジア）	281	161	57
北アフリカ	51	78	153
東アフリカ	293	24	8
西アフリカ	1,155	11	1
中央アフリカ	1,785	2	0
南アフリカ	797	36	5
北米	5,309	482	9
中米	1,057	96	9
南米	9,526	106	1
全世界	41,204	2,906	7

出典) World Resources (1998).

当する．世界全体を考えたとき，人類が使用している水は全水資源量の1割以下であり，水資源の絶対量が不足しているわけではない．ただ，取水率は，地域によって大きく異なっている．

北アフリカの取水率は153%にもなる．100%を超えているのは，そこに存在する水資源以上の水を利用しているためであるが，これはエジプトが東アフリカに水源を有するナイル川から大量に取水しているためである．また，旧ソ連（アジア）や西アジアでも取水率は大きな値になっている．

反対に，取水量が水資源量に対して10%に満たない地域として，太平洋諸島，中央アフリカ，西アフリカ，北ヨーロッパ，南米，東南アジア，旧ソ連（ヨーロッパ），オセアニア，南アフリカ，東アフリカ，中米，北米の12地域がある．これらの地域は水資源の絶対量が多いので，マクロに見れば，今後も水問題が深刻化する事態は生じないであろう．

10%を超える地域としては，南アジア，東アジア，東ヨーロッパ，西ヨーロッパ，南ヨーロッパがある．これらはいわゆる旧大陸にあり，昔から人口が多かった地域である．長い歴史を有しており，用水路を整え，水をうまく利用する工夫を重ねてきた地域ともいえる．このなかで，南アジア以外では人口が大きく増加しないため，よほどの気候変化が起きない限り21世紀においても水不足が深刻化することはないであろう．また，東アジアで最も人口増加が懸念されている中国でも2050年の人口は中位推計で2005年の1.05倍にしかならない．中国では，人口が集中する華北地方での水不足は懸念されるが，中国は南部に豊富な水資源があるから，国全体が深刻な事態に陥ることはないと考える．国内の産業配置を見直すなどで対応できるはずだ．一方，南アジアでは2050年の人口が2005年の1.5倍になることから，その水問題が全体として深刻さを増す可能性がある．

水の危機といっても，その深刻さは地域により大きく異なる．取水率から考えると，21世紀に水資源の確保が大きな問題になる地域は，北アフリカ，西アジア，旧ソ連（アジア），南アジアの4地域に限定されよう．このなかでも，西アジアは2050年の人口が2005年の1.9倍に増加するとされるから，最も水不足が深刻化する地域と考えられる．反対に，水不足が懸念される地域でも旧ソ連（アジア）の2050年の人口は2005年の1.2倍にしか増加しない．この期

間に世界人口は 1.4 倍に増えるとされるから，旧ソ連（アジア）の人口増加率は世界平均を下まわることになる．旧ソ連（アジア）の水問題は西アジアほどには深刻にならないかもしれない．

2050 年において水問題が深刻になる地域は，ユーラシア大陸南部から北アフリカにつながる地域と考えられる．この地域は，イスラム教徒が多く居住する地域でもある．砂漠が多いユーラシア大陸南部から北アフリカにおいて，20 世紀後半からイスラム人口の増加が続いているが（Huntington, 1996），それは水資源においても深刻な問題を惹起する可能性がある．2050 年の世界の水問題を世界に普遍的に存在する問題ととらえるのではなく，イスラムの人口増加に関連する問題ととらえる方が，現在生じている現象を的確に理解できるかもしれない．

8.2.2 灌漑と農業

取水した水のなかの農業用水の割合を表 8.2 に示すが，現在，世界では取水した水の 70% が農業に使われている．農業への取水率が 80% を超える地域は，南アジア，東アフリカ，西アジア，旧ソ連（アジア），南アフリカ，中米，北アフリカの 7 地域であるが，これらはいずれも開発途上地域である．反対に農業への取水割合が低い地域は，北ヨーロッパ，太平洋諸島，西ヨーロッパ，旧ソ連（ヨーロッパ），オセアニア，東ヨーロッパ，北米であるが，これは，太平洋諸島を除けば，先進的な地域である．農業への取水割合は，開発途上国が多い地域で高く，先進国が多い地域で低い．

灌漑により水が供給される面積を灌漑面積と呼ぶ．世界の灌漑面積の変遷を図 8.5 に示すが，この図ではアジアを 4 つの地域に分けて示し，アジア以外はその他としてまとめた．これは，灌漑面積の多くがアジアにあるためである．灌漑は米作と密接な関係にあるが，そのことは米を多く栽培している東アジア，東南アジア，南アジアの灌漑面積の合計が，世界の灌漑面積の約半分を占めていることからも理解されよう．

表 8.3 には総栽培面積に灌漑面積が占める割合（灌漑率）を示す．灌漑率が最も高いのは旧ソ連（アジア）であり，総栽培面積の 51% に灌漑が施されている．第 1 章で述べたように旧ソ連（アジア）はアラル海を含む地域であるが，

表 8.2 取水量に占める農業用水の割合

	農業用水の割合（%）
東アジア	79
東南アジア	75
南アジア	94
西アジア	89
オセアニア	34
太平洋諸島	14
北ヨーロッパ	12
西ヨーロッパ	16
南ヨーロッパ	59
東ヨーロッパ	35
旧ソ連（ヨーロッパ）	23
旧ソ連（アジア）	88
北アフリカ	86
東アフリカ	91
西アフリカ	75
中央アフリカ	61
南アフリカ	86
北米	39
中米	86
南米	70
全世界	70

出典）World Resources (1998).

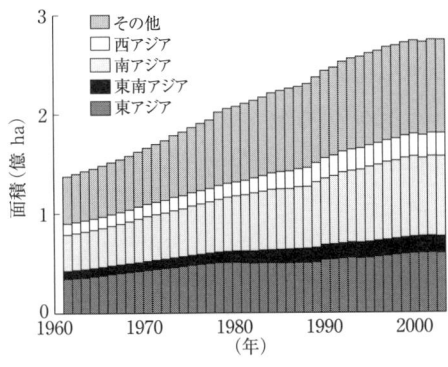

図 8.5 世界の灌漑面積

表 8.3 灌漑面積が総栽培面積に占める割合（灌漑率）

	灌漑率（%）
東アジア	35
東南アジア	17
南アジア	36
西アジア	47
オセアニア	12
太平洋諸島	0
北ヨーロッパ	16
西ヨーロッパ	13
南ヨーロッパ	32
東ヨーロッパ	14
旧ソ連（ヨーロッパ）	10
旧ソ連（アジア）	51
北アフリカ	30
東アフリカ	6
西アフリカ	1
中央アフリカ	1
南アフリカ	13
北米	18
中米	31
南米	10
世界平均	23

1.5.2でも述べたようにアラル海は過剰灌漑により，湖面の面積が半分以下になった湖として有名である．次いで灌漑率が高い地域は西アジアであり，これに南アジア，東アジアが続いているが，アジアは概して灌漑率が高いといえる．なお，日本の灌漑率は81%にもなっており，大量の水を必要とする水田が多いことを考えても，日本人がこれまでいかに灌漑面積の拡張に努力してきたかをうかがい知ることができる．

水田面積が多いにもかかわらず，東南アジアで灌漑率が17%と低いのは，雨量が多いため天水田でもなんとか水稲が栽培できるためである．ただ，天水田では作柄が天候に左右されるため，近年，東南アジアでも灌漑面積の拡張が行われている．

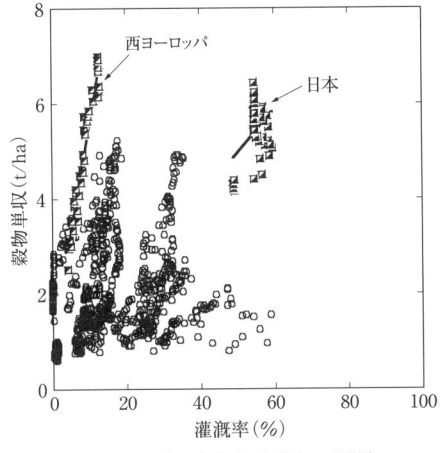

図8.6 灌漑率と穀物単収の関係

　これに対して灌漑率が低い地域は，太平洋諸島，中央アフリカ，西アフリカ，東アフリカであり，アフリカを中心にした開発途上地域で灌漑率が低い．また，南米，オセアニア，西ヨーロッパ，北米の灌漑率も10%台前半である．灌漑設備は先進国で整備が進み，開発途上国で整備が遅れていると思いがちであるが，実際には西洋に属する先進国の灌漑率は低い．全体として見ても，ヨーロッパ，旧ソ連（ヨーロッパ），オセアニア，北米，南米での灌漑率は，現在でも低い水準にとどまっている．これは，これらの地域で小麦の栽培が盛んなためである．小麦はその成長に多くの水を必要としない．

　世界の灌漑率の分布を見ていると，世界の食料生産に灌漑が大きな貢献をしているとの通説に疑問が生じる．世界の穀物の46%，10億3,000万t（2005年）は西洋に南米を加えた地域で生産されている．しかしながら，この地域の灌漑率は概して低い．灌漑が世界の食料生産に大きな貢献をしていることは事実であるが，それはアジアでの話であり，西洋先進国や南米など世界の穀物の半分近くを生産している地域では，灌漑は穀物の生産にさほど貢献していない．

　それでは，灌漑は穀物の生産にどれほどの貢献をしていると考えればよいのであろうか．そのために，灌漑率と穀物単収の関係を見てみた．灌漑率と穀物単収の関係を図8.6に示す．これは20の地域について，1961年から2003年までの値を示したものであるが，参考のために日本の値も示している．

198　第8章　資源と農業生産

　図8.6から，灌漑率が高い地域で穀物単収が高いとはいえないことがわかろう．個々の地域を見ると，灌漑率が上昇すると穀物単収が増加したようにも見えるが，これは時間の経過とともに窒素肥料の投入量が増えたためと考えられる．図8.6において，西ヨーロッパの傾向は他の地域と大きく違っている．西ヨーロッパは灌漑率は低いが，単収は特に高い地域である．これは，西ヨーロッパは小麦を中心に栽培しているが，小麦の場合，単収を向上させるには窒素肥料を投入しさえすれば水はさほど必要としないためである．

　図5.3(a)に見られた窒素肥料投入量と穀物単収のような強い相関は，灌漑率と穀物単収の間には見られない．小麦やトウモロコシを作っている地域では，穀物の単収が灌漑により向上したとはいいにくい．水稲だけでなく小麦やトウモロコシを見たとき，穀物生産を大幅に増加させた立役者は，窒素肥料である．

8.2.3　バーチャルウォーター

　バーチャルウォーター（仮想の水，目に見えない水）について考えてみよう．バーチャルウォーターとは穀物などの農産物を生産するために使われた水のことを指す．たとえば，食用とする米つぶにはさほど多くの水は含まれていないが，この米ができるまでには多くの水が使われている．しかし，この水を米のなかに見ることができないから，バーチャルウォオーターと呼ばれることになる．農産物を輸入することは，バーチャルウォーターを輸入しているとみなすこともできる（Oki & Kanae, 2004）．バーチャルウォーターは米以外にも食肉などについて同様の議論が可能であるが，ここでは穀物に限定してバーチャルウォーターを考えてみよう．

　灌漑水のすべてが穀物生産に使われたと仮定して，穀物を生産するのに使われた水の量を計算してみよう．なお，雨は農地にも農地以外にも同様に降るためこの計算において天水は除外した．アメリカの5大湖の南側には大穀倉地帯が広がるが，その地域の灌漑率は高くない．ここでは主にトウモロコシが作られているが，その成長に使われる水は，もしそこにトウモロコシが植えられていないのであれば，吸収されることなく流れ去っていく．人間が使用するしないにかかわらず雨は降る．太平洋の真ん中に降る雨は，貴重な水資源とはいえない．バーチャルウォーターは，灌漑によって供給された水のみを考えた方が，

表 8.4 穀物 1 t を生産するのに必要な灌漑水量（バーチャルウォーター）（単位は t）

	水量
東アジア	1,014
東南アジア	474
南アジア	1,520
西アジア	2,348
オセアニア	127
太平洋諸島	543
北ヨーロッパ	51
西ヨーロッパ	119
南ヨーロッパ	1,383
東ヨーロッパ	239
旧ソ連（ヨーロッパ）	196
旧ソ連（アジア）	2,855
北アフリカ	1,811
東アフリカ	858
西アフリカ	209
中央アフリカ	227
南アフリカ	1,197
北米	454
中米	2,033
南米	529
世界平均	835

出典）FAO (2005) と World Resources (1998) より作成.

世界の状況を的確に把握できる．

　結果を表 8.4 に示すが，これを見ると穀物を生産するのに最も多くの灌漑水を使っているのは，旧ソ連（アジア）であり，それに西アジア，中米，北アフリカ，南アジアが続く．熱帯や乾燥した地域において穀物を作るためには，他の地域より多くの灌漑水が用いられていることがわかろう．これは，当然のことであるが，乾燥している地域や熱帯では蒸発散量が多いため，農地に多量の水を供給する必要があるためである．

　これに対して，穀物を生産するのに必要な灌漑水が少なくて済む地域は，北

ヨーロッパ，西ヨーロッパ，オセアニア，旧ソ連（ヨーロッパ），北米などである．これらの地域では主に小麦やトウモロコシが作られている．

　水資源の約7割が農業生産に使われているのであるから，水資源問題は農業生産と合わせて考えるべき問題である．世界全体を考えるなら，水が足りない地域で無理に食料を生産する必要はない．世界全体では水は余っているのであるから，水が余っている地域で食料を生産し，水が足りない地域が食料を輸入すれば，世界の水問題は解決していくだろう．これは理想論に聞こえるかも知れないが，現実の世界でも水の足りない地域が，水の余っている地域で作られた穀物を輸入している．

　オセアニア，西ヨーロッパ，北米は穀物の大量輸出地域であるが，これらの地域では1tの穀物を生産するために必要なバーチャルウォーターが少ない．反対に，穀物の生産にバーチャルウォーターを多く必要とする西アジアや北アフリカは，大量の穀物を輸入している．ヨーロッパでは西ヨーロッパが穀物を輸出し，南ヨーロッパが輸入していることを7.1.3で述べたが，この理由もバーチャルウォーターから説明できる．南ヨーロッパのバーチャルウォーターは西ヨーロッパのそれよりはるかに多い．なお，表8.3と同様の条件で，日本において穀物1tを生産するために用いている灌漑水を計算すると，2,823［t］になる．つまり，日本は穀物を作るために多くのバーチャルウォーターを使用しているのだ．

　灌漑を行わなくとも穀物を生産できる地域は生産費が安くなる．反対に，多くの灌漑水を行わなければならない地域では，灌漑に費用がかかるため，穀物の価格は高くなりやすい．1tの穀物を作るのに必要な灌漑水が少ない地域の穀物を，多くの灌漑水が必要な地域が輸入することは，灌漑水の節約という観点から見たときには合理的である．また，水不足の解消にもつながる．灌漑水の供給にはポンプの稼働が必要となる場合もあり，エネルギーが消費されるが，水が余っている地域で穀物を生産すれば，それを節約することもできる．雨期に降った水を貯めるにはダムの建設が必要になるが，ダムは自然環境を破壊するものとして，その建設は世界の多くの地域で議論の対象になっている．このような現状を見るとき，穀物を生産するのにバーチャルウォーターを少ししか必要としない地域が食料を輸出し，バーチャルウォーターを多く必要とする地

域が穀物を輸入することは合理的な選択といえよう．地球の資源を有効に使うことを考える上で，バーチャルウォーターを用いた議論は有効である．

9 | 国，地域別の分析
穀物の大量輸入国にならない中国/食料供給基地となるブラジル

本章では，今後の世界の食料を考える上で興味深い地域・国について，テーマを絞って個別に検討を加える．

9.1 西洋の2050年

西洋には11億6,000万人（2005年）が住んでいるが，その西洋は1億4,300万t（2004年）もの穀物を西洋以外に輸出しており，世界の食料供給に大きな役割を果たしている．このような状況は21世紀においても続くのであろうか．ここでは，米国，ヨーロッパ，オーストラリア，旧ソ連について，それぞれに固有のトピックとの関連で，その食料生産を検討してみよう．

9.1.1 米国のバイオエタノール生産

現在，米国は世界最大の穀物輸出国であり，2005年において9,330万tもの穀物を輸出している．日本も穀物の大半を米国から輸入している．その米国が，今後10年でエタノールなどの再生可能原料を350億ガロンにまで増やし，ガソリンの消費量を2割削減する計画を打ち出している．このことは米国の穀物生産と輸出にどのような影響を与えるのであろうか．マクロな視点からこのことを検討してみよう．

米国におけるバイオマスエネルギーは，トウモロコシからのエタノール生産が中心であるが，これは本来，余剰穀物対策として行われてきたものである．ここでは，350億ガロンのエタノールをトウモロコシから作ることを考えてみよう．5.5.2で試算したように350億ガロンのエタノールを生産するには3億8,900万tのトウモロコシが必要となる．もし，米国が本当に350億ガロンも

のエタノールを生産するとしたら，10年間の間に，現在のトウモロコシ生産量を2倍以上にしなければならない．ちなみに，日本が輸入しているトウモロコシの量が1,650万tであるから，3億8,900万tがいかに大きい量か理解されよう．この計画は実現可能なのであろうか．このことについて，米国の土地利用との関わりで考えてみたい．

まず，米国における作物別の栽培面積の変遷を見てみよう（図9.1(a)）．米国の総栽培面積は1億500万ha（2003年）であるが，このなかの5,800万haに穀物が，また，2,900万haに大豆が栽培されている．栽培面積としてはトウモロコシ，小麦，大豆が多い．日本では米貿易問題に絡んで米国の米生産に関心が高いが，図9.1(a)中に米栽培面積（グラフ最上部）を示すと，それはひも状に細く見えるに過ぎない．2003年の栽培面積は121万haに過ぎない．現在は，単収の向上により米国の米生産量は日本に匹敵するほどになっているが，栽培面積は120万ha程度であり，また単収もすでに高い水準に達していることから，今後，それが大きく増加することはないであろう．

図9.1(a)を見ると休耕地面積は徐々に減少しているようにも見えるが，それでも計算上は2003年において7,100万haも存在することになる．米国でのエタノール増産は，この休耕地の利用を計画しているようである．2005年における米国のトウモロコシ単収は9.3 [t/ha] にものぼるから，もし，7,100万haのすべてにトウモロコシを栽培すれば，計算上は6億6,000万tものトウモ

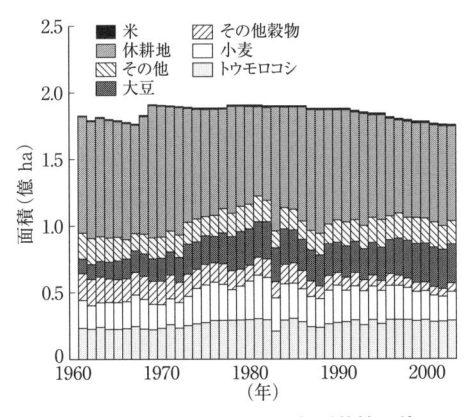

図9.1(a)　アメリカの作物別栽培面積

ロコシを収穫することができる．エタノールを350億ガロン生産するとしたことは，米国の余剰生産力の約6割の利用を計画したものと推定できる．

再生可能エネルギーを350億ガロンの生産する計画は，2007年1月の一般教書演説で公表されたが，その直前には600億ガロンとする計画も検討されていた．米国の休耕地をすべて使用すれば，計算上は600億ガロン生産することも可能であるが，水の制約や窒素による環境汚染の広がりなどを考慮して，目標を最大生産量の6割としたと思われる．

休耕地を利用して生産するのであれば，机上の計算では食料に影響を与えることなく，バイオマスエネルギーを生産することが可能である．ただ，このような計画が公表されると，穀物市場への投機資金の流入を誘発し穀物価格が急騰する可能性がある．昨今の穀物価格には，この影響が見られる．

ここで，米国の穀物輸出が世界のなかで果たしている役割について少し触れておきたい．図9.1(b)には世界の穀物輸出量の変遷を示す．20世紀において米国は世界に多くの穀物を輸出してきたが，その輸出量は1980年代以降，あまり増加していない．一方，米国以外からの輸出が増加している．図9.1(b)では，米国以外はヨーロッパとオーストラリアを個別に示しそれ以外は一括したが，ヨーロッパ，オーストラリア，その他の地域のすべてにおいて輸出量が増えている．穀物輸出は多局化時代を迎えているといってよいだろう．その結果，世界の穀物輸出量に占める米国の割合は1961年には40%であったものが，

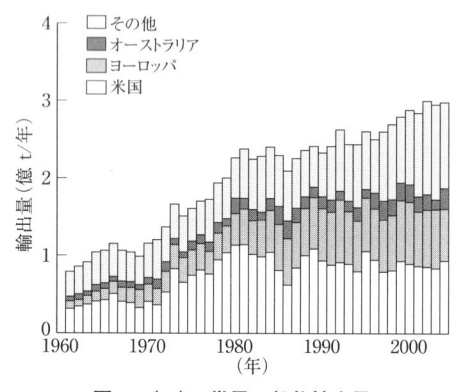

図9.1(b)　世界の穀物輸出量

2004年には31%にまで低下している．南米からの輸出量は今後も増える可能性があるから，穀物輸出における米国の役割は，さらに低下していくことになろう．バイオエタノールの生産が実行に移されることになれば，その傾向は一層顕著なものになる．

ここで米国における農業生産の制約条件について簡単に触れる．栽培面積を拡張するとなれば，通常，最大の制約条件は水資源と考えられるが，米国は天水に依存する率が高い．穀物の多くは5大湖の南側に広がる平原において天水で生産されている．

一方，米国のロッキー山脈の東側の地域にはオガララ帯水層の化石地下水（太古に蓄えられた地下水）を利用する農業がある．この地域はそれほど農業が盛んな地域ではなく（カバーの図参照），化石地下水を利用して穀物が栽培されている面積は米国の穀物栽培面積の5%ほどでしかない．米国の化石地下水を利用した農業は目ぼしい産業がない内陸部の地域振興的側面が強いと推察する．現在は地下水の枯渇にも十分な配慮がなされているので，化石地下水が枯渇して，米国農業全体が大きな打撃を受けることはないと考えてよい．

米国農業の潜在力は極めて大きい．現在，その潜在力をバイオマスエネルギーという形で発現しようとしているが，もし，それを食料の生産に向ければサハラ以南アフリカの食料問題などたちどころに解決できる．しかしながら，米国が食料生産を顧みることなくバイオマスエネルギーを生産することになれば，21世紀中に食料問題が深刻化する可能性もある．だが，第10章で検討するように，バイオマスエネルギーの生産コストを考えるとその可能性は少ないと考える．マクロに見れば，米国は2050年においても多大な食料生産力を保持し続けると考えられるだろう．

9.1.2 ヨーロッパの穀物生産

米国の穀物輸出量が増えない一方，ヨーロッパからの輸出量が増加している．ヨーロッパは1961年において域外から3,000万t以上の穀物を輸入していたが，現在は輸出地域になっている．このことについては，農業政策との関連で検討されることが多いが，ここでは，ヨーロッパが輸出地域となった理由について，窒素肥料投入の観点から考えてみたい．

206　第9章　国，地域別の分析

　ヨーロッパを4つの地域に分けて，穀物の純輸入量を示した（図9.1(c)）．各地域を見ていくと，ヨーロッパのなかでも西ヨーロッパが輸入地域から輸出地域に転じたことがわかる．西ヨーロッパは1961年には1,860万tもの穀物を輸入していたが，2004年には2,270万tも輸出している．また，北ヨーロッパと東ヨーロッパも，その変化の程度は小さいが，輸入地域から輸出地域に転じている．一方，南ヨーロッパはほぼ一貫して穀物を輸入している．

　では，なぜ西ヨーロッパは穀物の輸出地帯に転じたのであろうか．これは直接的には輸出補助金などの農業政策の結果と考えられるが，ここではより根本的な理由を考えてみたい．巻末の表で農地1ha当たりの扶養人数を見ると，西ヨーロッパが6.0人であるのに対し，南ヨーロッパが3.5人，北ヨーロッパが3.1人，東ヨーロッパが2.7人になっている．4つに分けたヨーロッパの中

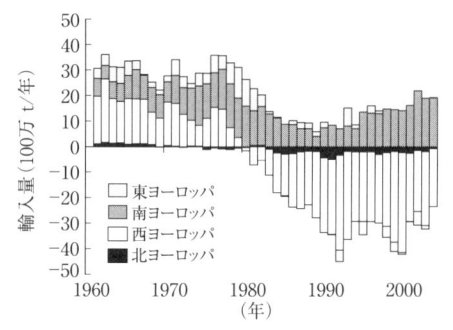

図9.1(c)　ヨーロッパにおける穀物純輸入量

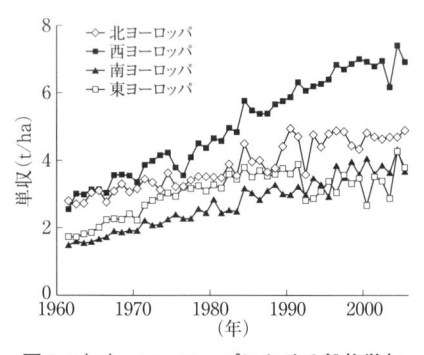

図9.1(d)　ヨーロッパにおける穀物単収

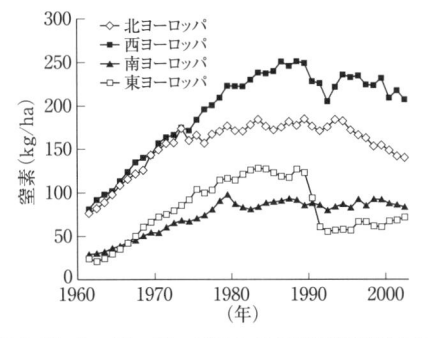

図9.1(e)　ヨーロッパにおける窒素肥料投入量

では，西ヨーロッパの扶養人数が最も多い．西ヨーロッパは農地に余裕がある地域とはいえないのである．巻末の表を見ると，南ヨーロッパが輸出地域になり西ヨーロッパが輸入地帯になってもよいはずである．それでは，なぜ，その逆の状況が生じているのであろうか．

ここで，4つの地域の穀物単収の変遷を調べてみたい（図9.1(d)）．この図を見ると，なぜ西ヨーロッパが穀物の輸出地域になり，南ヨーロッパが輸入地域にとどまっているのかよくわかる．西ヨーロッパの単収が直線的に増加しているのに対し，南ヨーロッパの伸びは抑制的なものになっているからである．では，この違いはどこから生じたのであろうか．寒冷な西ヨーロッパの気候が穀物の栽培に特に向いているとは思えない．ヨーロッパの文明は最初にギリシャやローマで栄えたが，それはその地域が温暖で，古代人の力でも多くの農作物の収穫が可能であったからであろう．気候条件を考えると，西ヨーロッパより南ヨーロッパの方が穀物の栽培に適しているだろう．

8.2.3で検討したように，南ヨーロッパは西ヨーロッパに比べて穀物の生産に多くの灌漑水を用いているが，これは単収が低い原因にはならない．灌漑水の豊富な供給は栽培面積の制約条件にはなろうが，単収の制約条件にはならないためである．

西ヨーロッパと南ヨーロッパで単収が異なっている理由は，窒素肥料投入量の違いに求めることができる．図9.1(e)には4地域における窒素肥料投入量の変遷を示す．これより，1961年の段階でも西ヨーロッパの窒素肥料投入量

は，南ヨーロッパなどに比べて大きかったが，その後，投入量がますます増加していることがわかる．これに対して，南ヨーロッパの投入量は1961年においても少なかったが，その後もさほど増加していない．現在，南ヨーロッパの投入量は西ヨーロッパの半分以下である．

なお，西ヨーロッパでは投入量が減少しているが，これは環境に配慮した農業が行われるようになったためである．ただ，西ヨーロッパでは投入量を減少させても単収が増加し続けている．これは施肥技術が向上し，作物に吸収される窒素肥料の割合が増加したためと考えられる．

西ヨーロッパの1ha当たりの扶養人口は6.0人と世界平均の4.2人を大きく上まわっているが，このような地域でも窒素肥料を大量に投入すれば，域内住民に十分な食料を供給するだけでなく，穀物の大量輸出地域に転じることが可能である．現在，穀物の生産量は気候などの自然条件よりも，窒素肥料の投入量など人間が関わる部分に大きく左右されている．補助金などを用いて生産を後押しすれば，多くの地域，特に先進地域では，生産量を増加させることが可能であろう．気候風土がそれほど変わらず，1ha当たりの扶養人口が西ヨーロッパより少ない南ヨーロッパや東ヨーロッパが穀物輸出地域に転じることは，西ヨーロッパ以上に容易と思われる．実際にそのようになっていないのは，穀物の交易価格の低迷など経済的要因が大きい．穀物の輸出地域に転じる潜在力を持ちながら，経済的理由で穀物を輸入していると考えられる．

20世紀にヨーロッパが穀物の輸出地帯に転じたことも，米国に膨大な食料増産余力があることと合わせて，2050年を飢餓の時代と見ることが間違いであることを示している．

9.1.3　オーストラリアの食肉生産

日本人にとってオーストラリアは広大な草原が広がる畜産大国とのイメージがある．貿易交渉を話題とするときも，私たちはオーストラリアをこのイメージの延長上にとらえているように思う．むろん，ほとんど草地がない日本と比べれば，オーストラリアは巨大な牧畜国である．しかし，21世紀における世界の食料生産という観点から見ると，オーストラリアを食肉生産大国と考えることは適切でない．ここでは，オーストラリアと新興の畜産大国であるブラジ

図 9.1 (f)　ブラジルの食肉生産量　　　図 9.1 (g)　オーストラリアの食肉生産量

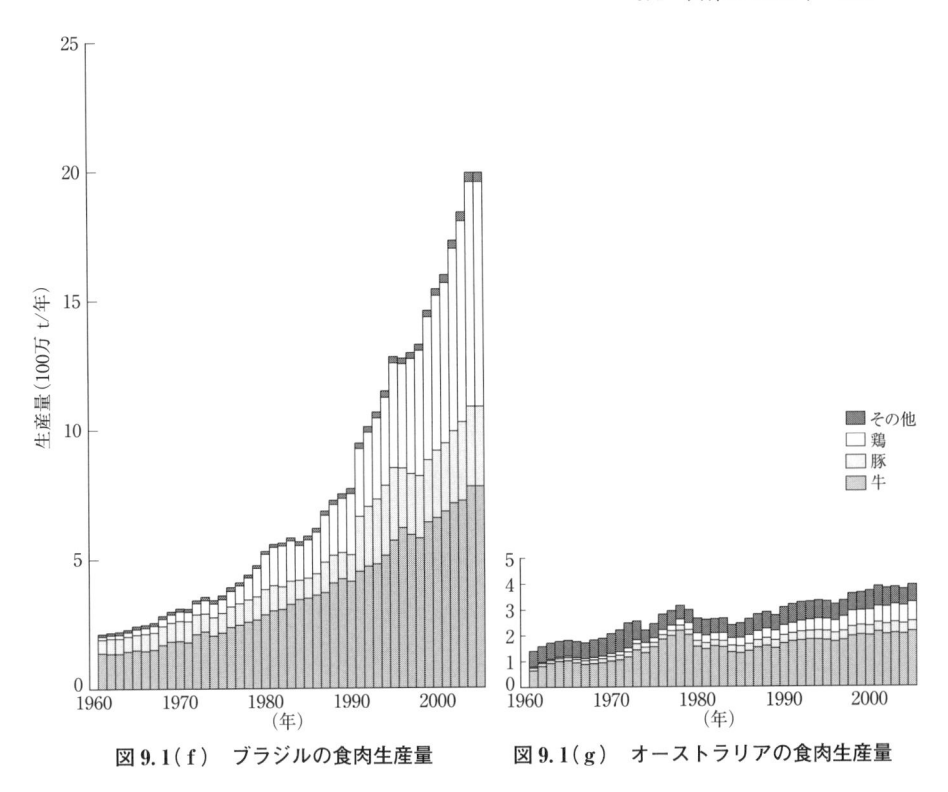

ルとを比較することにより，オーストラリアの 2050 年を考えてみよう．

　ブラジルとオーストラリアの種別食肉生産量を図 9.1 (f)，図 9.1 (g) に示す．まず，ブラジルから見ていくと，ブラジルの食肉生産量は指数関数的に増加している．生産量からもブラジルが新興畜産国として注目されている理由がよくわかる．2004 年の食肉生産量は 1,992 万 t であるが，これはすでに日本の生産量の 6.6 倍になっている．ちなみにブラジルの人口は日本の 1.5 倍（2005年）である．生産量の内訳を見ると鶏肉が最も多く 867 万 t，これに牛肉 777万 t，豚肉 311 万 t が続いているが，羊や山羊はほとんど生産されていない．

　一方，オーストラリアの生産量はブラジルのようには増加していない．2004年における生産量は 394 万 t に過ぎず，ブラジルの 1/5 にとどまっている．オーストラリアは畜産大国とのイメージがあるが，その生産量は全世界の生産量の 1.5% でしかなく，日本より少し多い程度である．もっとも，人口が日本の

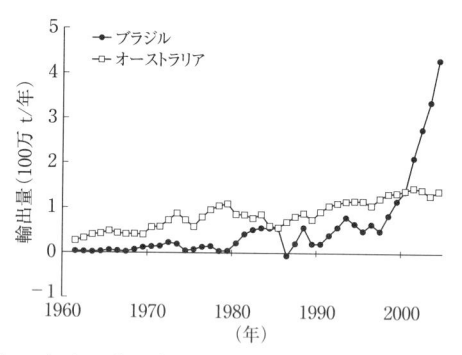

図9.1(h)　ブラジルとオーストラリアの食肉輸出量

1/6であるから，一人当たり生産量は日本よりはるかに多い．

オーストラリアの生産量が大きく増加しない理由は，牛肉を中心とした生産が行われているためである．2005年の牛肉生産量は214万tであり，全生産量の54%を占めている．また，羊や山羊も17%生産されている．このことから，オーストラリアの畜産は放牧を中心としたものといえる．

これまでにも述べたが，現在，牧草を用いた畜産の生産量が増加している地域はない．人類は20世紀の早い段階で，地球上の放牧に適した土地を利用し尽くしてしまったようで，現在，地球上には人間が手を付けていない草地はそれほど残されていないようだ．むろん，一部には残されていようが，それらはアフリカのサバンナのように野生動物の保護区などにされていると思われる．

草地の生産力を窒素投入により向上させることは可能であり，一部ではすでに行われている（Steels & Vallis, 1987）．しかし，降雨量の少ない地域に広がっている草地の生産力を，耕地のように施肥によって大きく向上させることは難しい．このため放牧による食肉生産量は，これまでも大きくは増加していない．今後も大きく増加することはないと考えてよいだろう．オーストラリアの食肉生産量も大きく増えないと考えられる．

むろん，放牧により牛肉を安価に生産できるオーストラリアの食肉生産は日本の畜産の脅威であり，その貿易交渉において牛肉貿易の自由化は問題であり続けよう．しかし，世界の食肉生産という観点から考えれば，2050年に食肉輸出大国になっているのはブラジルである．ブラジルでは豊富に生産される大

豆やトウモロコシを飼料とした鶏肉や豚肉の生産量が急増している．また，牛肉の生産量も増加している．ブラジルでは大豆やトウモロコシを増産すれば，それを飼料にしていくらでも食肉を増産することができる．大豆を豊富に生産できることがブラジル畜産の強みになっている．今後，ブラジルは食肉の一大生産地になる可能性が高い．

図9.1(h)にはブラジルとオーストラリアの食肉輸出量を示したが，21世紀に入りブラジルの輸出量が急増していることがわかる．将来，ブラジルと貿易の自由化交渉を行う場合，それはオーストラリア以上に大きな問題となろう．

9.1.4　旧ソ連地域の穀物輸入

旧ソ連は穀物の大量輸入国であった．図9.1(i)に旧ソ連における穀物の生産量と純輸入量の変化を示す．この図において1992年以後の値は旧ソ連に属していた国の合計である．図を見ると，旧ソ連が穀物の大生産国であったため輸入量はそれほど多いようには見えないが，1992年において4,740万tも輸入しており，これは同年における日本の輸入量2,840万tを大きく上まわり，輸入量世界第1位であった．1970年代後半から旧ソ連は大量の穀物を輸入し続けているが，それは計画的に行われていたものではなく，不作だった年に輸入するものであった．このため，旧ソ連は世界の穀物貿易にとって攪乱要因になっていた．

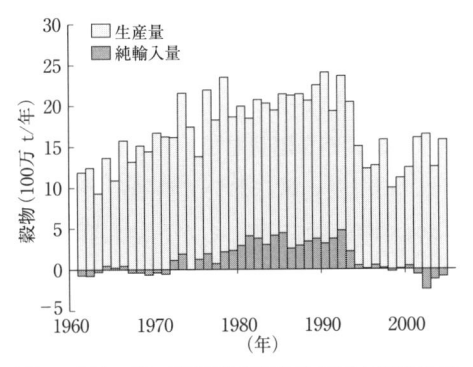

図9.1(i)　旧ソ連地域の穀物生産量と純輸入量
マイナスは輸出を表す．

その穀物輸入は，ソ連崩壊後激減し，1990年代後半にはほぼゼロになった．これは，経済の崩壊により外貨が不足し，穀物を輸入できなくなったためである．図9.1（i）を見ればわかるように，旧ソ連地域では穀物生産量も減少している．このため，一人当たり穀物消費量は1991年の537 kgから1999年には383 kgにまで減少した．しかしながら，激減したといっても，1999年の消費量は同年の日本の消費量323 kgを上まわっており，飢餓が広がる水準までには低下していない．

　1991年の一人当たり消費量が537 kgであったことからもわかるように，旧ソ連では穀物の多くが飼料として用いられていた．しかし，経済の崩壊により食肉需要が減退し，これにより飼料需要も減少した．生産量が減少したのはこのためと考えられる．

　その旧ソ連地域でも21世紀に入り，少しずつ穀物輸出量が増加している．まだ，1990年代初頭の生産量には戻らないが，石油収入の増加などにより国内経済が落ち着きを取り戻すにつれ，穀物生産も元に戻り始めている．

　では，旧ソ連地域の農業は経済が回復するにしたがい，元の状態に戻るのであろうか．再び穀物の大量輸入地域になるのであろうか．

　旧ソ連が大量の穀物を輸入していたのは，飼料として用いるためだったので，旧ソ連地域の食肉生産について考えていくことにする．国内生産量と輸入量を合わせたものが消費量になるが，図9.1（j）には旧ソ連地域における一人当たり食肉消費量を示す．消費量は旧ソ連の崩壊を境に急減している．最高であった1990年の消費量は72.8 kgであったが，最も低下した1999年には35.5 kgと半減している．ただ，2004年には44.2 kgにまで回復しており，同年の日本の消費量が40.3 kgであることを考えると，消費量が減少した時代においても旧ソ連地域は日本並みには食肉を消費していることになる．

　図9.1（j）を見ると，旧ソ連地域において消費量が回復する過程では，一人当たり生産量もわずかながら増加しているが，輸入量の増加の方が著しいことがわかる．その結果，2004年のロシアの食肉自給率は68％に低下した．

　一方，穀物貿易を見ると図9.1（i）に見られるように，旧ソ連地域は経済が回復するにつれて穀物を輸入するのではなく，輸出するようになっている．これは経済が回復しつつあるものの，飼料穀物を多く消費する畜産業が元に戻っ

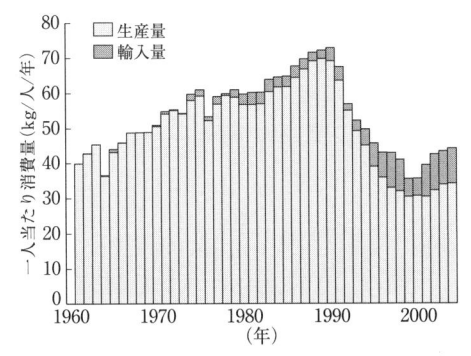

図 9.1 (j) 旧ソ連地域の一人当たり食肉消費量

ていないことを示している．旧ソ連地域では，もはや飼料用穀物を輸入してまで食肉生産を行わないようである．肉の需要増加に対して，飼料の輸入ではなく肉の輸入で対応している．飼料を輸入して行う畜産が衰退し，直接肉を輸入する傾向はシンガポール，サウジアラビアにおいても見られたが，同様の傾向が旧ソ連地域においても見られる．

冷戦時代には社会主義国家であったため，その農業を西欧諸国と比較することは難しいが，旧ソ連地域の畜産は保護があって初めて成り立つものであったようだ．今後の農業保護の動向はわからないが，飼料を輸入してまで行う畜産が国際競争において比較優位となる条件は限られるから，経済がより一層回復しても旧ソ連の畜産業が元に戻ることはないと思われる．食肉貿易量の増加については第 7 章でも述べたが，冷凍技術が発達した今日，それは急増する趨勢にある．

今後も旧ソ連地域では，穀物を輸入してまで食肉生産を行わない可能性が高い．日本よりも大量の穀物を輸入していた国が，穀物輸出国に転じたのである．穀物の輸入において旧ソ連という強力なライバルがいなくなったことになる．日本の穀物輸入において不安材料が 1 つなくなったと考えてよいであろう．

9.2 中国は穀物の大量輸入国になるか

9.2.1 レスター・ブラウン氏の予測

1995年に出版されたレスター・ブラウン氏の『中国を誰が養うのか?』（Brown, 1995）は世界に大きな衝撃を与え，日本でも大きな話題となった．この書物で，レスター・ブラウン氏は経済発展にともない，中国が穀物の大輸入国になる可能性について警鐘を鳴らした．彼はシナリオ分析を行い，2030年における中国の穀物不足量を2億700万tから3億6,900万tと推定した．しかしながら，彼の本を読む限り不足量に関する根拠は薄弱なようで，現在の日本の穀物輸入量を10倍した値のようにも思える．いうまでもなく，中国の人口は日本の約10倍である．

レスター・ブラウン氏は，中国がこの不足分を海外から調達しようとした場合，世界の穀物市場は大混乱に陥るとした．実際，1995年の穀物貿易量は2億6,100万tであり，それに匹敵する量を中国一国が輸入することになれば，世界の穀物貿易が大混乱に陥る可能性があるとしたことは妥当な予測だったといえよう．

それでは，1995年以降中国の穀物貿易はどのように推移したのであろうか．中国の穀物の純輸入量の変遷を図9.2(a)に示す．これを見ると，『中国を誰が養うのか?』が出版された1995年に，中国が急に2,720万tもの穀物を輸入したことがわかる．このことは，レスター・ブラウン氏の指摘が大きく取り

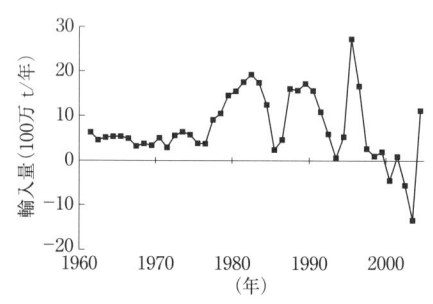

図9.2(a)　中国の穀物純輸入量
マイナスは輸出を表す．

上げられる要因にもなった．しかし，それから13年ほどが経過したが，中国は穀物大量輸入国にはなっていない．むしろ，その13年の間には，輸出国に転じた年もあった．

レスター・ブラウン氏の予測の通りにならなかった最大の理由として，中国において一人当たりの穀物消費量が，予測ほど増加しなかったことを挙げることができる．中国の一人当たり消費量は1996年に382 kgを記録している．同年の日本の消費量は331 kgだから，中国の消費量は日本を上まわっていたことになるが，その後，一人当たり消費量は減少に転じ，2004年の消費量は324 kgと日本と同程度になっている．このように，一人当たりの穀物消費量が減少傾向で推移したため，人口が増加しても穀物消費量が大きく増加することはなかった．一方，中国の穀物生産は堅調に推移したため，穀物を大量に輸入する必要性が生じなかった．

だが，中国は穀物の大量輸入国にならなかった代わりに，大豆の大量輸入国になった（図9.2(b)）．1991年には85万tに過ぎなかった中国の大豆輸入量は，2004年には2,190万tにまで増加している．13年間に25.8倍に増加したことになる．中国の大豆生産量は1991年には972万tであったが，2004年には1,760万tに増えた．しかしながら，この期間に輸入量は2,105万tも増加したから，中国は1990年代に増加した大豆需要の73%を輸入に頼ったことになる．

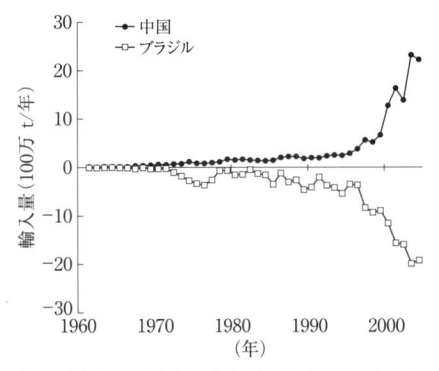

図9.2(b)　中国とブラジルの大豆純輸入量
マイナスは輸出を表す．

それでは，世界の大豆市場は混乱したのであろうか．答えはノーである．大豆の輸出価格を図7.4に示したが，大豆の価格が1990年代以降に大きく高騰することはなかった．日本でも豆腐や納豆の価格が上がるようなことはなかったから，中国が大豆を大量に輸入し始めたことには，一部の関係者以外は気付いていないだろう．

価格が高騰しなかった最大の理由は，中国の輸入量にほぼ見合う量が主にブラジルから輸出されたためである（図9.2(b)）．中国の需要に応じてブラジルなどで大豆生産量が急増した（図2.9参照）．中国の需要がブラジルの増産をうながしたといえる．このようにブラジルからの供給量が増えたため，中国の輸入量が急増しても国際市場が混乱することはなかった．後に述べるが，ブラジルはこの何倍もの大豆を生産する力がある．今後，中国が大豆をさらに輸入しても，大豆価格がそのことが原因で急騰することはないと考える．

9.2.2 食肉生産量と消費量

図9.2(c)には中国，日本，韓国における一人当たりの食肉消費量を示す．この値はこれまでと同様に生産量に輸入量を加え輸出量を引いた値を人口で除すことにより求めている．現在，中国，日本，韓国はよく似た食事をしており，多くの場合，米や麺類などを主体に，食肉，魚，野菜で作った副食をとっている．FAO統計によると，2004年において，中国の一人当たり食肉消費量は56.8 kgであり，これに韓国の44.8 kg，日本の40.3 kgが続いている．中国の

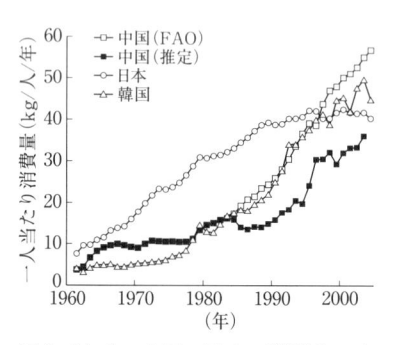

図 9.2 (c) 中国・日本・韓国の一人当たり食肉消費量

消費量は日本や韓国より若干多いものの，米国の消費量124.6 kgなどと比べるとはるかに少なく，3国の肉消費量はよく似ている．

しかし，中国の一人当たり食肉消費量が本当に日本を上まわっているかどうかについては疑念がある．中国人は第3章で言及したように日本人より肉が好きなようであるから，経済の発展した沿岸部を考えると，それは事実にも思える．しかし，経済発展の遅れた内陸部をも含めた平均が，すでに日本の値を上まわっているとすることについては，よく検討する必要がある．

FAOデータでは，中国は2005年において7,756万tの食肉を生産していることになっている．また，中国統計年鑑（中国国家統計局，2006）に記載されている食肉生産量は7,743万tであり，多少の違いはあるがFAOデータの値とほぼ一致している．これはFAOデータが，基本的には，各国政府からの報告を尊重して作成されているためでもある．

世界の食肉生産量は2億6,500万tであるから，世界の食肉の約3割が中国で生産されていることになる．中国人口は世界人口の約2割を占めているから，世界の食肉の3割を生産しているといわれてもさほどおかしな数字にも思えないが，一方で，中国を訪問した実感では，大陸内部に住む多くの農民までもが，日本人より多くの食肉を摂取しているとは思えない．

中国の食肉生産量については，すでに研究者の間からも疑問が呈されている（Fuller et al., 2000；Ma et al., 2004）．そもそも，中国統計年鑑に記載されている食肉の消費量と生産量の値に整合性が見られない．中国統計年鑑には各省市自治区ごとに，都市部と農村部の食肉消費量が記載されているが，中国では都市部と農村部に大きな所得格差があるから，都市部と農村部に分けて調査を行うことには意味がある．2005年における消費量は省ごとに記載されている値の加重平均で都市部が32.8 kg，農村部が20.8 kgであった．

消費に関する統計と生産に関する統計を，単純に比べることはできない．消費量は食肉として購入した重量と考えられるのに対し，生産量は一部の骨などを含んだ重量（Carcass）であるためである．生産量のどの程度が実際に食されるかは，食文化により異なる．ここでは生産量の70%が食されると仮定することにより消費量を生産量に換算した．都市部の消費量は生産量としては46.9 kgに，農村部は29.7 kgになる．

中国統計年鑑によると 2005 年における中国の都市部の人口は 5 億 6,212 万人，農村部は 7 億 4,544 万人であるから，一人当たり消費量と人口を掛け合わせると，都市部の消費量は 2,636 万 t，農村部は 2,210 万 t になる．この合計は 4,847 万 t であるが，これは中国統計年鑑に記載された生産量の 63% でしかない．

中国の食肉消費量がどのような方法で推計されているかは明らかにされていない．中国の都市部では外食が盛んであるが，中国統計年鑑での食肉消費量には外食での消費が含まれていないとの指摘もある．このため，外食を含めた消費量は消費統計に示された量より都市部では 20%，農村部では 5% 多いとすると，中国全体の消費量は 5,485 万 t になる．しかし，これでも消費量は生産量の 71% 程度にとどまる．生産量と消費量からの推定との間に大きな違いが存在する．

9.2.3 食肉生産と飼料

別の角度から，中国の食肉生産量を見てみよう．図 9.2(d) には飼料消費量と食肉生産量の比を示す．図には参考のために，日本と韓国の値も示した．日本と同様に中国，韓国にも放牧に適する草地は少なく，家畜の多くは穀物などの飼料から生産されている．ここでは飼料として，FAO データに記載されている飼料用穀物と大豆ミールのみを考えた．これ以外にも，菜種油の搾りかすや魚粉などが飼料として与えられているが，それに関しては FAO データには記載がないため，ここでは無視した．また，飼料からは卵や牛乳も作られてい

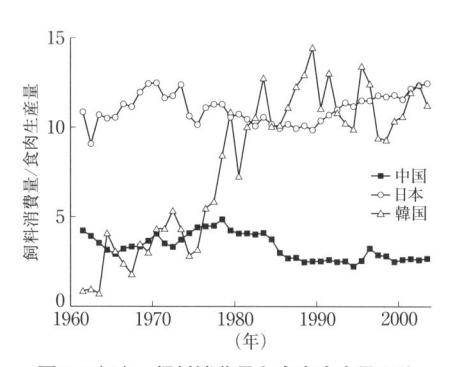

図 9.2(d)　飼料消費量と食肉生産量の比

るが，卵は食肉に比べて生産量が少なく飼料必要量も少ないため，これも考慮していない．一方，牛乳はヨーロッパや米国においては無視できないが，中国，韓国，日本では食肉に比べて生産量が少ないことから，これも無視した．大豆ミールは穀物の5.1倍のタンパク質を含んでいるため，大豆ミール1kgは穀物5.1kgに相当するとした．

戦後，経済発展するにつれて畜産が盛んになったことなど，この3国の畜産の状況はよく似ている．ヨーロッパのように，昔から食肉や牛乳の生産が盛んであったわけではない．過去の生産量は現在に比べてわずかである．食肉生産量は，日本では1960年頃から，中国と韓国では1970年代後半になってから増加し始めている．

図9.2(d)を見ると，飼料消費量と食肉生産量の比は，日本ではおおむね10前後を変動している．これに対して韓国の比は1960年代から1970年代前半にかけては小さく，1970年代後半になって急上昇している．この比が小さいことは，開発途上国によく見られる現象であり，残飯などにより家畜が飼育されていることを示している．しかし，食肉の生産量が増加する過程では，残飯などでの生産では限界が生じ，飼料の消費量が増えていく．

図9.2(c)を見ればわかるように，韓国では1970年代後半から食肉消費量が急増しているが，これと軌を一にして図9.2(d)に示す飼料消費量と食肉生産量の比が増大している．1980年代以降，変動はあるものの，その値はほぼ日本と同じ水準になっている．日本の統計が信頼できることを前提にすれば，韓国の飼料消費量と食肉生産量に関する統計も信頼できることになる．

なお，図9.2(d)を見ると，日本や韓国では食肉1kgを生産するために約10kgの飼料用穀物を使っていることになるが，ここでは飼料から生産される卵や牛乳を無視しているため，この比が大きくなっている．これは，正確な飼料消費量と食肉生産量の比を表すものではなく，1つの目安として理解する必要があるが，ただ，中国，日本，韓国ともに同一基準にしているから，比較においては有効である．

中国では1970年代中頃までは，飼料消費量と食肉生産量の比は，おおむね韓国と同様であったが，1970年代後半に入り生産量が増加しても，韓国のように比が上昇することはなかった．反対に1980年代中頃には，わずかである

が比が低下している．これは理解に苦しむ現象である．

第3章で見たように，中国では豚生産が盛んであるが，この豚は人間の糞や残飯を餌として飼育されているといわれる．ちなみに，豚は人間が消化できない成分でも消化できるため，中国では古くから人間の糞が餌として与えられてきた（李家，1987）．中国流の豚肉生産方式を認めるにしても，1980年代中頃からの生産量の増大をそのような方式で行うことは物質収支から見ても不可能である．また，図9.2（d）に見られるように，生産量が増大する時期に比が減少していることは特に理解できない．飼料消費量統計と食肉生産量統計のいずれかに間違いがあると考えざるを得ない．

飼料消費量と食肉の生産量の比は1983年に4.1となった後，減少している．そこで，試みに1983年以降の値を1983年の値に固定し，生産量を求めた．図9.2（c）中に（推定）としてその値を記す．このように推定すると，2003年の食肉生産量は4,644万tになる．これは，中国統計年鑑に見られる生産量の67%であり，先ほど消費量から推定した値とほぼ一致する．この値を真の値と考えると，中国における一人当たりの食肉消費量は，現在でも日本を下まわっていることになる．

ただ，消費量からの推定も飼料からの推定も状況証拠に基づくものであり，推測の域を出ない．中国政府が食肉生産量，消費量，飼料供給量について整合性のあるデータが示さない限り，真の値を知ることはできない．整合性のあるデータの公表が待たれる．

〈コラム：中国の食肉統計〉

中国の食肉生産量に疑問があることは複数の研究者が指摘している．
中国のある研究者は，筆者に次のように述べた．
「中国は今でも計画経済が行われている．欧米や日本のように，農民独自の判断で農業生産が行われ，その結果について政府が統計を取っているわけではない．中国では国家計画が先にあり，その達成度が政府に報告される仕組みになっている．農産物は国家の管理の下で生産されている．（筆者注：実態は農民の判断で生産されているが，公式見解としてはこのようにしかいえないのかもしれない）農業に関する統計は，末端の行政組織からその上の行政組織へと，

何段階か報告が積み重ねられ，最終的には中央政府が中国全体を集計している．一方，中国の行政機関の人事は基本的には中央集権であり，中央の意向により地方の人事が決まる．計画を達成できないことは，地方の役人にとって，人事の上で有利な条件にはならない．このため，中央がある目標を定めると，統計値が自然とそれに近付く傾向がある．」

　食肉生産量の増加は生活の向上を内外に印象付けるよい指標であるため，国家が高めの目標を設定し，それに沿う値が下部組織から報告されている可能性がある．そのために，比較的真実に近い値が記載されている飼料統計との間に乖離が生じた可能性がある．

9.2.4　食肉生産と大豆需要

　最後に，今後の中国の飼料需要について検討してみよう．ここでは，前節の推定にしたがい，中国の食肉生産量をFAOデータの値の70%と考えることにしよう．

　中国における一人当たりの食肉の飽和消費量（所得が向上しても，それ以上消費が増えない水準）を50kgと仮定しよう．ここでは楽観的なシナリオとして，2030年には都市と農村の格差は解消され，全国一律に食肉が50kg消費されるとする．そのように仮定すると，中国の2030年の人口は国連の中位推計では14億4,600万人であるから，中国全体の食肉消費量は7,230万tになる．

　2005年の生産量をFAOデータの70%とすると5,430万tであるから，中国の食肉生産量は2005年から2030年までにの間に1,800万t増加することになる．飼料消費量と食肉生産量の比を1983年と同様に4.1とすると，1,800万tの食肉を生産するためには，穀物として新たに7,380万tの飼料が必要になる．これは大豆ミールに換算すると1,440万tである．

　現在の大豆輸入量は2,190万tであるから，増加する飼料をすべて大豆により賄うとしても，大豆の輸入量は，現在の2倍までにはならない．今後，中国の大豆輸入量が過去10年のような勢いで増え続けることはないであろう．

　日本における一人当たり食肉消費量が増加した期間は1960年初頭から1990年頃までの約30年であった．これに対して，韓国で食肉消費量が増加した期間はもう少し短縮され，1980年代から2000年頃までの20年である．中国は

国が大きいから，すべての国民が飽和消費量に達するまでには時間がかかると思われるが，その一方で，携帯電話や電子メールの発達により生活スタイルが地方へ伝達される速度が速くなっているから，日本や韓国よりもその時間が短くなる可能性もある．図9.2(c)を見ると，中国において食肉の消費量が増える時期は1980年頃から2010年頃の30年間と考えることが妥当のように思われる．中国全体の食肉消費量が飽和に達するまでには，あと10年は要しないと考えていてよいような気がする．

すでに中国の一人当たり食肉消費量はかなり大きな値になっている．今後も，ある程度増加を続けようが，それが世界の食料需給におよぼす影響は軽微なものにとどまると思われる．

9.2.5 淡水での養殖

水産物は中国の動物性タンパク質摂取量増加に大きく寄与している．中国では水産物の生産量が増大しているが，すでに図3.7に示したように，特に養殖量が急増している．その増加は，世界の水産物の生産量を大きく変えるほどまでになっている．

中国には刺身や寿司のように魚を生で食す習慣はない．油で揚げた後煮込むなど，比較的濃い味を付けて食すのが普通である．これは中国の魚食文化が，長江を中心とした内水面の淡水魚を対象に発達してきたためと思われる．淡水魚には独特の臭みがあり，濃い味付けが欠かせない．日本では海産魚を中心に食しており，淡水魚の生産量は極端に少なく，3.4.4で述べたように9.6万tに過ぎない．これに対して，中国では内水面養などにより淡水魚が2,269万t（2005年）も生産されている．この約9割は内水面養殖によるが（中国統計年鑑），第3章で見たように，淡水魚の生産は飼料効率がよい．

ただ，中国で図3.7に示されるほどの大量生産が行われているかどうかについては，食肉と同様に疑問がある．水産物においても消費統計と生産量の統計に整合性がないためである．消費量からの推計値は報告されている生産量の半分程度にとどまる．ここで，水産物の生産量について正確な値を推定することは食肉における推定以上に難しい．飼料の使用量についてデータがないためである．

ただ，統計が信頼性に欠けるとしても，中国で内水面養殖が盛んになり生産量が伸びていることは事実であろう．FAOデータをそのまま信用すると，中国では2001年において一人当たり33.6 kgの水産物を消費していることになる．これは同年における日本の消費量65.9 kgを下まわるものの，世界平均の21.0 kgを大きく上まわっている．実際にはFAOデータの半分程度しか生産されていないとしても，淡水養殖は中国におけるタンパク質摂取量の増加に大きく貢献していることになる．中国各地を訪問すると都市部でも農村部でも実際に魚はよく食されており，これは食肉消費量の増加を抑制していると考えられる．

食肉や魚の消費量から見るとき，中国における食生活の改善は十分ではなくとも，全国的に見ても，かなりの水準に達していると考えられる．これまで，世界の食料需給は中国の食生活改善にともない，それほど大きな影響を受けなかった．レスター・ブラウン氏の指摘は杞憂に終わりつつある．最も心配されていた，中国の飼料用穀物輸入量が増えることにより日本の食料輸入が大きな影響を受けるといった事態は，今後も起こらないと考えられる．

9.3　FAOデータに見る北朝鮮の食料生産

北朝鮮の食料問題についてはしばしば報道されるが，その全体像は意外に明らかにされていない．ここでは，FAOデータから北朝鮮の食料生産について考えてみよう．北朝鮮は日本とは国交がないが，FAOデータには北朝鮮のデータも記載されている．そのデータの一部については信頼性に問題があると考えているが，FAOデータは多岐に渡るから，多角的に分析を行えば，その実態をある程度明らかにすることは可能であろう．現状の分析から，北朝鮮の今後が見えてくる．

9.3.1　人口と農地

北朝鮮の人口は1961年においては1,170万人であったが，2005年には2,250万人にまで増加している．図9.3(a)には日本，韓国とともに北朝鮮の人口増加率の変遷を示すが，北朝鮮の人口増加率の変遷は韓国とよく似ている．報告

224　第9章　国, 地域別の分析

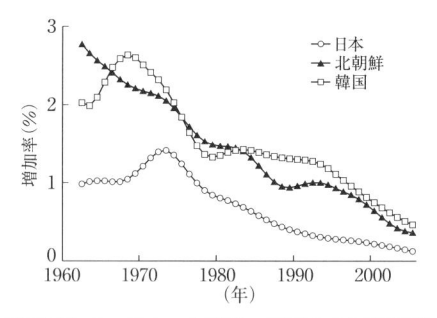

図 9.3(a)　日本・北朝鮮・韓国の人口増加率

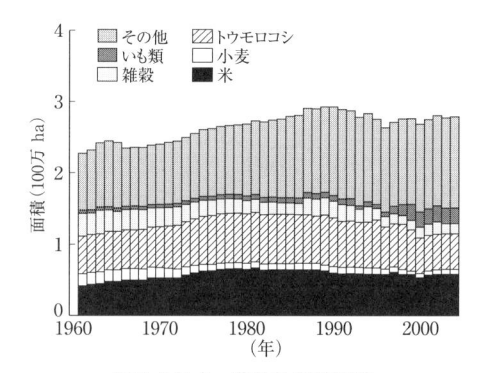

図 9.3(b)　農作物栽培面積

されているデータが正しいとすれば, 1990年代の初頭に伝えられた飢餓の広がりは, 人口増加率に影響をおよぼすまでには至っていない.

　日本や韓国で人口増加率が低下しているように, 北朝鮮でも人口増加率は低下している. 図 9.3(a) を見る限り, 北朝鮮は日本や韓国と比べて特別な国とはいえない. 国連の中位推計によると 2050 年の人口は 2,420 万人とされ, 低位推計では 2,010 万人とされている. 低位推計では 2050 年の人口は 2005 年よりも減るが, このことは韓国や日本も同様である.

　北朝鮮の農地面積は 2003 年おいて 290 万 ha とされ, また総栽培面積は 279 万 ha (2004 年) である. 農作物栽培面積の変遷を図 9.3(b) に示すが, 1961 年における総栽培面積は 227 万 ha であり, 43 年間に 22% 増加している. その増加は 1960 年代から 1980 年代にかけて生じている. 1990 年代は食料危機

が伝えられており農地の拡張に熱心になるはずであるが，図9.3(b)を見る限り特に増加していない．このことは，北朝鮮には農地拡張の余地が残されていないためと考えられる．逆に1990年代は栽培面積が減少している年もある．これは，洪水などの影響を示すと思われる．

北朝鮮では総栽培面積と農地面積の間にほとんど差がないから，休耕地もなければ，二期作，二毛作も行われていないと考えられる．休耕地がないことは，それだけ食料事情が逼迫していることを示していると考えられる．また，北朝鮮は寒冷な地域に位置し，特に冬季の気候が厳しいため，二期作や二毛作は困難なのであろう．

総栽培面積当たりの人口は，2004年において8.0［人/ha］であり，これは日本の40.1［人/ha］や韓国の25.2［人/ha］に比べて少ない．日本がその食料をほぼ自給していた1961年の値は12.9［人/ha］であったから，北朝鮮は基本的には食料自給が可能な国である．北朝鮮の一人当たりの農地面積は現在の日本の5倍もある．農地が不足しているため，食料危機が生じたわけではない．

図9.3(b)を見ると北朝鮮には米の栽培面積が少ないことがわかる．日本では2004年において総栽培面積の53%で米が栽培されており，この値は韓国でも53%である．これに対して，北朝鮮の値は21%でしかない．一方，トウモロコシ栽培面積が49.5万haと米の栽培面積58.3万haと同じくらいある．トウモロコシと雑穀の栽培面積の合計は64万ha（2004年）になり，米の栽培面積を上まわる．

脱北者などが，配給には米がほとんどなくトウモロコシなど雑穀が主体であったなどと証言しているが，そもそも北朝鮮では食料危機に陥る前でも米の生産量が少ない．北朝鮮は寒冷な地域であり降雨量も少ないことから，水田に向く土地が少ないためである．水田は平壌付近にあるのみである．トウモロコシなどの雑穀を多く食すのは，食料事情の悪化だけが原因ではない．図9.3(b)を見る限り米の栽培面積，トウモロコシの栽培面積の割合に大きな変化はなく，北朝鮮は食料危機に見舞われる以前も，その食料をトウモロコシなど雑穀に大きく依存していたと考えられる．

図9.3(b)をよく見ると，1990年代に入っていも類の栽培面積が増加してい

ることがわかる．その増加は1997年から特に顕著となる．1996年の栽培面積は6.1万haであったが1999年には22.4万haに急増している．2.4で飢饉の際にいも類が栽培されることを述べたが，1990年代後半に食料事情が悪化したことを，このいも類の栽培面積の増加が示しているといえよう．

9.3.2　一人当たり消費量

一人当たりの穀物消費量を図9.3(c)に示すが，1991年から1993年にかけて北朝鮮の一人当たり穀物消費量が極端に多く，また1995年から1997年の値が極端に少なくなっている．1990年代前半の値は明らかに不自然な動きをしている．この時期，食料危機が広く報じられていたことを考えると，極端に少なくなった1996年，1997年の値を信じるべきなのであろう．1996年の一人当たり消費量は169 kg，また1997年は198 kgである．これは籾を含む重量であるから，玄米に換算したとき，1996年の消費量は120 kgを割っていることになる．表2.1に示した東アフリカの一人当たり穀物消費量が140 kgであることを考えても，1996年の食料事情は相当に悪化していたと推察される．

同様に一人当たりの食肉消費量を図9.3(d)に示す．北朝鮮と韓国の一人当たりの食肉消費量は，1980年代中頃まではそれほど変わらなかった．しかしながら1980年代後半から韓国の消費量が急増し，1990年代後半には日本と同

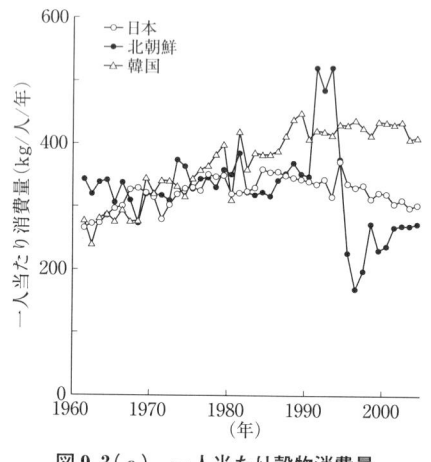

図9.3(c)　一人当たり穀物消費量

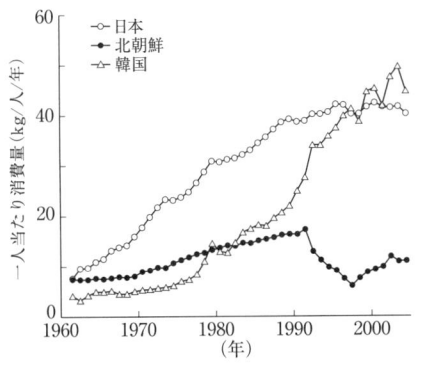

図 9.3(d)　一人当たり食肉消費量

水準になっている．これに対して北朝鮮では韓国のような急激な増加が生じることはなく，逆に 1990 年代に入り食肉消費量が減少している．

1997 年の食肉消費量は 1991 年のほぼ半分の 6.1 kg になっているが，同年におけるサハラ以南アフリカの消費量は 12.6 kg であるから，北朝鮮の消費量はサハラ以南アフリカの半分に満たないことになる．その食料事情の深刻さがうかがえよう．食肉消費量は 2004 年においても 11.0 kg にまでしか改善しておらず，これは依然として同年におけるサハラ以南アフリカの消費量よりも低い．

9.3.3　窒素肥料と穀物生産

図 9.3(e) には単位面積当たりの窒素肥料投入量を示す．これは窒素肥料投入量を総栽培面積で除して求めた．窒素肥料投入量についても不自然な動きが見られる．1970 年になって投入量が上昇し始め，1976 年から 1978 年にかけては特に急上昇している．このデータに基づき，図 5.3(a) のようなプロットを行うと，北朝鮮のデータは他の国とまったく異なる傾向を示すため，北朝鮮の窒素肥料消費量のデータは信頼性に欠けるとしてよいだろう．ただ，それでも 1990 年代に投入量が著しく低下したことを，この図から読み取ることは可能であろう．

一方，北朝鮮の穀物単収は，1961 年から 1990 年にかけて，2 [t/ha] から 4 [t/ha] に上昇している（図 9.3(f)）．このような急激な上昇と減少は明らかに不自然である．また，全体の傾向として 1990 年代の単収は 1980 年代に比べ

228 第9章 国, 地域別の分析

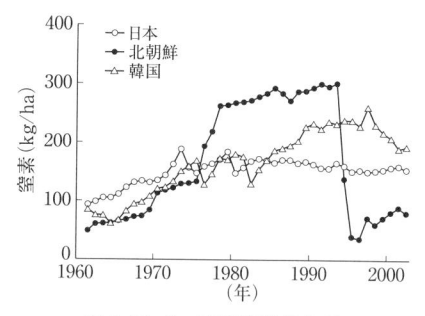

図9.3(e) 窒素肥料投入量

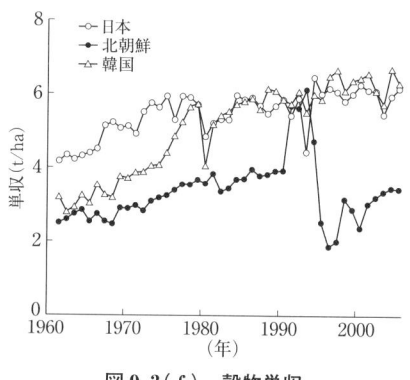

図9.3(f) 穀物単収

て低くなっており，特に1996年，1997年の単収は低くなっている．北朝鮮では1995年に大洪水があり水田も大きな被害を受けた（Okamoto *et al.*, 1998）．しかし，大洪水により単収が低下したとすれば，それは洪水があった年に限られよう．単収の低下が長期間続いていることから，洪水だけが単収低下の原因ではない．図9.3(e)から推定される窒素肥料投入量の減少が，単収減少の真の原因と考えてよいであろう．

　北朝鮮は人口の割に十分な農地を有しており，基本的には食料自給が可能な国である．北朝鮮における1990年代の食料危機の最大の原因は穀物単収の低下にあり，これは窒素肥料の不足に起因しているものと考えられる．1994年までは窒素肥料の輸入量がほぼゼロであったことから，窒素肥料は自給していたと思われる．おそらくは，ソ連崩壊にともなってエネルギーの供給に問題が

9.3 FAOデータに見る北朝鮮の食料生産　229

図 9.3（g）　農業人口割合

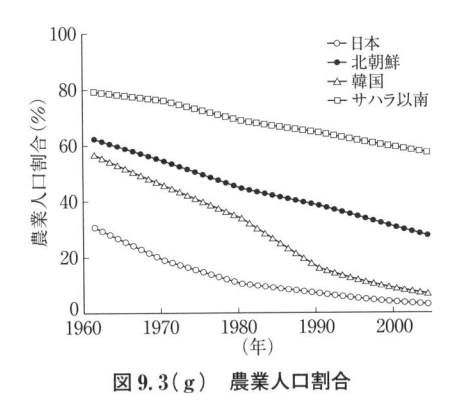

生じ，窒素肥料が製造できなくなったのであろう．

なお，貿易量は相手国があることであるから，他のデータに比べれば信頼性が高いが，窒素肥料の輸入量は 1995 年以降少しずつ増え，2002 年の輸入は 15.4 万 t になっている．これは北朝鮮の食料事情の改善に寄与していると考えられる．

9.3.4　北朝鮮をどう見るか，何を学ぶか

図 9.3（g）には全人口に占める農業人口割合を示す．図には参考のために，日本，韓国，サハラ以南アフリカの値も示す．2004 年における北朝鮮の農業人口割合は 28% であった．これは同年における日本の割合 3% や韓国の 7% に比べれば高いが，サハラ以南アフリカの 57% に比べれば，半分以下である．北朝鮮は食肉消費量ではサハラ以南アフリカより低いが，農業人口割合が低下するという近代化のプロセスでは，サハラ以南アフリカより進んだ社会といえる．その割合は日本の 1960 年代と同程度であるが，農業の近代化は少しずつではあるが進んでいる．

第 6 章の図 6.4 で農業人口割合の歴史的変遷を述べた際に，1950 年において日本の農業人口が一時的に増加したことを指摘し，これは戦後の食料難を反映し外地からの引き揚げ者などが農村にとどまったためと述べたが，北朝鮮では 1990 年代の中頃の食料危機の時代にも，農業人口割合は減り続けている．このデータが本当だとすれば，食料難が社会に与えるインパクトとしては，北

朝鮮の1990年代の食料難は，日本の戦後の食料難ほどではなかったともいえる．

現在の北朝鮮の人々の食生活は，その穀物や食肉の消費量から見るとき，1960年代前半の日本と同程度と考えればよいのではないであろうか．豊かではないが，飢えが国全体をおおうまでの状況には至っていない．

北朝鮮の食料危機は，日本の食料安全保障に対しても多くの教訓を与える．北朝鮮の一人当たりの栽培面積は日本の5倍もあり，1980年代までは穀物をほぼすべて自給していた．この一人当たりの農地面積が広い北朝鮮でも食料危機に見舞われたのはエネルギーを旧ソ連に依存していたため，旧ソ連の崩壊とともにその供給が止まり，窒素肥料生産量が激減したからと考えられる．現代においては十分な農地を有していても，エネルギーがなくなれば食料危機に直面することになる．

北朝鮮の事例は，現代における食料安全保障がエネルギー安全保障に密接に関係していることを示している．日本もエネルギーの多くを海外に依存しているので，エネルギーの供給がストップすると食料危機に襲われる可能性が高い．窒素肥料の不足から国内生産が急低下するためである．農地を増やしても食料安全保障にはつながらないことは，この北朝鮮の例が示している．また，そもそも旧ソ連からのエネルギーの供給が停止しても，外貨を持っていればエネルギーや食料を旧ソ連以外から購入することができたはずである．外貨の不足が食料危機の真の原因といえるのではないか．他山の石とすべきであろう．

9.4 サハラ以南アフリカの農業と政治

ここでは，人口の増加傾向や農地面積を他の地域と比較しながら，アフリカの食料問題をマクロな視点から考えてみたい．そこからサハラ以南アフリカの2050年が展望できよう．

9.4.1 人口と農地

図9.4(a)には1961年を1としたときのサハラ以南アフリカの人口を示す．2005年から2050年までの値は，国連による中位推計値である．図9.4(a)に

はサハラ以南アフリカと同様に食料が問題とされるインドについても示すが，インドの人口は20世紀後半からその伸びが著しく鈍化している．一方，サハラ以南アフリカの人口は21世紀に入っても伸び続ける．

人口爆発という言葉がよく使われるが，現在，インドの人口爆発はおさまりつつある．インドの人口増加率は低下を続けており，1994年には2%を割り込み，2005年の増加率は1.5%になっている．これに対して，サハラ以南アフリカでは21世紀も人口爆発が続くことになろう．人口が急増しているといっても，サハラ以南アフリカの人口は2005年においても7億5,000万人でしかない．2005年の中国の人口が13億2,000万人，インドが11億人であることを考えると，サハラ以南アフリカの人口は決して多くはない．

一方，サハラ以南アフリカの陸地面積は23億6,000万haにも上る．これは日本の65倍，中国の2.5倍，インドの8倍に相当する．このため，サハラ以南アフリカの人口密度は0.32［人/ha］と，インドの3.7［人/ha］や中国の1.4［人/ha］に比べてかなり低い．サハラ以南アフリカは，人口増加率は高いが，未だに人口が希薄な地域といえよう．

このことは人口密度だけでなく，農地面積当たりの人口についてもいえる．2001年における農地面積当たりの人口は3.6［人/ha］であり，同年におけるインドの6.1［人/ha］や中国の8.3［人/ha］を下まわっている．サハラ以南

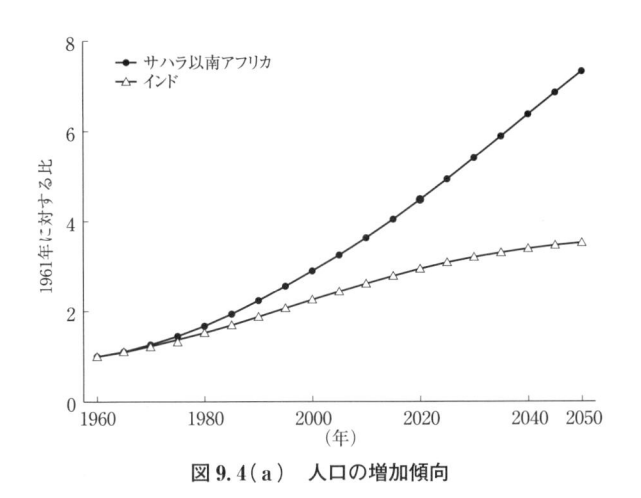

図9.4(a)　人口の増加傾向

アフリカに農地は十分に存在する．また，第1章で見たように，サハラ以南アフリカには農地に適する土地も多く残されている．

9.4.2 上がらない単収

アフリカは，インドや中国に比べて十分な農地を有している．また，今後も農地の拡張が可能である．9.2で見たように，現在，中国の食料問題はほぼ解決したといってもよい段階にある．また，インドは米を輸出するまでになっている．それでは，農地1 ha当たりの扶養人口が少ないサハラ以南アフリカで，なぜ食料の供給が問題になっているのであろうか．それは，サハラ以南アフリカにおいて，農作物の単収が低いためである．

図9.4(b)には穀物単収を示すが，サハラ以南アフリカの穀物単収は1.1 [t/ha]（2005年）に過ぎない．この低い単収がサハラ以南アフリカで食料問題が生じる最大の原因になっている．サハラ以南アフリカの単収は1961年以来ほとんど増加していない．これは食料事情が改善した中国，インドとは大きく異なっている．サハラ以南アフリカで単収が増加しない原因は，窒素肥料投入量に求めることができる．図9.4(c)には単位面積当たりの窒素投入量を示すが，その投入量が中国やインドに比べて極めて少ないことがわかろう．

アフリカの農業問題を語るとき，窒素肥料が高価であるため農民が購入できないとの声をよく聞く．確かに，個々の実態を調査すればそうなのであろう．しかしながら，マクロに見たとき，現在，窒素肥料はさほど高価なものではない．また，自国で窒素肥料を生産することができなくとも，輸入することが可

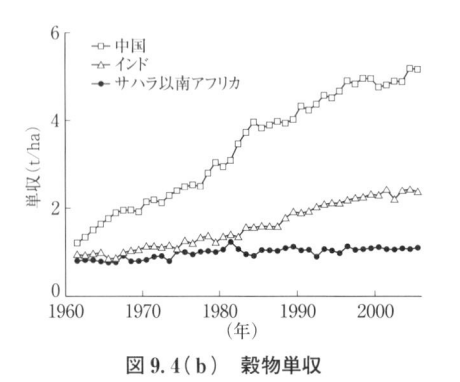

図9.4(b) 穀物単収

図9.4(c) 窒素肥料投入量

能である．

　窒素肥料の貿易量は，ほぼ直線的に増加しており，1961年に345万tに過ぎなかった貿易量は，2002年には2,490万tにもなっている．2002年の世界の窒素肥料消費量は8,470万tであったから，世界で消費される窒素肥料の約3割は，使用される国以外で生産されていることになる．近年，米の生産量を飛躍的に増大させたベトナムでは，窒素肥料のほぼすべてを輸入している．2002年における窒素肥料の平均輸出価格は167［ドル/t］であった．2002年における穀物の輸出価格は192［ドル/t］であるから，穀物と肥料の重量当りの価格はほぼ等しいことになる．第5章で検討したように1tの窒素肥料から約20tの穀物を作ることができるから，穀物を輸入するよりそのお金で窒素肥料を輸入する方が，20倍もの穀物を手に入れることができることになる．

9.4.3　アフリカの食料貿易

　同じアフリカにあっても，北アフリカとサハラ以南アフリカでは，その穀物貿易に大きな違いがある（図9.4(d)）．北アフリカの一人当たり穀物輸入量は，1961年においても，44kgもあったが，その後も1970年代に大きく増加している．1970年代においては，北アフリカの一人当たり生産量は減少ぎみであったから，輸入量の増加は食料事情の改善に大きく貢献したことになる．
　このことはサハラ以南アフリカの食料問題を考える上で大いに参考になる．

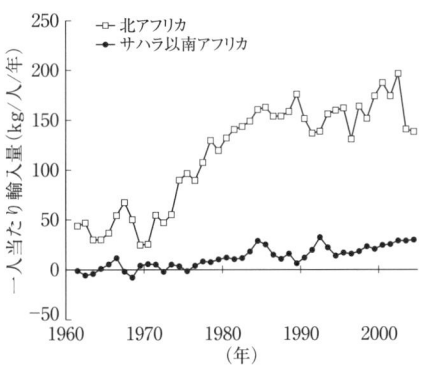

図9.4(d)　一人当たり穀物純輸入量

食料問題の解決には，生産量の増大が必要であることはいうまでもないが，北アフリカのように食料輸入が重要な役割を果たす場合もある．

第6章で見たように，今日，農業は決して有利な産業ではない．農業によって豊かになることには限界がある．北アフリカでは一人当たりの穀物生産量をほぼ横ばいで推移させ，穀物の輸入を増やすことにより食料事情を改善させている．米国やオーストラリアなどに大きな輸出余力があるから，労働人口を農業部門からより高い成長率を持つ産業に移したことが，食料事情の改善につながったと考えられる．北アフリカの事例は日本によく似ている．ただ，サハラ以南アフリカのように農村が極端に貧しい段階では，まず，自国での食料増産を優先すべきであろう．しかし，ある段階に達した国では，北アフリカを参考にしてもよいと思う．

ここで，アフリカの食料貿易については，1つ気になる現象がある．サハラ以南アフリカにおいて，いまだ絶対量は少ないものの，食肉の輸入量が急増していることである．絶対量が少ないため，世界の食肉貿易を論じた図7.5(b)では細い帯にしか見えないが，サハラ以南アフリカだけを抜き出して図に示すと，その増加がよくわかる（図9.4(e)）．1970年代までは南アフリカを中心に食肉が輸出されていたが，現在はすべての地域で輸入されている．

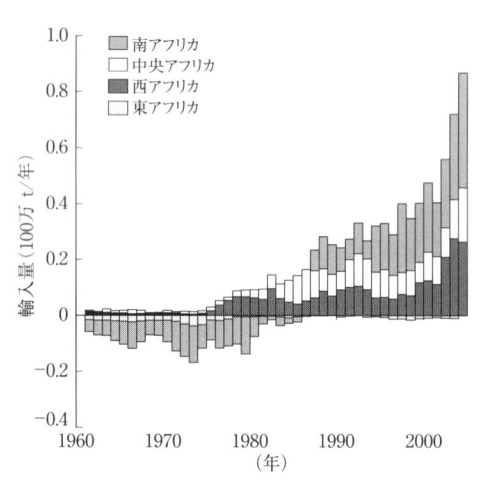

図9.4(e)　アフリカにおける食肉純輸入量
注）マイナスは輸出を表す

これは，サハラ以南アフリカでも都市の一部で所得が高い層が生まれ，彼らが肉を食べ始めたためと考えられる．現在は，所得があれば食肉を生産していない国に住んでいても，輸入により肉を食べることが可能な時代である．

サハラ以南アフリカで食肉輸入量が急増している．2004年の輸入量は，南アフリカ共和国が23.6万tと最大であるが，それ以外でも，アンゴラが12.8万t，ベニンが7.0万t，ガーナが6.7万t，コートジボアールが6.1万t，コンゴ共和国が4.9万t，コンゴ民主共和国が4.8万tと多くの国が輸入しており，サハラ以南アフリカの輸入量の総計は86.7万tにもなっている．

アジアでは食肉の年間消費量が一人当たり50 kg程度になると消費量が伸び悩む傾向が見られるから，西洋以外では食肉を年間に50 kg消費すると，ある程度満足な食生活と考えられる．ここでは，サハラ以南の輸入量86.7万tを50 kgで除し，富裕層，中間所得層がサハラ以南アフリカに何人ぐらいいるか試算してみた．結果は1,730万人にもなる．2004年において，サハラ以南アフリカの人口は7億6,300万人だから，44人に1人の割合で富裕層，中間所得層がいると推定できる．サハラ以南アフリカでは資源価格の高騰にともない，一部地域の経済が順調とされる．図9.4(e)を見ると，食肉の輸入量は今後も増加していくと考えてよいであろう．

高所得層が食べる肉が国内で生産されれば，国内の畜産や飼料生産を振興することができる．それは農民の所得増につながる．しかし，アフリカではその供給先が海外に向かっており，国内の農業を振興することにつながっていない．図9.4(e)はアフリカ経済の複雑な一面を垣間見せる．

9.4.4　問題の核心

サハラ以南アフリカでは，窒素肥料など農業資材の投入が少なく単収が増加しないために，食料の増産は農地面積の拡大に頼ってきた．しかし，これは前近代的な姿といえる．マルサスが人口の増加は等比級数的であるが，食料生産の増大は等差級数的であると述べたことと同様のことが，アフリカで生じている．ただ，アフリカではマルサスが危惧したヨーロッパとは違って農地拡張の余地が大きいため，これまでなんとか増加する人口を支えることができた．しかし，農地を広げるだけでは一人当たりの穀物消費量を増加させることはでき

なかった．また，農地の拡張は，森林破壊の原因にもなっている．

21世紀のアフリカ農業では，穀物単収を上げることが急務である．その手段として窒素肥料が有効であることは，中国，インド，東南アジアでの実績が示している．サハラ以南アフリカ諸国でも，なんらかの手段により外貨を得て，それによって肥料を購入し穀物単収を高めることが，食料事情の改善につながる．単収が向上すれば森林が農地にされることも防げるから，環境保護を考える上でも有効である．

サハラ以南アフリカの窒素肥料輸入量は2002年において70.9万tに過ぎない．これは同年におけるベトナム1国の窒素肥料輸入量113万tよりも少ない．ベトナムの一人当たりGDPは2004年においても544ドルでしかないが，そのベトナムでも窒素肥料を大量に輸入している．これにより1988年までは米の輸入国であったベトナムは，2004年には409万tも輸出するようになっている．

サハラ以南アフリカにおける食料問題の根本は，資源の輸出などによって得た外貨が窒素肥料の購入に向かわない政治・社会システムにあると考える．1990年代に入りベトナムの窒素肥料輸入量は大きく増加するが，1990年のベトナムの一人当たりGDPは98ドルに過ぎない．国が貧しいから窒素肥料が輸入できないということはない．先ほど述べたように，肥料の価格は穀物の価格とさほど変わらない．窒素肥料1kgから20kgの穀物を作ることができるから，肥料を輸入することは，穀物を輸入するよりずっと安くつく．

サハラ以南アフリカには，石油やダイヤモンドなど自然資源が豊富な国も多い．しかし，それらを輸出して得た外貨は，残念ながら肥料の購入に向かっていない．最近サハラ以南アフリカ諸国が大量の食肉を輸入していることは前節で述べたが，1t当たりの価格を見ると，肉の価格は穀物の10倍近くもする（図7.4，図7.7参照）．サハラ以南アフリカ諸国は肥料を購入するお金がないわけではないのである．

獲得した外貨で窒素肥料を輸入して，末端の農民にまでいきわたるようにする．このことが実行できる社会システムの構築が急務である．現在，東南アジア諸国の多くは，その窒素肥料を輸入に依存している．東南アジアも30年ほど前には，窒素肥料の使用量はごくわずかであった．しかし，輸入により窒素

肥料投入量を増やし，現在，その食料問題はほぼ解決されている．また，戦後日本を襲った食料難は，農民の末端にまで窒素肥料が届く社会システムがあったため，ほんの数年で解決されている．

　農民の末端まで窒素肥料が届く社会システムを構築することができないことがサハラ以南アフリカの食料問題の核心と考える．21世紀においてサハラ以南アフリカの食料事情が改善されるかどうかを予測することは，安定した誠実な政府が樹立されるかを予測することと同じである．その前途は容易ではないと考える．

〈コラム：コーヒー生産の光と影—アジアに翻弄されたアフリカ〉

　コーヒー生産がアフリカ農業の希望の星であった時代がある．コーヒーの輸出価格が高かったため，コーヒーを作って国を豊かにすることが可能に思えたためである．しかし，それはアジアの参入によって崩れてしまった．

　コーヒーは価格が乱高下する農産物の代表である．図(a)にはコーヒーの輸出価格を示すが，コーヒーの価格は1970年代中頃に急騰している．これは穀物価格などが急騰した時期より少し遅いが，1970年代に急騰したことは穀物や植物性油の価格変動とよく似ている．しかし，その後のコーヒーの価格変動は穀物や植物性油脂とは大きく違っていた．1970年代に急騰した穀物や植物性油脂の価格は，その後，下落している．しかしながら，その価格は1970年代前半よりは高い水準で推移していた．それに対し，コーヒーの価格は1990年代以降，急騰する以前の価格にまで暴落している．このことは，アフリカの農村から夢を奪った．この原因について，マクロな視点から考えてみたい．

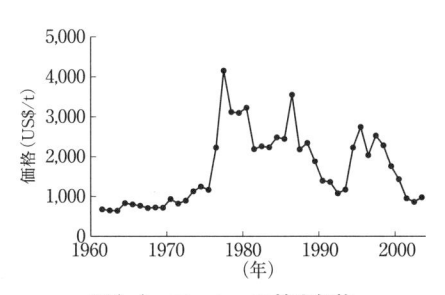

図(a)　コーヒーの輸出価格
輸出総額を輸出総量で除すことにより求めた．

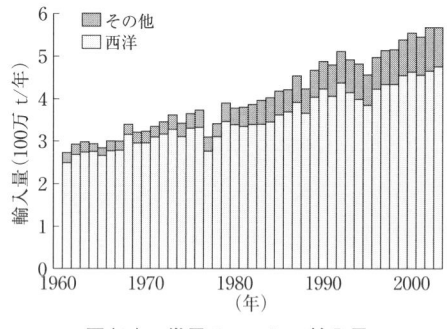

図(b) 世界のコーヒー輸入量

　図(b)にはコーヒーの輸入量を示した．世界のコーヒー輸入量は2003年において569万tであるが，同年のコーヒー生産量は777万tであるから，生産量の73%が交易されていることになる．コーヒーは輸出比率が極めて高い農作物である．

　図(b)からわかるように，コーヒーはその大半を西洋が輸入している．西洋以外では日本や韓国など東アジアの輸入量が増加しているが，それでも2003年の東アジアの輸入量は48.1万tにとどまっている．これは世界の総輸入量の9%を占めるに過ぎないから，コーヒーは圧倒的に西洋の飲み物といえる．それに対して，コーヒーの生産は熱帯地域でしか行えず，生産地は南米，中米，東アフリカ，西アフリカ，東南アジアに限られる．コーヒーは開発途上国が生産し，先進国が消費している農作物の典型である．

　コーヒーの価格が1970年代中頃に急騰したため，アフリカでもコーヒーの生産が農村を潤すことになった．図(c)には世界のコーヒー生産量を示すが，1970年代までは，コーヒーの生産量は圧倒的に中南米が多く，それにアフリカが続いていた．しかし，1970年代にコーヒーの価格が急騰すると，アジアの生産量が急増していった．いち早く生産量を増大させたのはインドネシアであった．インドネシアの1975年における生産量は17.0万tに過ぎなかったが，その後，ほぼ直線的に増加し2005年の生産量は76.2万tになっている．また，インドネシアに続いてベトナムが生産量を増加させた．ベトナムの生産量は1984年には4,800tに過ぎなかったが，その生産量は2005年には99.0万tと，ブラジルに次いで世界第2位になっている．

　コーヒーは西洋の飲み物であり，西洋は人口が増加していないから，需要が大きく増加することはなかった．それにもかかわらず，インドネシアとベトナムが生産に参入したため，価格が暴落した．むろん，ブラジルやアフリカ諸国も増産に励んでいるから，インドネシアとベトナムの参入だけが暴落の原因で

はないであろうが，新たな競争者の参入はその下落に拍車をかけることになった．

この価格の下落は開発途上国の農村に大きな打撃を加えたが，その影響は特にアフリカで大きかった．インドネシアやベトナムでは価格が暴落した後も生産量が増加しているのに対し，アフリカでは減少しているからである．これは経営能力が高いインドネシアやベトナムの農民は，価格が暴落した際にもなんとか持ちこたえたのに対し，相対的に経営能力が低いアフリカの農民が廃業に追い込まれたためと考えられる．

これは農業の世界でも競争原理が貫徹していることを示す．ただ，サハラ以南アフリカ諸国の農民の困窮を見るとき，これでよかったかとの思いも抱く．商品作物によりある国が農村開発を行うことは，新たな問題をより弱い国の農民に生じさせることがある．

むろん，インドネシアやベトナムが独自の意思でその開発を行うことは，非難するには当たらない．世界経済における競争の上でのことである．ただ，1つ記憶にとどめなければならないことがある．それは，農産品の需要は人口が増える程度にしか増えないということである．農産品の輸出を中心とした農村振興は，マクロに見た場合，世界に思わぬ余波をもたらすことがある．

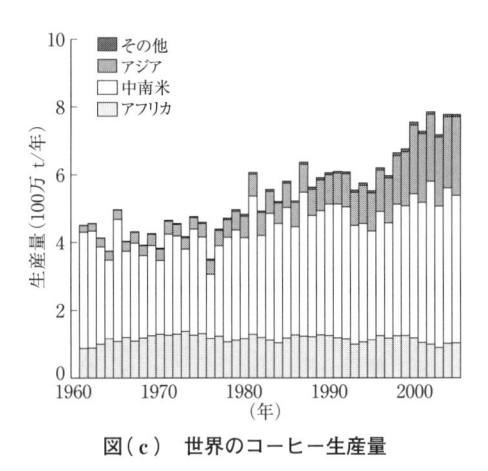

図(c)　世界のコーヒー生産量

9.5 ブラジル，東南アジアとエネルギー作物生産

9.5.1 ブラジルの農地と森林

農業において，「21世紀はブラジルの時代」といっても過言ではない．20世紀においては米国が最大の食料輸出国であったが，21世紀においてはブラジルが最大の輸出国になる可能性が高い．その潜在的な生産量は膨大である．

図9.5(a)にはブラジルにおける栽培面積の変遷を示す．ブラジルでは1960年代から1980年代にかけて栽培面積が順調に増加していたが，1980年代後半から1990年代前半にかけてその面積が減少してる．この減少は1980年代後半に生じた経済危機が，農業にまでおよんだためと考えられる．しかし，経済が危機を脱した1990年代中頃より栽培面積は増加に転じている．

ブラジルの栽培面積を見ると，穀物の栽培面積がほぼ一定であるのに対し，大豆の栽培面積が増加していることに気付く．この大豆の栽培面積の増加は9.2.1で述べた，主に中国における大豆需要の増加に対応したものであり，2003年の大豆栽培面積は1,840万haにもなり，穀物栽培面積に迫っている．

その結果，2004年の総栽培面積は5,910万haとなり，これは，インド，中国，米国についで世界第4位である．日本の総栽培面積は319万haだから，ブラジルのそれは日本の19倍にもなる．一方，ブラジルの人口は1億8,900

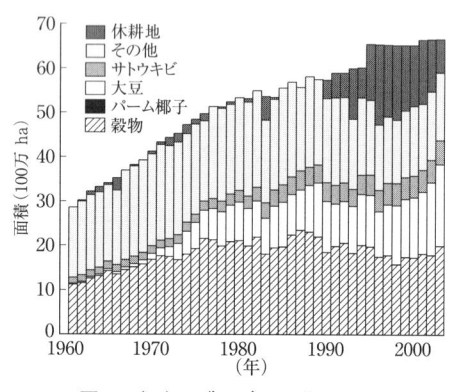

図9.5(a) ブラジルの農地面積

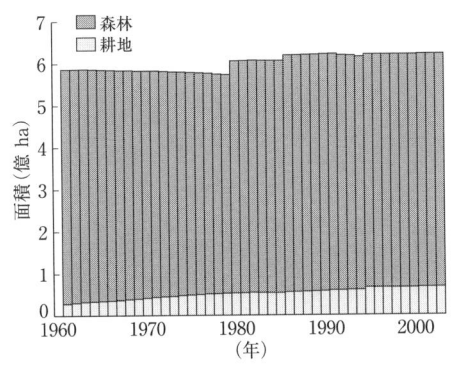

図9.5(b) ブラジルの農地と森林

万人であり,日本の約1.5倍に過ぎないから,ブラジルの総栽培面積がいかに大きいか理解できよう.

21世紀がブラジルの時代といわれる所以は,その農地面積が広大であることとともに,その面積を大幅に拡大できる点にある.図9.5(b)にはブラジルの農地と森林の面積を示す.第1章で見たように,森林の多くは農地に変えることが可能であるが,図9.5(b)を見るとブラジルに森林が多く残っていることを実感できる.

ブラジルの農地と森林の合計面積は6億2,200万haにのぼる.これは国土の74%を占める.ブラジルには砂漠がほとんどない.ちなみに砂漠の多いオーストラリアの森林と農地面積の合計は1億9,300万haであり,農業に使える面積はブラジルの1/3以下である.20世紀に米国が「世界のパン籠」と呼ばれたが,農地と森林の合計面積を見れば,2050年にはブラジルが米国以上の「世界のパン籠」になる可能性があることが理解できるだろう.

9.5.2 セラード開発

2050年のブラジル農業を語る上で最大の問題は,熱帯雨林の破壊である.ブラジルには農地の拡張余地は大きいが,農地を拡張することは熱帯林や熱帯雨林の破壊につながる.このような状況の中で,大きな期待が持たれているのがセラードの開発である(本郷,2002;ブラジル日本商工会議所,2005).

セラードとは,ブラジルの中央部やや東寄りに南北に広がる半乾燥台地の名

称である．セラードは降雨量が 800 mm から 2,000 mm の平坦な台地であり，現在，その多くは灌木林になっている．セラードは長く不毛地帯と考えられてきたが，これはセラードが内陸部に広がり，湿潤な地域が多いブラジルにしては降雨が少ないためと思われる．しかし，よく考えれば気温が高く適度に降雨量がある台地は農業に向いている．セラードが不毛の大地とされてきたことは，南部のサンパウロ郊外などに，農業に適する土地が豊富にあったためであろう．交通の不便な地方で強いて農業を行う必要がなかったから，さしたる検討もせずに，不毛の大地といわれ続けてきたと思われる．

しかし，道路の整備やトラックの性能向上など輸送手段が発達すると，セラードは商品作物を生産するのに好適な土地との認識が広がり，ブラジル政府は 1970 年代に本格的なセラード開発に乗り出した．セラードには灌木林が広がっているが，この開発については熱帯雨林とは異なり，自然保護運動が顕在化していないようである．

セラードの開発には JICA も協力している．これには，次のような事情もあったとされる．1973 年 6 月にシカゴの穀物相場が急騰すると，米国政府は国内需要を優先するとして大豆の禁輸措置を取った．当時，日本は大豆の大部分を米国より輸入していたため，この措置に大きな衝撃を受け，輸入先の多角化を迫られた．このことも理由の 1 つになり，日本はセラード開発に協力することになったが，日本の協力はセラード開発において大きな力になったとされる．

セラードの総面積は 2 億 400 万 ha であるが，このなかで農業に適する面積は 1 億 2,700 万 ha とされる．この面積は現在のブラジルの農地面積 6,600 万 ha の約 2 倍である．現在の農地面積にセラード内の農業に適する面積を加えると，ブラジルの農地面積は 1 億 9,300 万 ha にもなるが，これは米国の農地面積に匹敵する．2050 年における米国の人口は 4 億人と予測されているのに対し，ブラジルの人口は 2 億 5,000 万人程度にとどまる．セラードを開発しただけでも，ブラジルが膨大な食料輸出力を持つようになることが理解されよう．

セラードにおいては大豆の生産が可能である．また，IIASA の推定では，セラードのほぼ全域はサトウキビの栽培適地である．2005 年におけるブラジルのサトウキビ栽培面積は 537 万 ha であるが，セラード開発により，ブラジルは現在のサトウキビ栽培面積を 10 倍にすることが可能になる．ブラジルは

サトウキビの生産量を飛躍的に増大させることができる．

　第4章で見たように，ブラジルはサトウキビ，オイルパームの双方において，世界最大の栽培適地を有する．ブラジルにおけるサトウキビの栽培適地は，降雨量が少ない大西洋に突き出た東部を除きほぼその全土に広がる．先に述べたようにセラードも栽培適地である．ただ，セラード以外の地域でサトウキビを栽培しようとすると，熱帯雨林の保護運動とぶつかり合うことになろう．

　オイルパームの場合，熱帯雨林との競合はサトウキビより深刻である．ブラジルにおけるオイルパームの栽培適地は，アマゾン河流域の熱帯雨林とほぼ重なる．ブラジルがオイルパームを本格生産することになれば，熱帯雨林の保護運動との間に大きな摩擦が生じることは避けられない．

　ブラジルにおいて，サトウキビやオイルパームがどの程度生産されるか予測することは極めて難しい．それは，エネルギー作物生産では，自然保護とのバランスをどのように考えるかが最大の問題になるためである．サトウキビやオイルパームの潜在生産量は膨大である．しかしながら，その生産は，今後，自然保護運動の制約を強く受けることになろう．筆者は，作物学的な限界や経済的な限界とは違うところに，バイオマスエネルギー生産の限界があると考えている．

9.5.3　東南アジアの農地と森林

　東南アジアは日本にとって最も近い熱帯地域であり，エネルギー用バイオマスの生産地として注目されている．日本がなんらかの関わりを持って，東南アジアでエネルギー用バイオマスを生産できないか，いろいろな方面で検討が行われている．ここでは，個別案件を離れ，より広い視点から東南アジアにおけるエネルギー作物の生産について検討したい．

　東南アジアにおいて，エネルギー作物を生産するために，新たに森林を伐採し農地を造成することは，ブラジルで行うより難しいと考える．それは，東南アジアの人口密度が1.24［人/ha］とブラジルの0.21［人/ha］に比べて約6倍も高く，このため農地率（1.2.1参照）が高くなっているからである．ブラジルの農地率は11％であったが，タイのそれは55％，ベトナムでも48％になっている．東南アジアでは比較的森林が残っているマレーシアやインドネシア

でも，農地率はそれぞれ25%，24%である．

森林をどこまで農地に変えるかは，基本的にはそこに住む人々の意思に任されるべきであろう．しかしながら，ここに挙げた数字を見るとき，今後，タイやベトナムで農地面積を増やすことは難しいと思われる．1960年代から1980年代にかけて，農地率が上昇したタイでは，すでに森林の保護に大きな努力が払われるようになっている．

一方，現在，東南アジアのなかでは農地率が低いマレーシアとインドネシアでは，オイルパーム栽培面積が増加している．この増加は今後も続くと思われるが，その面積がどこまで増加するかを予測することは難しい．増加すればするほど，森林保護運動との摩擦が避けられなくなるためである．4.5.5でも述べたように，マレーシアでは，ボルネオにおけるオイルパーム畑の拡張がオランウータンの生息地を奪うとして，反対運動が強くなっている．このようなことを受けて，マレーシアではオイルパーム栽培面積の増加が鈍化し始めている．今後，東南アジアにおいて森林を伐採してエネルギー作物を栽培することは，一層難しくなると考えてよい．

そもそも，エネルギー作物の生産は，高騰する石油価格への対応という側面もあるが，バイオマスエネルギーの使用が大気中の二酸化炭素濃度を高めない点も強調されている．地球環境問題への対応を強調する以上，熱帯林を伐採し，その栽培面積を増加させることには問題が多い．このことについては，十分な議論をつくして，広く社会的合意を得た上で，エネルギー作物を生産すべきであろう．

9.5.4 休耕田とエネルギー作物

新たに農地を造成することが難しいのであれば，現在使用している農地でエネルギー作物を生産することが考えられる（川島ら，2007）．ここで考えられるのは休耕田の利用である．日本の経験に照らしても，経済が発展すると食の多様化が進み米消費量は減少する．このため，経済発展が著しい東南アジアでも休耕田が生まれる可能性がある．これを利用すれば，森林面積を減少させることなくエネルギー作物の生産が可能である．

東南アジアにおける総栽培面積は9,900万haであり，これは日本の総栽培

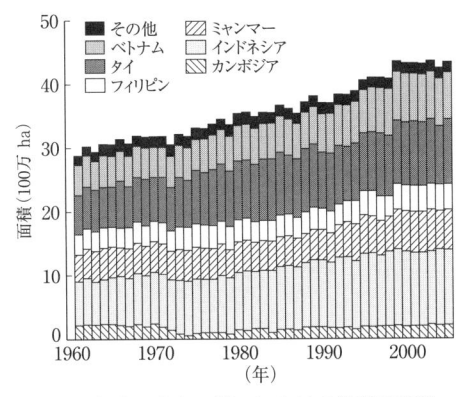

図 9.5(c)　東南アジアにおける米栽培面積

面積の 31 倍にものぼる．東南アジア全体の人口は 5 億 5,600 万人であり日本の 4.3 倍でしかないから，東南アジアは人口の割に広い栽培面積を有していることになる．この面積の中の 43%，4,320 万 ha で米が栽培されている．図 9.5(c)には東南アジアにおける米栽培面積の変遷を示す．東南アジアでは 1961 年以降米栽培面積はほぼ一貫して増加していたが，1990 年代の後半になってからは横ばいに転じている．これは米需要が鈍化しているためである．2004 年において米作栽培面積が最も多いのはインドネシアで 1,180 万 ha，これにタイの 1,020 万 ha，ベトナムの 734 万 ha，ミャンマーの 627 万 ha が続いている．

次に人口について考えてみよう．東南アジアは人口の急増地帯とのイメージがあるが，経済発展にともない東南アジアの人口増加率は急速に低下している．2050 年の人口は，国連の中推計では 7 億 5,200 万人とされるが，下位推定では 6 億 2,700 万人にとどまる．今後も経済発展が順調に続くと考えてよいであろうから，東南アジアの多くの国では，人口は下位推計で推移する可能性が高いと考える（第 10 章のコラム参照）．

1961 年における東南アジアの人口は 2 億 2,800 万人であり，2005 年までの 44 年間の間に 2.4 倍に増加している．これに対して 2005 年から 2050 年までの 45 年間では，中位推計でも 1.4 倍に，下位推計では 1.1 倍にしか増加しない．

20 世紀後半において東南アジアでは一人当たりの米消費量が増加している．

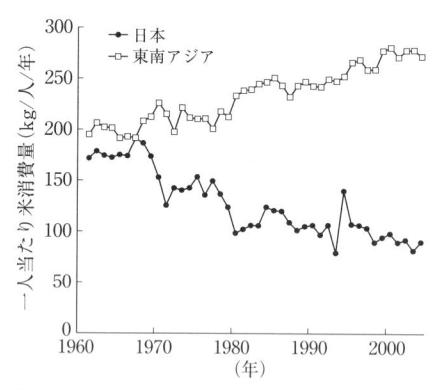

図 9.5(d) 東南アジアと日本の一人当たり米消費量

　図9.5(d)に一人当たり米消費量の変化を示すが，1961年には195 kgであった消費量は，2004年に272 kgにまで増えている．図中には日本の消費量も示すが，日本では1961年には172 kgであったものが2004年には90 kgに低下している．これは日本では経済成長にともない，動物性タンパク質や油脂の摂取量が増加したためである．

　今後，東南アジアでも経済成長にともない一人当たり米消費量が低下する可能性が高い．すでにシンガポール，マレーシア，タイでは低下が始まっている．東南アジアのなかでいち早く経済が発展したシンガポールでは1960年代から一人当たり米消費量が減少し始め，2004年における消費量は81 kgと日本を下まわるまでになっている．また，現在，東南アジアにおいてシンガポールに次いで一人当たりGDPが高いマレーシアでも，米消費量は1974年に203 kgを記録した後，徐々に低下し，2004年の値は109 kgと1974年の値に比べてほぼ半減している．

　今後，東南アジアの米消費量がどこまで低下するかを予測することは難しいが，図9.5(d)を見るとき，2050年に一人当たり消費量を200 kgとすることは無理のない仮定といえよう．経済が順調に成長すれば，もっと減る可能性もある．2050年に一人当たりの米消費量が200 kgになるとすると，需要量は人口を中位推計とした場合に1億5,000万t，下位推計とした場合に1億2,500万tになる．2005年の生産量が1億6,500万tであることを考えると，今後，需

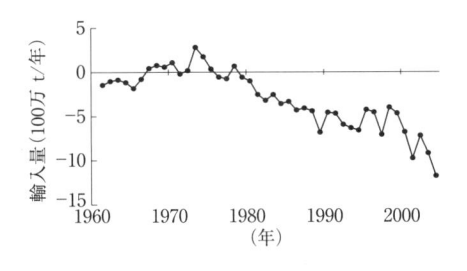

図 9.5 (e)　東南アジアにおける米輸出量
マイナスは輸出を表す．

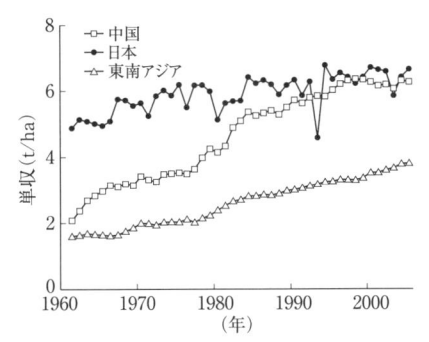

図 9.5 (f)　東南アジア・日本・中国の米単収

要量は横ばいからやや減少傾向で推移する可能性が高い．

　東南アジアの米需要は横ばいと考えられるが，西アジアや西アフリカからの米需要は増加する可能性が高い．図 9.5 (e)に東南アジアから域外への米の輸出量を示す．東南アジアは 1970 年代には米輸入地域だったこともあるが，その後，タイからの輸出量が増加しベトナムも輸出国に転じたことから，現在は 1,000 万 t 以上を域外に輸出している．

　第 7 章で見たように，米の主な輸出先は西アジアと北アフリカ，西アフリカである．これらの地域の米需要は，第 10 章でも触れるが 5,000 万 t 程度にまで増える可能性がある．インドの米輸出量も増えているから，東南アジアのみが米の供給地域になるわけではないが，そのほぼ全域が米の栽培に向いていることから，東南アジアからの米輸出量は今後も増加すると考えられる．仮に 4,000 万 t の米を輸出することになると，東南アジア内部の需要と合わせて，

2050年において1億6,500万tから1億9,000万tの米を生産しなければならないことになる．

図9.5(f)には，日本，中国，それに東南アジアの米単収を示す．日本の単収は1961年においてすでに4.9 [t/ha] もあった．これに対して1961年の中国の単収は2.1 [t/ha]，東南アジアの平均は1.6 [t/ha] に過ぎなかった．その後，中国の米単収は急速に向上し2005年の単収は6.3 [t/ha] と，日本と同水準になっている．これに対して，東南アジアの単収は1961年には中国と同水準であったが，2005年においても3.8 [t/ha] にとどまり，中国に大きく差を付けられている．

これは東南アジアの窒素肥料投入量が中国の約1/2にとどまっているためである．東南アジアで投入量が増加しなかった理由は，米栽培面積当たりの人口が少なかったため，単収を増加させる必要がなかったためと考えられる．2005年における米栽培面積当たりの人口は，日本が75.1 [人/ha] であるのに対し，東南アジアは12.8 [人/ha] である．特にタイではその値が小さく6.3 [人/ha] と日本の1/10以下である．タイは東南アジアのなかでも，窒素肥料投入量が少ない国として知られる．

東南アジアには単収を向上させる余地が十分残っている．今後，窒素肥料投入量を増加されば，その単収は増加していくだろう．図9.5(f)に見られる傾向から考えると，東南アジアの単収が2050年に6 [t/ha] になることは十分に考えられる．6 [t/ha] になれば，現在の栽培面積4,320万haから2億6,000万tの米を作ることが可能となる．これは，先に見た東南アジア域内での米需要と域外への輸出量を十分に満たす量である．

東南アジアにおける米需要を1億6,500万tから1億9,000万tと考え，また，単収を6 [t/ha] と仮定すると，栽培面積は2,750万haから3,170万haでよいことになる．この面積は現在の栽培面積より1,150万haから1,570万ha少ないことになり，この面積は休耕田になる可能性がある．この休耕田を利用すれば森林面積を減少させることなくエネルギー作物を生産することができる．東南アジアではエネルギー作物として優れているサトウキビを栽培することが可能であるから，休耕田を用いれば膨大なエネルギーを生産することができる．

9.5.5 エネルギー作物の生産を可能とさせる条件

前節の検討は，東南アジアにおけるバイオマスエネルギーの生産に希望を与えるものであったが，これは手放しで実現できるものではない．

第一に東南アジアの灌漑率を向上させる必要がある．第8章で検討した灌漑率は，2003年において日本が81%，韓国が46%，その北部に畑地が多く灌漑がさほど必要ない中国でも34%もある．これに対し，水田が多い東南アジアの灌漑率は17%でしかない．なかでも国土が広いためバイオマスエネルギー生産において注目されるインドネシアの灌漑率は14%に過ぎず，比較的整備が進んでいるタイでも28%である．

第8章で検討したように，灌漑率の向上は単収の向上にはあまり貢献しないと考えられるが，それでも単収の安的化には貢献しよう．また，タイの東北部は乾期に農業を行うことができない地域として知られるが，灌漑が施されることにより，そのような地域でも二期作，二毛作が可能となろう．灌漑率の向上は栽培面積を増加させる上で有効と考える．迂回路になるかもしれないが，農業の基盤整備を進めることは東南アジアにおいて，森林面積を減少させることなく，エネルギー用のバイオマスを生産することにつながる．

ただ，農業の基盤整備が進んだとしても，東南アジアが有力なエネルギー作物生産地域になることは難しいかもしれない．それは，価格の問題があるからだ．東南アジアでは米生産が盛んであるが，米は輸出価格が最も高い穀物である（図7.4）．農民にとってエネルギー作物が魅力的な作物になるためには，米と同じかそれ以上に利益が上がるものでなければならない．これまでのところ，米の輸出価格は300［ドル/t］から400［ドル/t］程度で推移している．これが農民の売り渡し価格になるわけではないが，米が高価な農産物であることには変わりがない．米がエネルギー作物の競合作物となるため，東南アジアで作られるエネルギー作物は，農民から比較的高い価格で買い取る必要が生じる．

エネルギー作物を低価格で生産するには，規模拡大が有力な手段になる．米国，ブラジル，オーストラリアが農作物の輸出競争力を有するのは，その経営規模が大きいためである．しかしながら，東南アジア農業の経営規模拡大は困

難な作業となろう.

　アジアには多くの農民がいる．国土が広いことから，エネルギー作物生産において期待が持たれているインドネシアには，2004年おいて9,230万人もの農民がいる．同様にベトナムには5,420万人，タイにも2,900万人の農民がいる．同年の日本の農民がFAOデータでは390万人であることを考えると，東南アジアの農民人口がいかに多いかが理解されよう．この結果，農民一人当たりの栽培面積は，比較的広いタイでも0.59 ha，インドネシアで0.35 ha，ベトナムでは0.24 haに過ぎない（2004年）．これは同年の日本の値が0.82 haであることを考えても小さい．

　日本は農業の競争力を付けるため規模拡大が叫ばれているが，東南アジアの経営規模は日本以下である．現在，東南アジアは日本に比べ賃金が低いため，農作物においても価格競争力を有しているが，今後経済が成長して賃金が増加すれば，日本と同様に農産物の国際競争力は低下する．現在の順調な成長が続けば，その時期はさほど遠くないと考える．

　日本で休耕田が生じたように東南アジアでも休耕田が生じる可能性が高い．東南アジアでは，日本のように政策として休耕が行われることはないと考えるから，耕作放棄という形で休耕田が広がることになろう．タイ東北部を歩いてみると，すでに耕作されていない農地を多く見かける．

　ブラジルではセラードという未開の大地で開発が進んでいる．そこでは，現在の機械技術を基準に経営規模が決定されることになろう．それに対して，アジアの経営規模は，その昔，人力で水田を耕した時代に決定されている．日本の米作が国際競争力を持たないように，今後，東南アジアにおけるエネルギー作物が，ブラジルで生産されるものに対し競争力を持つことは難しいと考える．

　石油価格が暴騰し，現在の米価格のより高い価格でエネルギー作物が取引される事態が生じれば別であるが，石油価格が50-100［ドル/バレル］程度で推移する場合，小農が乱立し，その土地の集約に時間がかかる東南アジアでは，エネルギー作物生産を産業として軌道に乗せるためには，多くの困難が付きまとうことになろう．

　以上のようなことを考慮した上で，日本が東南アジアでのエネルギー作物生産にどう関わるか，長期的な戦略を練る必要があろう．

10 食料生産の未来
バイオマスエネルギーとの競合は起きない

　本章ではこれまでの検討を総合し，マクロな視点から2050年を考える．まず，世界の人口予測について検討を加え，その後，世界の食料とバイオマスエネルギー生産について展望することにしよう．

10.1　世界の人口

　人口増加の趨勢は世界の食料問題に大きな影響を与える．いうまでもなく，人口が急増する世界では，食料の増産は重要な課題であるが，反対に人口が減る社会では食料生産は大きな問題にはならない．ここでは，まず，今後の世界の人口について検討しよう．

　本書では，これまで国連による人口推計のなかで中位推計と呼ばれているものを使用してきた．その理由は，中位推計を用いることがこの種の研究では標準になっているからである．しかしながら，広く一般に引用されている中位推計の中身については意外に知られていない．ここでは，この中位推計について少し詳しく検討してみたいと思う．

　図10.1は国連による世界の人口予測（2004年版）（United Nations, 2005）の結果を示す．図にはよく知られている中位推計の他に，低位推計，高位推計についても示した．また図10.1には，中位推計と低位推計を組み合わせたものについても示しているが，これについては後に説明する．

　中位推計において2050年の世界人口は91億人とされるが，これは地球環境問題などを考える上で広く引用される数字になっている．だが，2050年の世界人口は低位推計では77億人，高位推計では106億人となっており，その推計には大きな幅がある．予測に幅があるのは当然であろうが，それでは，この

図 10.1 世界人口予測

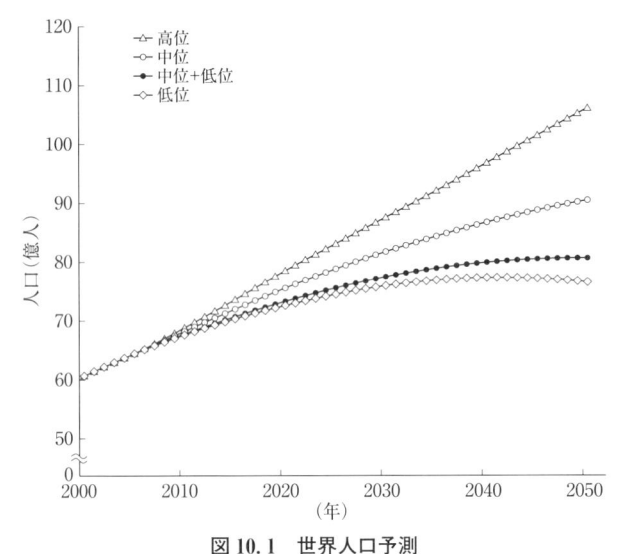

国連人口推計 (2004 年).

幅は何によってもたらされているのであろうか．中位推計を標準とする前に，このことについてもう少し考えてみたい．

10.1.1 合計特殊出生率

通常，将来人口の予測にはコホートモデルと称されるものが用いられている．これはよく目にする人口ピラミッドが将来どのようになるかを予測するものである．このモデルを動かすためには，現在の男女別，年齢別の人口構成とともに，将来の出生率，死亡率を知る必要がある．このなかで，現在の人口ピラミッドについては調査すればわかるが，将来の出生率と死亡率に関してはなんらかの予測を行う必要がある．

ここで，死亡率については過去のトレンドから，かなり精度のよい予測が可能なようである．アフリカにおけるエイズの蔓延といった特殊要因を除けば，世界の死亡率の変化は過去のトレンドの延長上にあり，死亡率の推定の違いが人口の推計結果に与える影響は小さい．それに対して，出生率の予測は，専門家でも難しいようである．このため，将来の出生率をどう推定するかにより，

将来の人口が大きく変わることになる．

それでは，国連の人口推計において，出生率にはどのような値が用いられているのであろうか．人口推計モデルでは，出生率については合計特殊出生率と呼ばれる値が用いられている．合計特殊出生率（以下出生率とする）は，一生の間に一人の女性が生む子どもの数である．国連の人口推計では，低位推計，中位推計，高位推計に用いた出生率が公開されている．

ここでは，日本，中国，インドの中位推計に用いられた出生率を見てみよう（図10.2）．2005年までは実績値で，それ以後は予測値である．図10.2を見ると，1950年代から1970年代にかけて，中国，インドの出生率が6前後と極めて高く，一人の女性が平均6人の子どもを産んでいた．衛生状態が悪い社会では，成人するまでに亡くなる子どもが多いため，人口を維持するにはたくさんの子どもを産む必要がある．1970年代の中国，インドの出生率は，そのような状態を表している．

人口増加は，たくさんの子どもを産むことが当然視される社会において，衛生状態が徐々に改善し幼児死亡率が低下していく段階で起きる．その後，生まれた子どもが必ず成人すると確信が持てる社会が到来すると，出生数は減少し

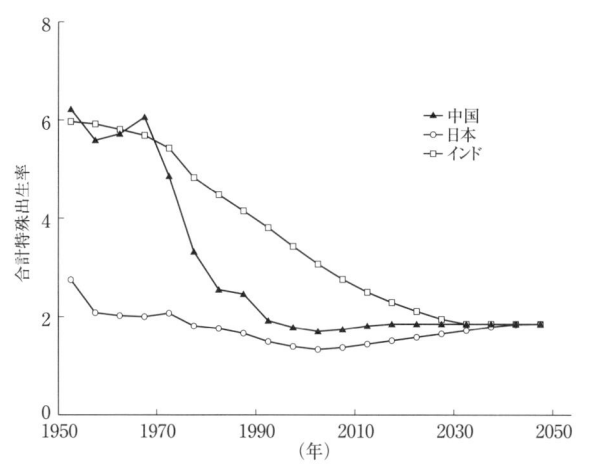

図10.2　日本・中国・インドの特殊合計出生率（中位推計）
国連人口推計（2004年）．

ていく．この現象は古典的人口転換理論において「多産多死」から，「多産少死」を経て「少産少死」に移行すると説明されている（阿藤，2000）．中国，インドの1950年代から1970年代にかけては，まさに「多産少死」の時代であったといえよう．

その中国では1970年代に入って出生率が低下した．一般には，中国は一人っ子政策を行ったため出生率が低下したと理解されている．しかし，一人っ子政策は1979年に始まったものであり（若林，1989），実際には一人っ子政策を始める以前から出生率が低下し始めている．インドは中国のような一人っ子政策を採用していないが，そのインドでも出生率が低下している．インドの2000年から2005年までの出生率は3.1であり，これは1960年代の半分である．

図10.2に示した2000年から2005年の間の出生率は，日本1.33，中国1.77，インド3.07である．図中の2005年以降の値は予測値であるが，中位推計では中国の出生率は徐々に回復し，2015年から2050年の間の出生率は1.85になる．一方，インドの出生率は徐々に低下し，2030年から2035年の間に1.85となり，その後は一定である．日本の出生率は1.33から徐々に回復し，2050年には1.85に回復するとされる．中位推計では，中国，インド，日本の3国とも，2050年の出生率は1.85になっている．

なぜ，国連の推計ではこの3国の2050年の出生率を1.85としているのであろうか．国連の人口推計値を記載したCD-ROMにその説明はない．しかし，他の国のデータを見ていると，日本と中国の出生率が1.85に回復するということについては，フランスなどのヨーロッパ諸国の例を参考にしているように思える．フランスの出生率は1950年から1955年は2.73であったが，1990年から1995年には1.71にまで低下している．しかし，その後，出生率の回復に努力が払われ，2000年から2005年は1.87に回復している．中位推計ではこれを元に，経済が発達しまた人口の維持にも配慮する社会では，出生率が1.85になるとしているようである．

しかしながら，日本の例を引くまでもなく，一度低下した出生率をフランスのように再び上昇させることは大変難しい．中国では女性の社会進出が日本以上に進んでおり，夫婦共稼ぎが一般化している．共稼ぎ家庭では，政策として強制されなくとも，一人っ子が定着しているようである．一人っ子政策を転換

したとしても，少なくとも沿岸部では，出生率は容易には回復しないと考える方が自然であろう．中位推計では中国の出生率は徐々に上昇するとしているが，実際には日本のように，さらに低下する可能性が高いと考える．

2050年の中国の出生率は低位推計では1.35，高位推計では2.35である．現在の日本から中国などアジア諸国を見るとき，高位推計は論外といえよう．また，2050年の出生率が1.85であるとする中位推計も，高く予測し過ぎているように思える．日本の現状を見るとき，アジアの多くの国において，出生率は低位推計に用いた値で推移する可能性が高いように思える．

10.1.2　2050年の人口

2050年の世界人口に対し，次のようなシナリオを考えている．このシナリオでは国連の中位推計にしたがうのは，アフリカと西アジア地域，それに米国とする．なぜ，この地域だけ中位推計とするかは，以下の理由による．

サハラ以南アフリカについては，第9章で見たように，食料生産において中国やインドとは明らかに違った傾向を有しており，20世紀後半においても，食料事情が改善されていない．これから2050年までの間においても，食料事情が改善されない可能性が高い．幼児死亡率もなかなか低下しないであろう．そのような状態では人口増加率は比較的高い値が維持される可能性が高い．また，北アフリカから西アジアはイスラム教の影響が強い地域であるが，イスラムの影響が強い地域では今後も比較的高い人口増加率が維持される可能性が高い（Huntington, 1996）．また，米国は中南米からの移民とその子孫の人口増加率が高いことにより，人口増加率が高い状態が続くとされる（日本経済新聞社 編，2006）．以上の理由により，ここに挙げた地域では，他の地域より人口増加率が高くなる可能性が高いと考えた．

アフリカ，西アジア地域，米国では人口が中位推計で推移し，その他の地域は低位推計で推移すると仮定すると，2050年までの世界の人口は，図10.1中に中位＋低位として示した値になる．これは中位推計より低位推計に近くなるが，これはその人口が世界人口に占める割合が大きい東アジア，南アジア，東南アジアを低位推計としたためである．

中位推計，低位推計において，人口は2020年ぐらいまでは，それほど大き

な違いが見えない．しかし，それ以後，徐々に差が広がる．本章のコラムでアジアの農村を歩いた印象を述べるが，もう20年もすれば，中国や東南アジア，ひょっとしたらインドにおいても，少子高齢化，農村の過疎化が問題にされる社会が到来するかも知れない．

また，たとえ中位推計を採用したとしても，中国，インドにおいても2050年の出生率は2を割り込むことになる．出生率が2を割り込んだ状態が続けば，人口は必ず減少する．21世紀を人口爆発の時代と見ることはできない．21世紀の後半は世界規模で人口が減少する社会となる可能性が高い．地球環境問題を考えるとき，重要な視点となろう．

〈コラム：アジアの農村と出生率〉

アジアで人口が急増する理由の1つとして，筆者はいままでに次のようなことをよく耳にしてきた．「アジアでは水田農業が営まれているが，稲作には労働力が必要である．稲作を行う上では，小さな子どもも労働力として活用できる．中国で農村部に一人っ子政策がなかなか浸透しない理由は，家の後継ぎの男子を欲しがることとともに，子どもが労働力として役立つからである」．

しかし，最近，アジアの農村を歩いていると，これまでに聞かされてきた話とは違った印象を受ける．タイの農村を歩いていると，昭和40年代の日本の農村を歩いているような気分になる．農村で若者を見かけることが少ない．若者は都市部に働きに出ているようである．また，農村部でも立派な家を見かけることがあるが，出稼ぎに行った収入で建てたなどの話も聞く．農家の庭先に，タイでは高級車とされる日本製の自動車が停めてあることも珍しくない．

タイの農家は子沢山というのは昔の話で，現在，子どもの数はさほど多くないようである．訪れた村で，子どもが群れをなして遊んでいる姿を見ることは稀である．「アジアの農村部では子供を学校に行かせず農作業を手伝わせるため，就学率が上がらない」という話もよく聞かされたが，実際にアジアの農村を歩くと，その実態は大きく変わり始めている．高い教育を受ければ，都市に出て農業とは比較にならない高い収入が得られることを，農民はすでに知っている．

2007年1月にチェンナイ（マドラス）近郊の農村を訪問する機会があった．インドは2004年の一人当たりGDPが636ドルとタイの1/4でしかない．しかし，そのインド南部の農村を訪ねても，タイの農村と似たような印象を持っ

た．筆者は以前，「インド南部の農業では水の管理が重要であり，小さな子どもは水汲みの手伝いをさせられる」と聞いていた．しかし，実際に見た農村では，農業用水は井戸から電動ポンプで汲み上げられており，農作業を手伝っている子どもを見ることはなかった．聞いてみると，そのポンプを動かす電気は政府が無料で供給しており，チェンナイ近郊には原子力発電所もあるとのことであった．また，農村では椰子の葉などで作った家が多いと想像していたが，実際には，コンクリートやレンガで作られた家が多かった．家の屋根にはテレビのアンテナが立っていた．「テレビ用の電気は有料であるが，盗電している家が多い」との話も聞かされた．

　フィールド調査では運転手付きのレンタカーを借りることが多いが，インドでは英語が話せる運転手を頼むことが容易である．調査の道すがら運転手と話をしていると，彼が農家の出身であることがわかった．中年の運転手は，妻子をチェンナイから西へ200 kmほど離れた自分の父母の元に残してきた出稼ぎであった．チェンナイは住居費が高く，妻子と一緒には住めないとこぼしており，家族に会うために月に1度ぐらいは実家に帰るそうである．実家に帰った際に，老父母が行っている農作業を手伝うとのことであった．彼には子どもが1人いるが，その子は優秀らしく自慢話を始め，高い教育をつけてやりたいと話していた．また，兄が2人いるが，両人とも農家は継がず遠くの町で働いているとのことであった．

　開発途上国において，自動車の運転手は一般に高級技術者と見なされており，その社会ではそれなりの収入を得ている．彼の話を持ってすべてを類推することはできないが，それでも末っ子が片手間に農業の手伝いをするだけで，誰も農業を継ぐ様子がないことには驚かされた．

　アジアの農村は急速に変化している．灌漑用のポンプなどが，先進国ほどではないにしても，普及し始めている．農業に労働力を必要とする時代は急速に終わろうとしている．どこでも兼業化が進んでいる．その状況は，現代日本の農山村とそう変わらない．水田農業を行うためには労働力が必要であり，そのために子どもをたくさん産む時代ではなくなっている．

　また，インドでも多くの人々が，高い教育を受けた方が高収入を得やすいと考えている．子どもに高い教育を施すにはお金が掛かるから，教育に熱心になればなるほど子どもの数は減っていく．現代日本とまったく同じ現象がインドで起こり始めている．阿藤氏は2000年に出版した著書で，「10年前に，今日のタイの出生率が先進国の水準にまで低下することをだれが予想できたであろうか」と述べているが（阿藤，2000），同様の現象がインドにも起きつつある．

10.2 食肉生産量

2050年の人口は2005年に比べて，国連の中位推計においても1.4倍にしか増えない．それに対して，2005年の人口は1961年に比べて2.1倍に増えているから，食料の供給は，過去より未来の方が楽に思える．それにもかかわらず，世界の食料供給について危機感があるのは，これまで肉をあまり食べていなかった開発途上国の人々が肉を大量に食べるようになり，飼料用穀物の消費量が急増すると考えられているためであろう．第9章では中国について同様の問題を検討したが，ここでは世界全体についてこの問題を検討する．このため，先に食肉需要を検討し，その後で穀物需要量を検討することになる．

2050年における食肉消費を考えるとき，最も注目しなければならないのはアジアである．これは，アジアの人口が世界人口の約6割と多く，また，アジアがこれまで食肉をあまり消費してこなかったからでもある．今後，アジアの食肉消費量は大きく増加すると考えられる．

それに対して，本書で定義した西洋の人口が世界に占める割合は，2050年には1割にまで低下する．また，西洋は現在でも十分に食肉を消費しているため，今後，一人当たり消費量が増加する懸念がない．西洋の食肉消費量は現状が続くとすればよいであろう．

アジアと西洋以外の重要な地域として中南米とサハラ以南アフリカがある．ここで，中南米は，現在，その人口が世界の9%を占めるに過ぎず，人口増加率も低下している．また，第9章で見たように，ブラジルに大きな食料生産余力が存在することから，その需給の増加が域外におよぼす影響は小さいと見てよい．

一方，サハラ以南アフリカに食肉を大量に消費する社会が出現する可能性は低いと考える．また，仮にサハラ以南アフリカの国々が予想以上に経済発展した場合でも，第1章で見たようにサハラ以南アフリカには農地の拡張余地が多く残されていることから，食料を域外に依存する可能性は少ないであろう．

このように考えれば，世界の食料需給に最も大きな影響をおよぼすのはアジアである．アジアは2050年において，中位推計で51億1,000万人，低位推計でも43億人もの人口を擁する地域になる．第9章で検討した中国のほかにも，

人口大国であるインド，インドネシアがあり，その食料供給の動向は十分に把握しておく必要がある．

10.2.1 アジアの動物性タンパク質消費量

動物性タンパク質の消費量は，ある国の経済状況をよく表している．一般に，先進国の人々は動物性タンパク質を多く消費する．これに対し開発途上国の人々の消費量は少ない．だが，開発途上国でも経済が発展し始めると消費量が増大する．また，先進国でも経済状況が著しく悪化した場合には消費量が減少する．

ここでは一人当たりGDPとの関連で動物性タンパク質消費量を見てみよう．図 10.3 には，一人当たりGDPと一人当たり動物性タンパク質消費量（食肉換算）の関係を示す．この図には西洋諸国とアジア諸国の値を別々に示した．ここで，西洋諸国は本書で定義した西洋に含まれる国である．消費量は，生産量に輸入量を加えて輸出量を減じた値である．タンパク質消費量は牛乳，卵，水産物を含んだ値であり，食料需給表に示されるタンパク質含有量から，牛乳 1 kg は食肉 0.175 kg，卵 1 kg は食肉 0.672 kg，魚 1 kg は食肉 1.05 kg に換算

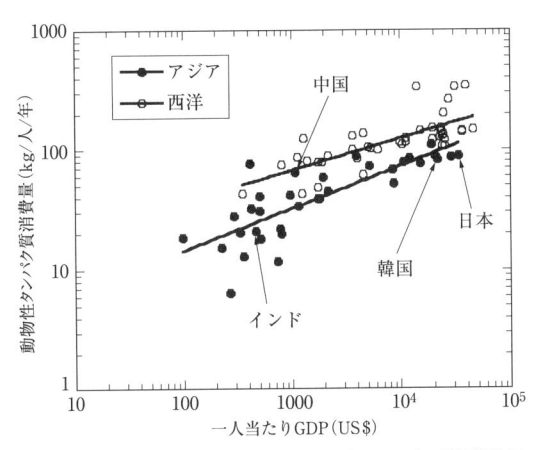

図 10.3　一人当たり GDP と動物性タンパク質消費量
　　　　（食肉換算）の関係
世界銀行（2006年）とFAO（2005年）より作成．

した.

図 10.3 からわかるように，アジア諸国と西洋諸国とでは，一人当たり GDP が等しくてもタンパク質の消費量が明確に異なる．西洋諸国の消費量がアジア諸国より多い．現在，アジアにおいて一人当たり GDP が 1 万ドルを超えた国は，日本，韓国，シンガポール，クエート，カタール，アラブ首長国連邦の 6 カ国（イスラエルとキプロスは，アジアとは文明が異質なので図 10.3 から除いた）であるが，それらの国の消費量は 80 [kg/人/年] 程度である．これに対し西洋は，一人当たり GDP が 1 万ドルを超えた場合の消費量は 100 [kg/人/年] から 300 [kg/人/年] にも達している．

10.2.2 食肉生産量予測

前節の検討を踏まえながらアジアの今後を考えてみよう．アジア主要国の一人当たり食肉消費量の変遷を図 10.4 に示す．アジアを代表する国として，日本の他に，中国，インド，インドネシア，タイ，イラン，それに近年経済成長が順調で，その消費量が著しく増加した韓国とマレーシアを選んだ．

なお，図 10.4 は飼料用穀物需要を予測するために用いるものであるから，食肉と卵，牛乳の消費量のみを用い，水産物は加えていない．このため，図 10.3 に示す値より若干低くなっている．また，中国の値は FAO データそのま

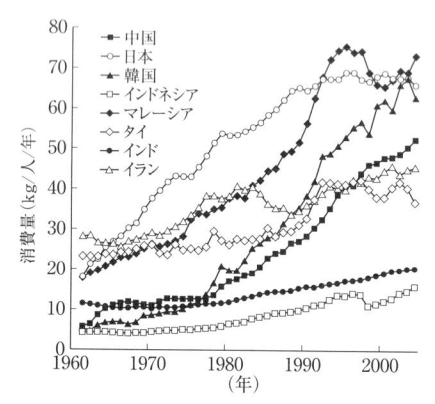

図 10.4 アジアにおける一人当たり食肉消費量（牛乳，卵も食肉に換算）

まではなく，第9章での検討により下方修正した値を用いた．

　図10.4を見ると，日本，韓国，マレーシアにおいて，消費量が70 kg付近に達するとそれ以上には増加しない傾向が顕著である．70 kgを飽和消費量と考えてよいであろう．同じ方式で西洋の消費量を計算すると2004年の値は，米国で179 kg，フランスで163 kg，ドイツで134 kg，イギリス128 kg，イタリアで139 kgである．2004年の西洋の消費量は飽和していると考えてよいが，それをアジアの消費量と比べると，アジア諸国の飽和消費量はヨーロッパ諸国の半分，米国の4割程度になっている．この違いには，食肉消費量の違い以上に牛乳消費量の違いによるものが大きい．東アジアや東南アジア諸国の牛乳消費量は西欧に比べて著しく少ない．

　図10.4で中国，韓国，マレーシアでは消費量が急増しているが，インドにはその気配が見えない．消費量の増加が極めて緩慢であり，低い水準にある．同様のことはインドネシアにもいえる．2004年におけるインドの一人当たりGDPは636ドルであり，インドネシアは1,170ドルであったが，中国において消費量が増加した時期の一人当たりGDPはそれほど高いものではない．中国の1995年の一人当たりGDPは597ドルであった．このため，インドやインドネシアで消費量が低い水準にありかつ伸びが緩慢であることを，経済状態だけでは説明できない．食文化の違いととらえるべきであろう．

　同様のことはイランとタイにもいえる．イランの一人当たりGDPは2004年に2,380ドル，タイは2,540ドルと中国の2倍以上であるが，消費量は中国と同程度である．また，増加も明らかに緩慢であり，最近は横ばいになっている．イランとタイの消費量は，今後，あまり増加しないと思われる．

　以上の傾向を勘案して，各国の2050年までの一人当たり食肉消費量を推定した．これは1つのシナリオである．このシナリオでは，アジアや太平洋諸島では一人当たり食肉消費量が70 kgになると飽和し，それ以上には増加しないとした．また，過去の増加傾向から，東アジアと東南アジアにおいては毎年1 kgずつ消費量が増加するとし，南アジア，西アジア諸国，太平洋諸島ではその半分の0.5 kgずつ増加するとした．

　旧ソ連地域，中米，南米，北アフリカの食肉増加量は，東アジアよりは遅いが南アジアよりは速いと考えて0.7 kgと仮定した．旧ソ連地域，中米，南米，

北アフリカの飽和量は一応米国と同じとした．

サハラ以南アフリカ諸国については，そのほとんどの国で1961年以降，食肉消費量は増加していない．一部の国では減少している．このためサハラ以南アフリカでは，今後の一人当たり消費量の伸びをゼロとすることも考えられるが，ここでは少し楽観的なシナリオを採用して，サハラ以南アフリカのすべての国で，毎年 0.1 kg ずつ食肉消費量が増加するとした．

北米，全ヨーロッパ，オセアニアについては現状が継続するとした．

このシナリオは192カ国について，今後の増加傾向を過去の継続としその飽和量をアジア型と西洋型に分けたものである．サハラ以南アフリカの増加量や，旧ソ連地域，中米，南米，北アフリカの飽和量に関する仮定はやや大きいから，このシナリオはやや多めの値を与えるものになっている．

192カ国ごとの一人当たり食肉消費量シナリオに人口を掛け合わせて，世界の食肉消費量を求めた．結果を図10.5に示す．

人口中位推計を採用すれば，食肉消費量は2030年に5億4,000万t，2050年に6億2,600万tになる．2050年の消費量は2004年の1.7倍であり，その増加率は20世紀後半より明らかに鈍化する．先に検討したように，人口増加は

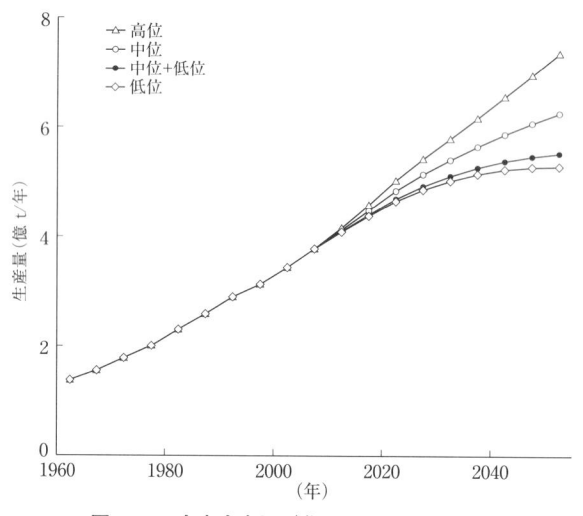

図10.5　食肉生産量（乳，卵も食肉に換算）

中位推計と低位推計の中間になる可能性が高いが，中位＋低位の人口シナリオを採用すると，2050年における世界の消費量は5億5,300万tになる．これは2004年の1.5倍であるが，世界の消費量は1961年から2004年までの間に2.7倍に増加しているが，これから2050年までの伸びはそれに比べれば大きく鈍化するすることになる．

人口の増加と開発途上国の経済発展により，世界の食肉需要は爆発的に増加するといわれているが，詳細に検討すると，今後も食肉需要は増大するものの，その増加は爆発的ではない．増加率の鈍化が予想されるが，それは2030年頃には鮮明になろう．

10.3 穀物生産量

10.3.1 飼料の需要量と供給量

飼料用穀物量については第2章に示したが，ここでは，どういった種類の畜産物にどの位の量の飼料が使われているか検討してみよう．牛肉，豚肉，鶏肉，また，卵，牛乳の生産量から，それを生産するのに必要な飼料穀物量を計算することができる．ここでは1kgの食肉を生産するのに牛肉で8kg，豚肉で4kg，鶏肉で2.5kg，卵2.5kg，また，牛乳1kgを生産するのに1kgの穀物が必要であるとした（Smil, 2000）．この仮定から求めた飼料用穀物量を図10.6(a)に示す．牛肉と牛乳は放牧によっても生産されているが，ここで示した値はそのすべてを飼料用穀物から生産した場合の量に相当する．

図10.6(a)を見ると，牛乳を生産するために最もたくさんの飼料用穀物が使われている．2003年において，牛乳の生産には6億1,600万tもの穀物が用いられることになるが，これは牛肉の4億6,400万t，豚肉の3億9,400万t，鶏肉の1億6,500万t，卵の1億5,400万tを大きく上まわっている．むろん，先ほど述べたように牛乳のすべてが穀物から生産されるわけではない．放牧や牧草により生産される割合も大きい．ただ，牛乳の生産にかなりの穀物が使用されていることは確かと思われる．

全畜産物を生産するために必要とされる穀物は1961年には7億2,000万t

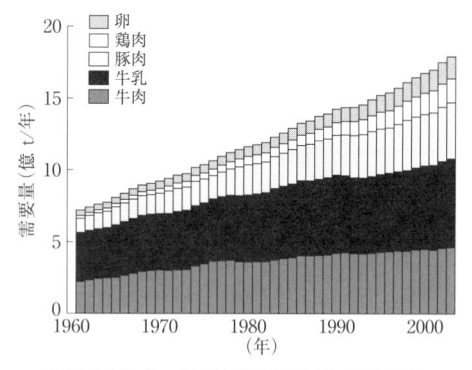

図 10.6(a)　世界の飼料用穀物の需要量

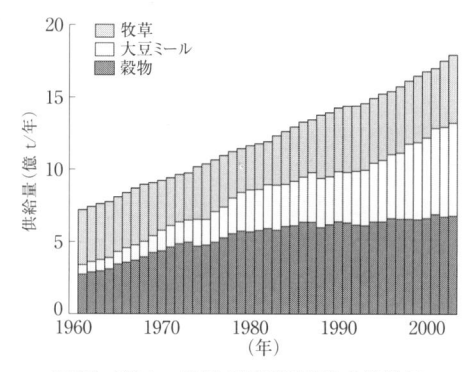

図 10.6(b)　世界の飼料用穀物の供給量

であったが，2003 年には 17 億 9,000 万 t に増加している．42 年間の間に 2.5 倍に増加したことになる．特に豚肉，鶏肉，卵を生産するための増加が著しい．

　ここまでは需要側からの推定であるが，では，この需要を満たすためにどんな試料が供給されているのであろうか．図 10.6(b) には飼料の供給量を示す．ここで大豆ミールは穀物重量に換算している．大豆ミール 1 kg が飼料用穀物 5.1 kg に相当するとした．これは，大豆ミールのタンパク質含有量がトウモロコシの 5.1 倍であるためである．2003 年に用いられた大豆ミールは穀物に換算すると 6 億 4,400 万 t になり，同年において使用された飼料用穀物の量とほぼ等しい．

　図 10.6(b) を見ると，飼料用穀物の供給量が伸び悩み，それに代わって大

豆ミールの供給量が急増している様子がよくわかる．ここで，図10.6(a)に示した穀物需要は，飼料用穀物と穀物に換算した大豆ミールの供給量の合計を上まわっているが，この差は牧草などにより供給されたと考えられる．その量は穀物に換算して，2003年において4億6,900万tになっている．

図10.6(b)を見ると，牧草などによる供給量は1961年以降さほど増えていないことがわかる．2003年の供給量は1961年の1.2倍である．牛肉や羊肉の生産量が伸びていないことはすでに述べたが，これは放牧などによる飼料の供給が限界に達しているためと考えられる．よく考えてみると，放牧は海洋から魚を獲ってくることとさほど変わりがない．その基本となる草地における牧草の成長を自然に任せているためである．自然から収奪的に食肉を生産することは，1961年の時点においてすでに限界に近づいていたと思われる．

図10.6(a)，図10.6(b)を見ると，1961年以降に食肉の生産量が順調に増加した理由が，穀物や大豆ミールの大量使用にあることがわかる．特に，1980年以降，大豆ミールの貢献が顕著である．

10.3.2 飼料用需要予測

図10.6(a)と図10.6(b)を見ていると，2050年において必要とされる飼料の量が見えてくる．世界では意外に多くの飼料が牛乳を生産するために用いられているが，牛乳の需要は西洋での需要が減少し，人口が増える東洋での需要の増大が限定的なものであることから，その飼料需要が大きくは増加することはない．同様に，牛肉の需要も伸び悩んでいるから，その飼料需要も増えないと思われる．

一方，豚肉と鶏肉，特に鶏肉を生産するための飼料の需要は増加する．ただ，図10.6(a)を見ればわかるように，鶏肉を生産するための飼料は牛乳や牛肉に用いているものに比べればはるかに少ないから，今後，鶏肉の生産が増加しても，飼料全体の需要が大幅に増加することにはならない．また，卵の需要も増加するが，それが飼料需要全体に与える影響は鶏肉と同様に軽微であろう．

供給側を見ると穀物による供給が低迷している．また先に述べたように牧草などによる供給もさほど増えていない．それに対して，大豆ミールの供給量が急増している．現在の傾向が続くなら，2050年時点では大豆ミールの供給が

増大している一方，穀物による供給は現状から若干増えた程度である可能性が高い．また，牧草による供給は現状維持が続くと考えられる．図10.6(b)を見ても，飼料用穀物需要の伸びは著しく鈍化しており，2050年において飼料用穀物需要が増大し世界が食料危機に陥るとする説は，説得力に乏しいことが理解されよう．

次に飼料としてのトウモロコシと大豆ミール需要が今後どのようなものになるか，いくつかの仮定を置いて，具体的な数値を求めてみよう．

2003年において，世界全体では6億7,900万tの飼料用穀物と1億2,600万tの大豆ミールを使用している．この大豆ミールはタンパク質含有量で換算すると6億4,400万tの穀物に相当するから，穀物に換算すると合計13億2,000万tが使用されていることになる．

2003年における飼料用穀物量と食肉生産量の比率は3.62であったが，今後もこの比率が変化しないと仮定すると，食肉需要量から飼料用穀物必要量を計算することができる．人口を中位推計とした場合，飼料用穀物需要は2030年において19億6,000万t，2050年では22億7,000万tと計算される．この需要は穀物と大豆ミールに分かれよう．

第2章で述べたように，1980年代に入ると飼料用穀物の消費量が伸び悩み，代わって大豆ミールの使用量が増加している．このため，1990年以降，飼料用穀物の年平均増加量は464万tと小さな値にとどまっている．ここでは，この増加傾向が今後も継続すると仮定し，残りの需要は大豆ミールに置き換わるとした．結果を図10.7に示す．これは人口を中位推計とした場合であるが，2050年における飼料の必要量は大豆ミール2億6,800万t，穀物8億9,700万tである．穀物が大豆に置き換わるため，飼料用穀物需要はさほど増加しない．2050年の大豆ミール需要量は2003年の2.1倍，飼料用穀物は1.3倍となる．

飼料のなかで大豆ミールが占める割合は年々増加している．FAOデータから計算すると，2003年において大豆ミールと飼料用穀物の重量比は19%であったが，畜産において先進地域である西ヨーロッパにおいて，その比は25%になっている．その西ヨーロッパでも，重量比は増加する傾向にある．図10.7では，2050年において大豆ミールと飼料用穀物の重量比は30%になるが，これはこれまでの傾向から考えると妥当なものといえよう．

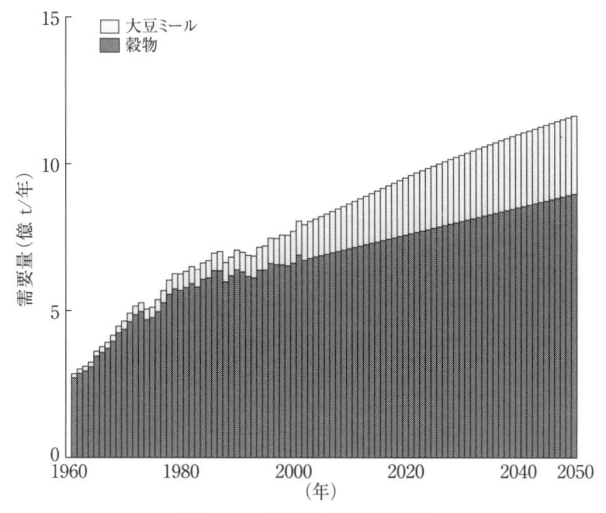

図 10.7　世界の飼料需要量

10.3.3　食用需要予測

穀物は飼料にされるとともに，食用としても用いられる．第 2 章でも検討したが，2005 年における，世界平均の一人当たりの食用穀物の量は 224 [kg/年] である．一人当たりの食用穀物消費量は 1961 年から 1980 年頃までは徐々に増加していたが，その後やや減少し現在に至っている．

ここで，2004 年以降の値は 2005 年と同様に 224 kg であるとして，人口の予測値から 2050 年にどれほどの穀物が食用として必要となるか求めた．結果を図 10.8 に示す．食用としての穀物は 2003 年において 14 億 1,000 万 t 消費されているが，人口を中位推計とすると 2030 年には 18 億 3,000 万 t，2050 年には 20 億 2,000 万 t に増加する．

しかしながら，1990 年代以降の実績を見るとき，世界の食用穀物の消費量はすでに横ばい傾向を強めている．これは，一人当たり穀物消費量が減っているためである．動物性タンパク質や動物性・植物性油脂の消費量が増えるにしたがい，世界平均においても一人当たり消費量は減る傾向にあり，これが消費量全体の伸びを抑制している．

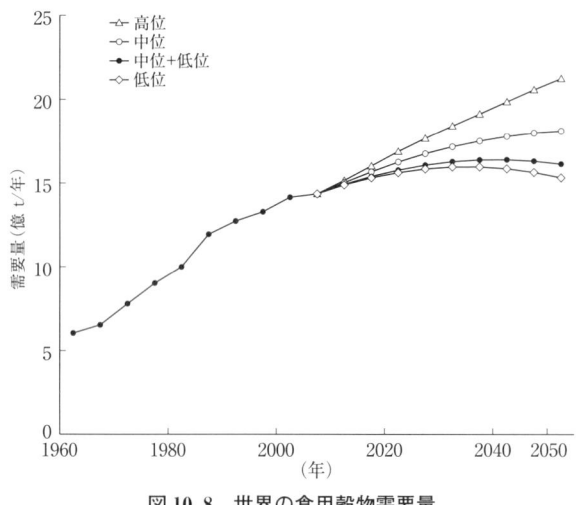

図 10.8 世界の食用穀物需要量

　このように一人当たり消費量が減少するため，実際の食用穀物需要は図 10.8 に示す値より小さくなる可能性が高い．今後，世界平均の一人当たり食用穀物の消費量が毎年 0.5 kg ずつ減少し続けると仮定すると，2050 年の需要量は人口予測を中位推計とした場合には 18 億 1,000 万 t に，また，中位＋低位シナリオとした場合には 16 億 2,000 万 t となる．2050 年の食用穀物の需要は 2005 年に比べて，2.1 億 t から 4 億 t 程度の増加にとどまる可能性が高い．その増加は人口を中位推計とした場合でも，急激なものにはならない．

10.3.4 栽培面積と単収

　食料としての需要に飼料としての需要 9 億 t を加えると，2050 年における穀物需要量は 25 億 t から 27 億 t 程度と推定される．2005 年における世界の穀物栽培面積は 6 億 8,600 万 ha であるから，今後も栽培面積が同じであると考えると，2005 年に 3.3 [t/ha] であった世界平均の穀物単収を，2050 年には 3.7 [t/ha] から 4.0 [t/ha] に増大させる必要が生じる．これは過去の増勢から考えるとき，十分達成可能な範囲にある．

　第 2 章で見たように世界の穀物単収はこれまで順調に増加してきたから，その増加傾向が継続すると考えると，単収は 2050 年において，現在の西ヨーロ

ッパの水準である 6.9［t/ha］程度にまで上昇する可能性も十分に存在する．もし，単収が西ヨーロッパなみになった場合，世界の穀物の栽培面積は 3.6 億 ha から 3.9 億 ha に減少する．これは 2050 年頃において，世界に膨大な余剰農地が生じることを意味する．

第 1 章で論じたように，現在においても休耕地と考えられる土地が北米を中心に存在するが，穀物需要が大きく伸びないなかで単収が増加する可能性が高いから，世界中により多くの休耕地が発生する可能性がある．経済面での検討を抜きにすれば，ここでエネルギー用作物を生産することが可能となる．第 9 章で東南アジアにおける水田を利用したエネルギー作物の生産に言及したが，同様の可能性は広く世界に存在する．ここで，問題となるのは，次節で検討するエネルギー作物の価格の問題である．

〈コラム：21 世紀の米貿易〉

2004 年において，西アジアとサハラ以南アフリカでは 1,210 万 t の米が輸入されているが，近年，その量は毎年約 50 万 t のペースで増えている．このまま増え続けると，2050 年の輸入量はどのくらいになるのであろうか．これを一人当たり消費量の増加と人口増加の両面から考えてみよう．

西アジアとサハラ以南アフリカの合計人口は 2005 年に 10 億 4,000 万人であったが，中位推計では 2050 年には 22 億 5,000 万人になるとされる．西アジアとサハラ以南アフリカは，世界でも人口増加率が高い地域である．2004 年において，この両地域の一人当たり輸入量は 11.9 kg であった．もし，一人当たり輸入量が一定としても，人口の増加により両地域の 2050 年の輸入量は 2,680 万 t になる．一方，この地域の一人当たりの輸入量は少しずつ増え続けている．近年は平均で年 0.22 kg ずつ増加しているが，このペースで増えると，2050 年の一人当たりの輸入量は 21.8 kg になる．これを 2050 年の人口に乗ずると，両地域の総輸入量は 4,900 万 t にもなる．

西アジアとサハラ以南アフリカでは，米の消費は増加する傾向にあり，今後，輸入量が増加することは確実であろう．ここでは簡単な見積もりを行ったが，輸入量が 2,680 万 t から 4,900 万 t 程度になることは十分に考えられる．この量は，現在米を輸出している東南アジアと南アジアの合計生産量である 3 億 5,000 万 t（2005 年）の 8% から 14% 程度に相当する．

米の単収は 2005 年において，東南アジアが 3.8［t/ha］，南アジアが 3.1［t/

ha] といまだ低い水準にある．第5章でも検討したが，今後も両地域の米単収は順調に増加していくだろう．また，第9章で述べたが，東南アジアでは所得の向上にともない一人当たり米消費量が減少する国も出始めており，このことから西アジアやサハラ以南アフリカの米需要の増大が，米の需給を逼迫させることにはつながらないと考える．しかし，西アジアやサハラ以南アフリカからの米需要は米の価格暴落を防止し，東南アジアや南アジアの米作農民の所得改善にはある程度は貢献しよう．だが，東南アジアや南アジアの農村が米景気に沸く，という水準にはほど遠いと考える．

10.4 バイオマスエネルギー生産と食料生産の競合

バイオマスエネルギーの利用が食料生産と競合する可能性が指摘されている．ここでは，エネルギー作物の価格からこの問題を考えてみよう．

10.4.1 原料価格

バイオエタノールなど作成するには，その原料となるエネルギー作物が必要になる．ここでは，原料となる作物の価格を石油の価格と比べてみよう．図10.9は，石油1tと同じ熱量を有するバイオエタノールやディーゼル油を生産するために必要なエネルギー作物の価格を示したものである．図中には比較のために石油の価格も示した．

ここで原料の価格は次のように推定した．現在，トウモロコシ1tからエタノールを340 l 生産することができる（表4.1）．エタノールの比重を0.789，その有する熱量を石油の70%とすると，トウモロコシ1tからできるエネルギーは石油188 kgに相当する．

なお，トウモロコシは1tで 3.6×10^6 kcalのエネルギーを有している．これに対して石油1tが有するエネルギーは 1.0×10^7 kcalである．今後も技術開発によりその効率は向上するであろうが，その効率を最大に向上させてもトウモロコシ1tからは石油360 kgに相当するエネルギーしか取り出せない．転換は必ずロスをともなうから，現状はすでに相当高い水準に達している．

穀物の輸出価格については図7.4に示したが，図7.4を見るとトウモロコシの価格は1970年代初頭に急騰した後，1974年から2004年までの30年間は

10.4 バイオマスエネルギー生産と食料生産の競合 271

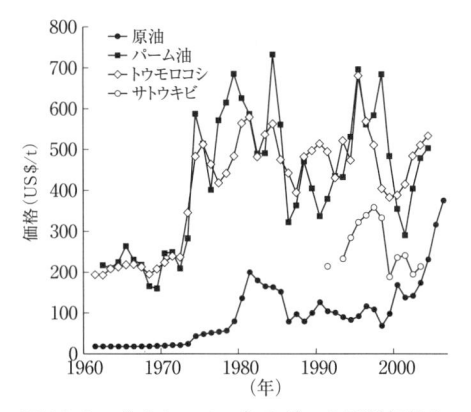

図 10.9 バイオマスエネルギーの原料価格と原油価格の比較

農産物輸出価格は輸出総額を輸出総量で除すことにより求めた．

105 ［ドル/t］から 178 ［ドル/t］の幅のなかで推移している．一般に，輸出価格は生産者価格より高いが，米国のトウモロコシについて両者の関係を調べると，生産者価格は輸出価格の 71% であった（FAO データより計算，1991 年から 2003 年の平均）．ここでは輸出価格の 71% が生産者価格であるとした．そのように仮定すると 1974 年から 2004 年までのトウモロコシの生産者価格は 75 ［ドル/t］から 126 ［ドル/t］となる．生産者価格とトウモロコシ 1 t からできるバイオエタノールの量から原料価格を求めることができる．

サトウキビの場合には 1 t から現在約 80 l のエタノールが生産できる（表 4.1）．トウモロコシの場合と同様の方式で換算すると，サトウキビ 1 t から石油 44 kg に相当するエネルギーが生産できることになる．

ここで，サトウキビの価格であるが，サトウキビは砂糖として交易されるため，サトウキビそのものの輸出価格は存在しない．ここでは FAO データに記載がある生産者価格を利用することにした．なお，生産者価格については 1991 年以降のデータしか入手できなかった．ブラジルは世界のサトウキビの 33%（2005 年）を生産している．そのブラジルにおけるサトウキビの生産者価格は 2003 年において 9.4 ［ドル/t］であった．これは，サトウキビを生産している他の国の価格より大幅に安い．生産量世界第 2 位はインドであるが，そ

の生産者価格は FAO データでは 19.2［ドル/t］であり，また 3 位の中国は 35.0［ドル/t］，4 位のタイは 10.8［ドル/t］である．ちなみに，日本の価格は 174［ドル/t］であり，日本においてサトウキビを用いてバイオエタノールを製造することは，価格の面において非現実的なものである．トウモロコシの場合と同様に，生産者価格とサトウキビ 1 t からできるとバイオエタノールの量から原料価格を求めることができる．

　パーム油原料の価格は，パーム油が石油の 90% の熱量を有しているものとして求めている．パーム油はエタノールなどに転換する必要がないので，これがそのまま原料価格になる．

　図 10.9 を見ると 21 世紀に入って石油価格が高騰するまで，バイオマスエネルギーの原料価格は石油価格を大幅に上まわっていたことがわかる．トウモロコシから製造したバイオエタノールとパーム油については，1991 年以前の価格も示したが，1970 年代の石油ショック時にバイオマスエネルギーが注目されながら実用化されなかった理由が，この図から理解されよう．バイオマスエネルギーはその原料代だけでも，石油に比べて割高だったのだ．実際には，エタノール製造のための費用も必要になるから，石油からできるエネルギーとの価格差は図 10.9 に示したもの以上になろう．

　ただ，21 世紀に入って石油価格が高騰してからは，サトウキビから生産したバイオエタノールだけは石油に対して価格競争力を有している．サトウキビの原材料費を 9.4［ドル/t］とすると，サトウキビからできるエネルギーの価格は石油換算で 214［ドル/t］となる．これは 34［ドル/バレル］に相当している．石油の価格が 40［ドル/バレル］を上まわる時代には，ブラジルで製造されるバイオエタノールは石油に十分対抗できるものになっている．

10.4.2　食料との競合

　ここで，パーム油を例に食料との競合問題を考えてみたい．パーム油は 2001 年の輸出価格 261［ドル/t］であったが，これは石油価格に換算すると 46［ドル/バレル］となるから，サトウキビから生産されるバイオエタノールに次いで有力なバイオマスエネルギーと考えられる．ただ，近年，顕著になった傾向であるが，石油価格が上昇するとパーム油やトウモロコシなどの市場に

も投機資金が流入し，その価格も上昇する（岩出ら，2007）．パーム油の輸出価格は2004年には453［ドル/t］，すなわち80［ドル/バレル］になっているから，石油に対して優位に立っているとはいえない．トウモロコシの価格にも同様の傾向が見える．

　パーム油の価格は1984年に659［ドル/t］まで価格が上昇したこともあり，化学製品の原料や食用としての需要が高いことを考えると，その輸出価格は上昇し易いともいえる．この1984年にパーム油の価格が659［ドル/t］になっていることは，食料との競合を考える場合重要である．この価格は石油に換算すると116［ドル/バレル］に相当する．図10.9を見ればわかるように，パーム油は食用油のなかでは安いといっても，石油よりはかなり高価である．パーム油製造業者は，それが食用として用いられようと燃料として用いられようと，高く買ってくれる方へ売るはずである．そう考えれば，石油価格が100［ドル/t］の時代になっても，パーム油の価格は過去の変動の範囲に収まることになる．いい換えれば，石油価格が100［ドル/t］の時代になっても，そのことによりパーム油が過去よりも手に入りにくくなるとはいえない．

　石油価格が100［ドル/バレル］程度で推移する限り，トウモロコシから作ったエタノールやパーム油をエネルギーとして使用することは，補助金を得ることができない限り難しいと考える．採算の合うエネルギーとして生産量が増大するのは，ブラジルでサトウキビから生産されるバイオエタノールだけと考える．

　投機的な資金が流入し，一時的に穀物価格やパーム油価格が高騰することがあっても，それはバイオマスエネルギーの価格競争力を削ぐことになるから，高い穀物価格やパーム油価格が定着することはない．その意味では，燃料としての利用が原因で，農作物の価格が長期間にわたり高騰することはない．石油価格が100［ドル/バレル］程度で推移する限り，食料の価格が過去の変動の範囲を大きく超えて暴騰することはないであろう．

　だた，図10.9を見ればわかるように，石油の価格が上がるとトウモロコシやオイルパームの価格も上昇する．これは，バイオマスエネルギーがブームになり，先ほど述べたように投機的な資金が流入しているためと考えられる．このことにより，食料価格が上昇するなら，その点においてバイオマスエネルギ

274　第10章　食料生産の未来

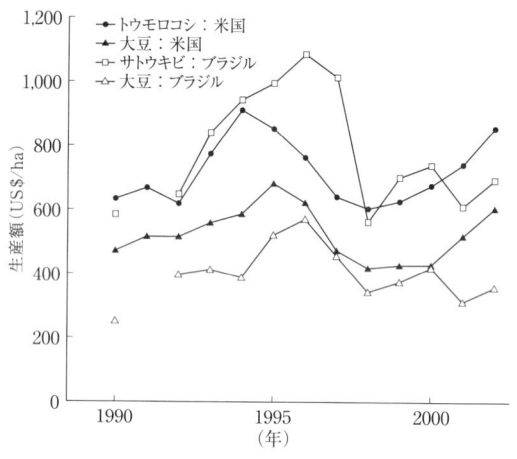

図10.10　単位面積当たりの生産額

ーは食料と競合しているといえるのかもしれない．

　農民は最も利益が得られる作物を栽培することを望み，作物が何に用いられるかは問わないことを念頭に置いて，次に単位面積当たりの売上額に着目し検討を行うことにする．生産者価格に単収を掛け合わせると，単位面積当たりの売上額が得られる．実際には，この金額から種子や肥料，またはトラクターなどの減価償却費を引いた金額が農家の手取りになる．

　図10.10には米国におけるトウモロコシと大豆，またブラジルにおけるサトウキビと大豆の面積当たりの売上額を示す．ブラジルではサトウキビ，また，米国ではトウモロコシの方が単位面積当たりの売上額が多い．ブラジル，米国ともにそれぞれサトウキビ，トウモロコシを栽培すると，1 ha から 600 [ドル/ha] から 800 [ドル/ha] 程度の売り上げが得られる．ブラジルのサトウキビ価格は 9.42 [ドル/t] と極めて安かったが，サトウキビの単収が 73.7 [t/ha] と極めて大きいため，ブラジルの農家にとってサトウキビは魅力ある作物になっている．

　ここでは売上の 1/2 が農家の収入になると仮定しよう．米国では経営規模が 100 ha から 200 ha の農家が一般的であるから，1 ha からの利益を 350 [ドル/ha] とした場合，100 ha を有する農家は年間 35,000 [ドル/戸]，また，200 ha

を有する農家は70,000［ドル/戸］の収入となる．この結果は，第6章での農業生産額から推定と大枠において一致する．

ブラジル農家の経営規模は小規模から大規模まで広範囲分布している．小規模農家は淘汰されて減少しているとされるから，今後，ブラジルのサトウキビ経営の規模は米国のトウモロコシ農家などと同様に大規模が中心になっていくと考えられる．

9.4［ドル/t］と安い価格で生産しても，ブラジル農家にとってサトウキビの生産は魅力的なものであり続ける可能性が高い．この点からもブラジルにおけるサトウキビ生産とそれを利用したエタノール生産は拡大していくと考えられる．

10.4.3　2050年におけるバイオマスエネルギー

ブラジルにおけるサトウキビから生産されるエタノールは，10.4.1でも触れたように石油に対して競争力があり，また，サトウキビを栽培することは単位面積当たり多くの売上額を得ることにもつながっている．また，第4章で検討したように，ブラジルには熱帯雨林を伐採しないで栽培面積を増大できる可能性が多く残されていることから，ブラジルにおけるサトウキビ生産量は増大していくことになる．

ただ，ブラジルでサトウキビが安価に生産できる理由の1つは，大土地所有制とそこで低賃金で働く人々がいるためともいわれる．エネルギー作物としてサトウキビが増産されることは，ブラジルの社会問題を一層深刻化させるとの声も耳にするようになっている．

また，ブラジルは中国への大豆輸出国であり，今後の世界の食料基地として最も期待されている国である．そのブラジルがエタノールを作り，他の農産物を作らなくなる事態は，世界の食料生産全体へ影響をおよぼすことにもなろう．ただ，その場合もブラジルの農民にとって，サトウキビの生産よりも大豆の生産が魅力的になれば，大豆が生産されることになるから，一方的にサトウキビが生産され，食料が生産されないという事態は考えられない．図10.10を見る限り，石油の価格が100［ドル/バレル］程度で推移するなら，ブラジルの農業はサトウキビも大豆も作り続けていくことになろう．

米国におけるトウモロコシからのエタノールの生産は，石油の価格が100［ドル/バレル］程度であるなら，その生産が飛躍的に増大する可能性は少ないと考える．むろん，補助金や税制上の優遇措置などにより増産されることは考えられるが，これが実行されるケースは，米国国内で石油以外のエネルギーを生産できるとする政治的メッセージ以外のなにものでもない．米国の財政事情を考えるとき，補助金や税制上の優遇措置が長く続くとは思えない．

ただ一方で，トウモロコシを利用したバイオマスエネルギーは，米国にとって貿易上，都合がよいことになっている．米国は8,700万t（2004年）もの穀物を輸出しているからである．1980年頃には輸出量が1億tを超えている年もあったが，第6章で見たように1970年代初頭において穀物価格が急騰したとき，米国の農業生産額も急増している．2004年において米国が穀物輸出により得た金額は114億ドル（1ドル120円として1兆3,600億円）であったから，バイオマスエネルギーブームを利用して，この価格を50%上昇させると57億ドルもの儲けになる．米国にとって，補助金を与えながらトウモロコシからエタノールを生産することは，産油国に対する牽制になるとともに，貿易上でもメリットがある．米国の戦略はなかなかしたたかである．

第6章で検討したように，日本において安価な穀物を作ることは，その構造上不可能である．農家が土地を無料で提供し，それをボランティアが耕作すれば話は別であるが，そのようなことで生産できる穀物には限りがあろう．見方を変えれば，日本におけるバイオマスエネルギーブームは，米国の戦略にはまってしまっているといえなくもない．日本は穀物の多くを米国から輸入しており，2004年における穀物輸入額は60億ドルであったから，これが50%高騰すると30億ドルも余計に支払わなければならないことになる．むろん，第7章で見たように日本の貿易総額から見れば小さな額であるが，それでも1ドル120円として年間3,600億円も余計に支払うことになる．バイオマスエネルギーブームにより日本から米国にお金が流れている．

パーム油については，現在，マレーシアとインドネシアが主な生産地であるが，両国において生産されるパーム油をエネルギーとして大量に用いることは難しいと考える．理由としては，本章で見たようにそれが石油に比較して高価であることも挙げられるが，西アジアや南アジアの国々での食用油需要が旺盛

であることも大きいと考える．西アジアには石油収入により豊かな国もあるが，南アジアの国々は現在でも貧しい．これらの国が食用油として求めているものを燃料として用いることは，倫理的な面からの非難を受けることになろう．またパーム油の生産は熱帯雨林の保護運動と対立するため，特にインドネシア，マレーシアではエネルギーに使用する分まで増産することは難しいと考える．今後，インドネシア，マレーシアで増産されるパーム油の多くは西アジアや南アジアの食用需要を満たすことに使われることになろう．ただ，今後，ブラジルやコンゴ民主共和国などにおいてパーム油が大量に生産される可能は残っている．しかし，これらの国でも生産が拡大すれば熱帯雨林の保護運動との摩擦が予想される．このような状況のため，パーム油の生産は流動的であり，今後を予想することは難しい．

また，本書ではLCA（ライフサイクルアセスメント）に関連した議論に深入りはしないが，4.3.1でも述べたようにバイオマスエネルギーを生産するためにはかなりのエネルギーが必要であり，地球環境対策として特に優れているわけではない．このことについては，石油ショックの後の第一次バイオマスエネルギーブームと呼べる時期において，すでに指摘されていることである（久保田，1987）．

バイオマスエネルギーは地球環境問題への切り札というよりも，経済的に見合う範囲で推進すべきものと考える．そう考えると，本書で見たように，バイオマスエネルギーの原料価格は石油に比べてかなり高価であり，実用化されるものは一部にとどまろう．前回のバイオマスエネルギーブームは，石油価格が下落した局面で沈静化した．昨今のバイオマスエネルギーに関する論議も，前回のブームと同様の過程をたどる可能性が高いと考える．

〈巻末付表〉

　本書で検討した地域と国の人口，農地面積，農地 1 ha 当たりの人口を以下にまとめる．
（人口は 2005 年，農地面積は 2003 年のデータ）

付表 1　全世界・西洋・東洋

地域名 国名	人口 (1000 人)	農地面積 (1000 ha)	1 ha 当たりの人口 (人)
全世界	6,445,605	1,539,099	4.2
西洋	1,156,676	614,802	1.9
東洋	3,974,609	562,718	7.1

付表 2　東アジア・東南アジア

地域名 国名	人口 (1000 人)	農地面積 (1000 ha)	1 ha 当たりの人口 (人)
東アジア	1,516,879	165,532	9.2
中華人民共和国	1,315,844	154,850	8.5
日本国	128,085	4,736	27.0
朝鮮民主主義人民共和国	22,488	2,900	7.8
大韓民国	47,817	1,846	25.9
モンゴル国	2,646	1,200	2.2
東南アジア	555,815	95,380	5.8
ブルネイ・ダムサラーム国	374	17	22.0
カンボジア王国	14,071	3,807	3.7
インドネシア共和国	222,781	34,400	6.5
ラオス人民民主共和国	5,924	1,031	5.7
マレーシア	25,347	7,585	3.3
ミャンマー連邦	50,519	10,981	4.6
フィリピン共和国	83,054	10,700	7.8
シンガポール共和国	4,326	2	2,162.8
タイ王国	64,233	17,687	3.6
東ティモール民主共和国	947	190	5.0
ベトナム社会主義共和国	84,238	8,980	9.4

付表3 南アジア・西アジア

地域名 国名	人口 (1000人)	農地面積 (1000 ha)	1ha当たりの人口 (人)
南アジア	1,453,495	202,835	7.2
バングラデシュ人民共和国	141,822	8,419	16.8
ブータン王国	2,163	128	16.9
インド	1,103,371	169,739	6.5
モルディブ共和国	329	13	25.3
ネパール王国	27,133	2,490	10.9
パキスタン・イスラム共和国	157,935	20,130	7.8
スリランカ民主社会主義共和国	20,743	1,916	10.8
西アジア	294,098	70,876	4.1
アフガニスタン・イスラム共和国	29,863	8,048	3.7
バーレーン王国	727	6	121.1
キプロス共和国	835	140	6.0
イラン・イスラム共和国	69,515	18,248	3.8
イラク共和国	28,807	6,019	4.8
イスラエル国	6,725	428	15.7
ヨルダン・ハシミテ王国	5,703	400	14.3
クウェート国	2,687	18	149.3
レバノン共和国	3,577	313	11.4
オマーン国	2,567	80	32.1
カタール国	813	21	38.7
サウジアラビア王国	24,573	3,798	6.5
シリア・アラブ共和国	19,043	5,421	3.5
トルコ共和国	73,193	26,013	2.8
アラブ首長国連邦	4,496	254	17.7
イエメン共和国	20,975	1,669	12.6

付表4　オセアニア・太平洋諸島

地域名 　国名	人口 (1000人)	農地面積 (1000 ha)	1 ha 当たりの人口 (人)
オセアニア	24,184	51,307	0.5
オーストラリア連邦	20,155	47,935	0.4
ニュージーランド	4,028	3,372	1.2
太平洋諸島	8,027	1,546	5.2
フィジー諸島共和国	848	285	3.0
キリバス共和国	99	37	2.7
マーシャル諸島共和国	62	10	6.2
ミクロネシア連邦	110	—	—
ナウル共和国	14	0	—
パラオ共和国	20	—	—
パプア・ニューギニア	5,887	875	6.7
サモア独立国	185	129	1.4
ソロモン諸島	478	77	6.2
トンガ王国	102	26	3.9
ツバル	10	2	5.2
バヌアツ共和国	211	105	2.0

付表5　ヨーロッパ

地域名 国名	人口 (1000人)	農地面積 (1000 ha)	1 ha 当たりの人口 (人)
北ヨーロッパ	24,636	8,044	3.1
デンマーク王国	5,431	2,274	2.4
フィンランド共和国	5,249	2,218	2.4
アイスランド共和国	295	7	42.1
ノルウェー王国	4,620	873	5.3
スウェーデン王国	9,041	2,672	3.4
西ヨーロッパ	249,660	41,348	6.0
オーストリア共和国	8,189	1,462	5.6
ベルギー王国	10,419	—	—
フランス共和国	60,496	19,573	3.1
ドイツ連邦共和国	82,689	12,040	6.9
アイルランド	4,148	1,184	3.5
リヒテンシュタイン公国	35	4	8.6
ルクセンブルク大公国	465	—	—
オランダ王国	16,299	944	17.3
スイス連邦	7,252	433	16.7
イギリス	59,668	5,708	10.5
南ヨーロッパ	123,303	35,567	3.5
アンドラ公国	67	1	67.2
ギリシャ共和国	11,120	3,831	2.9
イタリア共和国	58,093	10,697	5.4
マルタ共和国	402	11	36.5
モナコ公国	35	—	—
ポルトガル共和国	10,495	2,311	4.5
サン・マリノ共和国	28	1	28.1
スペイン	43,064	18,715	2.3
バチカン市国	—	—	—
東ヨーロッパ	119,777	43,889	2.7
アルバニア共和国	3,130	699	4.5
ボスニア・ヘルツェゴビナ	3,907	1,101	3.5
ブルガリア共和国	7,726	3,534	2.2
クロアチア共和国	4,551	1,584	2.9
チェコ共和国	10,220	3,299	3.1
ハンガリー共和国	10,098	4,804	2.1
マケドニア旧ユーゴスラビア共和国	2,034	612	3.3
ポーランド共和国	38,530	12,901	3.0
ルーマニア	21,711	9,872	2.2
セルビア・モンテネグロ	10,503	3,717	2.8
スロバキア共和国	5,401	1,564	3.5
スロベニア共和国	1,967	202	9.7

付表6　旧ソ連・北アフリカ

地域名 国名	人口 (1000人)	農地面積 (1000 ha)	1 ha 当たりの人口 (人)
旧ソ連（ヨーロッパ）	210,711	170,980	1.2
ベラルーシ共和国	9,755	5,681	1.7
エストニア共和国	1,330	561	2.4
ラトビア共和国	2,307	1,850	1.2
リトアニア共和国	3,431	2,985	1.1
モルドバ共和国	4,206	2,143	2.0
ロシア連邦	143,202	124,373	1.2
ウクライナ	46,481	33,387	1.4
旧ソ連（アジア）	73,924	36,052	2.1
アルメニア共和国	3,016	560	5.4
アゼルバイジャン共和国	8,411	2,012	4.2
グルジア	4,474	1,066	4.2
カザフスタン共和国	14,825	22,686	0.7
キルギス共和国	5,264	1,365	3.9
タジキスタン共和国	6,507	1,057	6.2
トルクメニスタン	4,833	2,266	2.1
ウズベキスタン共和国	26,593	5,040	5.3
北アフリカ	154,321	28,095	5.5
アルジェリア民主人民共和国	32,854	8,215	4.0
エジプト・アラブ共和国	74,033	3,424	21.6
リビア・アラブ国	5,853	2,150	2.7
モロッコ王国	31,478	9,376	3.4
チュニジア共和国	10,102	4,930	2.0

付表7 東アフリカ・西アフリカ

地域名 国名	人口 (1000人)	農地面積 (1000 ha)	1ha当たりの人口 (人)
東アフリカ	228,487	48,488	4.7
ジブチ共和国	793	1	793.1
エリトリア国	4,401	565	7.8
エチオピア連邦民主共和国	77,431	11,769	6.6
ケニア共和国	34,256	5,212	6.6
ソマリア民主共和国	8,228	1,071	7.7
スーダン共和国	36,233	17,420	2.1
タンザニア連合共和国	38,329	5,100	7.5
ウガンダ共和国	28,816	7,350	3.9
西アフリカ	263,631	83,255	3.2
ベナン共和国	8,439	2,917	2.9
ブルキナ・ファソ	13,228	4,900	2.7
カーボベルデ共和国	507	49	10.3
コートジボワール共和国	18,154	6,900	2.6
ガンビア共和国	1,517	320	4.7
ガーナ共和国	22,113	6,385	3.5
ギニア共和国	9,402	1,750	5.4
ギニア・ビサウ共和国	1,586	550	2.9
リベリア共和国	3,283	602	5.5
マリ共和国	13,518	4,700	2.9
モーリタニア・イスラム共和国	3,069	500	6.1
ニジェール共和国	13,957	14,500	1.0
ナイジェリア連邦共和国	131,530	33,400	3.9
セネガル共和国	11,658	2,507	4.7
シエラレオネ共和国	5,525	645	8.6
トーゴ共和国	6,145	2,630	2.3

付表 8 　中央アフリカ・南アフリカ

地域名　　国名	人口 （1000 人）	農地面積 （1000 ha）	1 ha 当たりの人口 （人）
中央アフリカ	110,285	24,766	4.5
ブルンジ共和国	7,548	1,355	5.6
カメルーン共和国	16,322	7,160	2.3
中央アフリカ共和国	4,038	2,024	2.0
チャド共和国	9,749	3,630	2.7
コンゴ民主共和国	57,549	7,800	7.4
コンゴ共和国	3,999	547	7.3
赤道ギニア共和国	504	230	2.2
ガボン共和国	1,384	495	2.8
ルワンダ共和国	9,038	1,470	6.1
サントメ・プリンシペ民主共和国	157	55	2.8
南アフリカ	148,080	40,625	3.6
アンゴラ共和国	15,941	3,590	4.4
ボツワナ共和国	1,765	380	4.6
コモロ連合	798	132	6.0
レソト王国	1,795	334	5.4
マダガスカル共和国	18,606	3,550	5.2
マラウイ共和国	12,884	2,590	5.0
モーリシャス共和国	1,245	106	11.7
モザンビーク共和国	19,792	4,580	4.3
ナミビア共和国	2,031	820	2.5
セーシェル共和国	81	—	—
南アフリカ共和国	47,432	15,712	3.0
スワジランド王国	1,032	192	5.4
ザンビア共和国	11,668	5,289	2.2
ジンバブエ共和国	13,010	3,350	3.9

付表 9　北米・中米

地域名 国名	人口 (1000 人)	農地面積 (1000 ha)	1 ha 当たりの人口 (人)
北米	330,481	227,615	1.5
カナダ	32,268	52,115	0.6
アメリカ合衆国	298,213	175,500	1.7
中米	180,813	42,165	4.3
ベリーズ	270	102	2.6
コスタリカ共和国	4,327	525	8.2
エルサルバドル共和国	6,881	910	7.6
グアテマラ共和国	12,599	2,050	6.1
ホンジュラス共和国	7,205	1,428	5.0
メキシコ合衆国	107,029	27,300	3.9
ニカラグア共和国	5,487	2,161	2.5
パナマ共和国	3,232	695	4.6
アンティグア・バーブーダ	81	10	8.1
バハマ国	323	12	26.9
バルバドス	270	17	15.9
キューバ共和国	11,269	3,788	3.0
ドミニカ国	79	21	3.8
ドミニカ共和国	8,895	1,596	5.6
グレナダ	103	12	8.6
ハイチ共和国	8,528	1,100	7.8
ジャマイカ	2,651	284	9.3
セント・クリストファー・ネービス	―	―	―
セント・ルシア	161	18	8.9
セント・ビンセント・グレナディーン諸国	119	14	8.5
トリニダード・トバゴ共和国	1,305	122	10.7

付表 10 　南米

地域名 　国名	人口 (1000 人)	農地面積 (1000 ha)	1 ha 当たりの人口 (人)
南米	374,997	120,734	3.1
アルゼンチン共和国	38,747	28,900	1.3
ボリビア共和国	9,182	3,256	2.8
ブラジル連邦共和国	186,405	66,600	2.8
チリ共和国	16,295	2,307	7.1
コロンビア共和国	45,600	3,850	11.8
エクアドル共和国	13,228	2,985	4.4
ガイアナ協同共和国	751	510	1.5
パラグアイ共和国	6,158	3,136	2.0
ペルー共和国	27,968	4,310	6.5
スリナム共和国	449	68	6.6
ウルグアイ東方共和国	3,463	1,412	2.5
ベネズエラ・ボリバル共和国	26,749	3,400	7.9

参考文献・参考ウェブサイト

カバーの図
Kawashima, H. and Okamoto, K (1999): *Global distribution of arable land, cereal yield and nitrogen fertilizer use*, システム農学, vol. 15 (1), pp. 73-76.

はじめに
福岡克也監修 (2004):『地球環境データブック 2004-05』ワールドウォッチジャパン.
正井泰夫監修 (2006):『世界地図』成美堂出版.
Alexandratos, N. (editor) (1995): *World agriculture: Towards 2010*, John Wiley & Sons Ltd, Baffins Lane, Chichester.
Brown, L. R. (1996): *Tough Choice*, W.W. Norton & Company, New York. (邦訳は，今村奈良臣訳 (1996):『食糧破局』ダイヤモンド社)
Brown, L. R. (2004): *Outgrowing the Earth*, W.W. Norton & Company, Inc., New York. (邦訳は，福岡克也監訳 (2005):『フード・セキュリティー；だれが世界を養うのか』ワールドウォッチジャパン)
Bruinsma, J. (editor) (2003): *World agriculture: Towards 2015/2030*, Earth Publication Ltd, London.
FAO (2005): *Statistical Databases* CD-ROM, FAO, Rome.
Huntington, S. P. (1996): *The Clash of Civilizations and the Remaking of World Order*, Simon & Schuster New York. (邦訳は，鈴木主税訳 (1998):『文明の衝突』集英社)
International Food Policy Research Institute (1995): *A 2020 Vision for Food, Agriculture, and the Environment*, IFPRI, Washington D.C..
Mitchell, D. O., *et al.* (1997): *The World Food Outlook*, Cambridge University Press. (邦訳は，高橋五郎訳 (1998):『世界食料の展望』農林統計協会)

第 1 章
石弘之 (2003):『世界の森林破壊を追う』朝日新聞社.
石弘之 (1998):『地球環境報告 II』(岩波新書), 岩波書店.
樫尾昌秀 (1998):『東南アジアの森—自然を読め！』ゼスト.
八田貞夫他 (2005):『タイ国 北部イサーンに光を』いなもと印刷.

堀米庸三編（1975）：『生活の世界歴史〈6〉中世の森の中で』河出書房新社.
湯元貴和（1999）：『熱帯雨林』（岩波新書），岩波書店.
Carter, V. G. and T. Dale（1973）：*Topsoil and Civilization*, University of Oklahoma Press.（邦訳は，山路健訳（1995）：『土と文明』家の光協会）
FAO（2005）：*State of the World's Forest 2005*, FAO, Rome.
Ponting, C.（1991）：*A Green History of the World*, A.P. Watt Ltd.（邦訳は，石弘之・京都大学環境史研究会訳（1994）：『緑の世界史（上）（下）』朝日新聞社）
東京都総務局ウェブサイト：http://www.soumu.metro.tokyo.jp/index.htm
IIASA ウェブサイト：http://www.iiasa.ac.at/Research/LUC/GAEZ/index.htm?sb=6

第2章

谷野陽（1997）：『人にはどれほどの土地がいるか』農林統計協会.
農林水産省総合食料局（2006）：『食料需給表　平成16年度』農林統計協会.
Mitchell, B.（1998）：*International Historical Statistics*, Macmillan Reference Ltd.（邦訳は，中村宏・中村牧子訳（2001）：『マクミラン新編世界歴史統計［1］ヨーロッパ歴史統計1750-1993』東洋書林）.

第3章

辛島昇・江島恵教・小西正捷・前田専学・応地利明監修（1992）『南アジアを知る事典』平凡社.
中華人民共和国国家統計局（2006）：『中国統計年鑑』中国統計出版社.
農林水産省統計部（2007）：『第81次農林水産省統計表』農林統計協会.
安延久美他（2000）：「ベトナム，メコンデルタにおける農畜水複合経営と部門規模」，農業経営研究，第38巻，第2号，pp. 1-13.
Cho, K. and Yagi, H.（Editors）（2001）：*Vietnamese Agriculture under Market-Oriented Economy*, The Agriculture Publishing House, Hanoi-Vietnam.
Smil, V.（2000）：*Feeding the World*, Massachusetts Institute of Technology.（邦訳は，逸見謙三・柳澤和夫訳（2003）：『世界を養う』農山漁村文化協会）
Worm, B., *et al.*（2006）：*Impacts of Biodiversity Loss on Ocean Ecosystem Services*, Science, Vol. 314, pp. 787-790.

第4章

大聖泰弘・三井物産株式会社編（2004）：『図解　バイオエタノール最前線』工業調査会.
坂井正康（1998）：『バイオマスが拓く21世紀エネルギー』森北出版.

日本エネルギー学会編（2002）：『バイオマスハンドブック』オーム社.
日本経済新聞（2007）：「バイオマス燃料の光と影（上）（下）」，『日本経済新聞』2007年6月18日，6月25日朝刊.
日本経済新聞（2007）：「インドネシア，パーム油生産世界一」，『日本経済新聞』2007年6月28日朝刊.
Bassam, E. E. (1998): *Energy Plant Species*, James & James (Science Publisher) Ltd., London. （邦訳は，横山伸也・石田祐三郎・沢山茂樹訳（2004）：『エネルギー作物の事典』恒星社厚生閣）
Department of Energy (2007): *International Energy Outlook*, US Department of Energy, Washington DC.
International Energy Agency (2004): *Key World Energy Statistics*, IAE, Paris.
Kavanagh, E. (editor) (2006): *Looking at Biofuels and Bioenergy*, Science, Vol. 312, pp. 1743-1748.
Pimentel, D. and Patzek, T.W. (2005): *Ethanol Production Using Corn, Switchgrass, and Wood ; Biodiesel Prodction Using Soybeans and Sunflower*, Natural Resources Research, Vol. 14, No. 1, pp. 65-76.

第5章

川島博之（2001）：「食料の生産・消費過程におけるゼロエミッション社会の構築は可能か？」，環境科学会誌，第14巻(2)，ゼロエミッション特集号(2)，pp. 221-229.
川島博之（2006）：「窒素循環から持続可能な社会を考える」，日本水文科学会誌，第36巻(3)，pp. 123-135.
久保田宏・伊香輪恒夫（1978）：『ルブランの末裔』東海大学出版会.
鈴木宣弘（2005）：『食料の海外依存と環境負荷と循環農業』筑波書房.
高橋英一（1991）：『肥料の来た道帰る道―環境・人間問題を考える』研成社.
長塚節（1950）：『土』（新潮文庫），新潮社.
Centre for Monitoring Indian Economy (1991): *Agricultural Production in Major States*, Economic Intelligence Service, India.
Shindo, J., et al. (2003): *A model based estimation of nitrogen flow in the food production-supply system and its environmental effects in East Asia*, Ecological Modelling, Vol. 169, pp. 197-212.
Shindo, J., et al. (2006): *Prediction of the environmental effects of excess nitrogen caused by increasing food demand with rapid economic growth in eastern Asian countries, 1961-2020*, Ecological Modelling Vol. 193, pp. 703-720.
Shiva, V. (1991): *The Violence of the GREEN REVOLUTION*, Third World

Network.（邦訳は，浜谷喜美子訳（1997）:『緑の革命とその暴力』日本経済評論社）

The World Bank（2006）: *World Development Indicators 2006* CD-ROM, The World Bank.

第6章

天児慧・石原亨一・朱建栄・辻康吾・菱田雅晴・村田雄二郎編（1999）:『岩波現代中国事典』岩波書店.

生源寺眞一・藤田夏樹・八木宏典・谷口信和・森建資（1993）:『農業経済学』東京大学出版会.

神門善久（2006）:『日本の食と農』NTT出版.

水野和夫（2003）:『100年デフレ—21世紀はバブル多発型物価下落の時代』日本経済新聞出版社.

Kennedy, P.（1987）: *The Rise and Fall of the Great Powers*, Random House, Inc., New York.（邦訳は，鈴木主税訳（1993）:『大国の興亡（上，下）』草思社）

Todaro, M. P. and Smith, S. C.（2003）: *Economic Development Eighth Edition*, Pearson Education Limited.

第7章

Cohen, J. E.（1995）: *How Many People Can the Earth Support?*, W.W. Norton & Company, Inc., New York.

Mitchell, B. R.（1988）: *British Historical Statistic*, Cambridge University Press.（邦訳は，犬井正監訳・中村壽男訳（1995）:『イギリス歴史統計』原書房）

第8章

安藤淳平・小田部廣男（1991）:「リン資源の現状と資源リサイクル」，下水汚泥資源利用協議会誌，Vol. 14（No. 53），pp. 40-46.

西尾道徳（2005）:『農業と環境汚染』農山漁村文化協会.

Oki, T. and Kanae, S.（2004）: *Virtual water trade and world water resources*, Water Science & Technology, Vol. 49（7），PP. 203-209.

World Bank（1995）: *Earth Faces Water Crisis*, World Bank, Washington D.C..

World Resources Institute（1998）: *World Resources 1998-99—A Guide to the Global Environment*, Oxford University Press, Oxford.

第9章

川島博之他（1997）:「東南アジアにおける余剰水田を利用したエネルギー作物生産」

環境科学会誌 Vol. 20（4），pp. 279-289.

中華人民共和国国家統計局編（2006）:『中国統計年鑑 2006』中国統計出版社.

ブラジル日本商工会議所編，小池洋一・堀坂浩太郎・三田千代子・佐藤美由紀・西沢利栄・西島章次・桜井敏浩監修（2005）:『現代ブラジル事典』新評論.

本郷豊（2002）:「ブラジル・セラード農業開発―日伯セラード農業開発協力事業と今後の展望及び課題」，熱帯農業，Vol. 46（5），pp. 364-372.

李家正文（1987）:『糞尿と生活文化―21 世紀のスカトロジー』泰流社.

Brown, L.R. (1995): Who will feed China?, W.W. Norton & Company, New York. （邦訳は，今村奈良臣訳（1995）:『だれが中国を養うのか』ダイヤモンド社）

Fuller, F., et al. (2000): Reconciling Chinese Meat Production and Consumption Data, Economic Development and Culture Change, pp. 23-46, The University of Chicago.

Ma, H., et al. (2004): China's Livestock Statistics, An Analysis of Discrepancies and Creation of New Series, pp. 445-473, Economic Development and Culture Change, The University of Chicago.

Okamoto, K., et al. (1998): Estimation of flood damage to rice production in North Korea in 1995, Int. J. Remote Sensing, Vol. 19（2），pp. 365-371.

Steels, K.W. and Vallis, I. (1988): The Nitrogen Cycle in Pastures, in Advances in Nitrogen Cycling in Agriculture Ecosystems, pp. 274-291, The Cambrian News Ltd., Aberystwyth.

第 10 章

阿藤誠（2000）:『現代人口学―少子高齢社会の基礎知識』日本評論社.

岩出卓也他（2007）:「コスト面からみた東南アジアにおけるバイオエタノール生産実現の決定要因」，システム農学，Vol. 23 別号 2，pp. 49-50.

久保田宏編（1987）:『選択のエネルギー』日刊工業新聞社.

日本経済新聞社編（2006）:『人口が変える世界―21 世紀の紛争地図を読み解く』日本経済新聞社.

若林敬子（1989）:『中国の人口問題』東京大学出版会.

United Nations, Department of Economic and Social Affairs Population Division (2005): World Population Prospects The 2004 Revision CD-ROM, United Nations.

また，関連する部分を明示しなかったが，下記の文献も参考にした.

世界の食料問題に関連して

天笠啓祐（2004）:『世界食料戦争』緑風出版.

荏開津典生（1994）:『「飢餓」と「飽食」―食料問題の十二章』（講談社選書メチエ

(20)），講談社.
江藤隆司（2002）：『"トウモロコシ"から読む世界経済』（光文社新書），光文社.
大賀圭治（1998）：『2020年世界食料需給予測』農山漁村文化協会.
大賀圭治（2004）：『食料と環境』岩波書店.
小田紘一郎（1991）：『データブック世界の米』農山漁村文化協会.
小田紘一郎（1999）：『新データブック世界の米—1960年代から98年まで』農山漁村文化協会.
久馬一剛（1997）：『食料生産と環境—持続的農業を考える』化学同人.
小西誠一（1994）：『地球の破産—人口・環境・資源をめぐる21世紀のシナリオ』（ブルーバックス），講談社.
「食糧生産と環境」編集委員会（1994）：『食糧生産と環境』日本学術協力財団.
辻井博（1997）：『世界の食糧不安と日本農業』家の光協会.
中村靖彦（2000）：『農林族—田んぼのかげに票がある』（文春新書），文藝春秋.
日本大学生物資源学部国際地域研究所（1997）：『アジアの農業・食料資源を考える』龍渓書舎.
農林中金研究センター編（1988）：『国際化時代の食料需給—過剰と不足のはざまで』農山漁村文化協会.
原田信男（2006）：『コメを選んだ日本の歴史』（文春新書），文藝春秋.
堀口健治・矢口芳生・豊田隆・加瀬良明（1993）：『食料輸入大国への警鐘』農山漁村文化協会.
森島賢・大賀圭治・中川光弘・金井道夫・小山修（1995）：『世界は飢えるか—食料需給長期展望の検証』農山漁村文化協会.
矢口芳生（1990）：『食料戦略と地球環境』日本経済評論社.
矢口芳生（1998）：『地球は世界を養えるのか—危機の食料連鎖』集英社.
吉田武彦（1982）：『食糧問題ときみたち』（岩波ジュニア新書），岩波書店.
渡部忠世・海田能宏編著（2003）：『環境・人口問題と食料生産—調和の途をアジアから探る』農山漁村文化協会.
Clay, J. (2004): *World Agriculture and the Environment*, Island Press, Washington, DC.
Dyson, T. (1996): *Population and Food*, Routledge, New York.
Lomborg, B. (2001): *The Skeptical Enviromentalist* (English edition), Cambridge University press. (邦訳は，山形浩生訳（2003）：『環境の危機をあおってはいけない—地球環境のホントの実態』文藝春秋)

バイオマスエネルギーに関連して

小泉達治（2007）：『バイオエタノールと世界の食料需給』筑波書房.

山本憲治他（2000）:『バイオエネルギー』ミリオン出版.
横山伸也（2001）:『バイオマスエネルギー最前線―持続社会へむけて』森北出版.
横山伸也編（2003）:『バイオマスで拓く循環型システム―循環バイオ産業の創生』工業調査会.

関連するウェブサイト

FAO : http://www.fao.org/
The World Bank : http://www.worldbank.org/
United States, Department of Agriculture : http://www.usda.gov/wps/portal/usda-home

おわりに

　この本を書くきっかけは，東京大学産学連携本部と三菱総合研究所が行った共同研究「不連続社会の政策決定課題と研究テーマの設定手法について」の中で，世界の食料に関する部分を担当しないかと誘われたことにある．これまで，筆者はアジアを中心に食料生産と環境の関係を研究してきたが，世界全体の食料生産を本格的に研究したことはなかった．ただ，最近，バイオマスエネルギーが脚光を浴びているなかで，世界の食料問題との関連についてモヤモヤとした気持ちを有していたため，本格的に世界の食料生産について考えるよい機会と思い，共同研究に参加することにした．

　わが国には，21世紀に世界が食料危機に陥る可能性が高い，と思っている人が案外多い．地球環境問題を扱う本などでも，「21世紀は人口爆発の時代であり，食料の生産が人口の増加に追いつくか心配」との趣旨が繰り返し語られている．しかし，もし，本当に世界食料危機が到来するのであれば，バイオマスエネルギーなどといっていられないはずである．また，地球環境問題に関連して熱帯雨林の保護も盛んに議論されているが，果たして熱帯雨林の保護とバイオマスエネルギーの生産は両立するのであろうか．バイオマスエネルギーとして注目されるサトウキビやオイルパームの栽培適地は，熱帯雨林と重なっているはずである．そこのところを，多くの人々はどう考えているのであろうか．

　地球環境問題として語られる，世界の食料生産，バイオマスエネルギー，熱帯雨林の保護に関する問題はそれぞれ密接に関連している．それのみならず，世界の食料生産は世界の水需要とも関連している．これらのことは，個別には議論できないはずである．しかしながら，現在の日本には環境問題を統合して研究する分野がない．そのためか，全体は語らず自分の専門分野から見た範囲でのみ地球環境問題を語る，そんな気分が日本に蔓延しているように感じていた．

共同研究への誘いをよい機会と考え，2006年10月からこの研究に集中した．結果的に自然科学から社会科学の領域にまで，素人が首を突っ込んだ内容になってしまったが，世界の食料生産とバイオマスエネルギーという，極めて多くの事象に関わる現象を扱うには，このような手法を取らざるを得なかった．

　本書によって，世界の食料とバイオマスエネルギーの生産に対して，1つの視座を提案できたと思う．また，この作業を行う中で，日本農業を世界の中に位置付ける作業にも，少しは貢献できたのではないかと考えている．ただ，「はじめに」でも述べたが，多くの範囲に手を広げているため，不正確な部分，未熟な部分が多いと思う．忌憚のないご意見を頂ければ幸いである．

　本書を書くきっかけを作っていただいた大学院生時代からの友人でもある東京大学産学連携本部の堀雅文氏に感謝したい．また，筆者のアジア農業に対する見解は，環境省，地球環境研究総合推進費「酸性物質の負荷が東アジア集水域の生態系に与える影響の総合評価に関する研究」（代表，農業環境技術研究所，新藤純子），科学技術振興機構，戦略的創造研究推進事業「人間活動を考慮した世界の水循環水資源モデル」（代表，東京大学生産技術研究所，沖大幹），東京大学がマサチューセッツ工科大学などと共同で行っている研究（AGS：Alliance for Global Sustainability）への参加，および，それらの研究でアジアを中心とした世界の農村を訪ね歩いた体験から生まれた部分が大きい．ここに謝意を表したい．

　データや文献の入手に際しては，秘書の日下京さんを始め，研究室の大学院生諸君の手を煩わせた．特に本田学君には草稿を読んでもらったが，院生の目から見たなかなか手厳しい指摘は，本書を仕上げる上で大いに参考になった．研究室の諸君に謝意を表する．

　最後になってしまったが，本書の刊行に際して，東京大学出版会編集部の薄志保さんから数多くの有益なアドバイスをいただいた．このアドバイスがなければ，本書をこのような形にまとめることはできなかったと思う．こころより感謝したい．

　　2008年4月

　　　　　　　　　　　　　　　　　　　　　　　　　　　川島博之

索　引

【国名・地域名】

ア　行

アイスランド　68
アジア　122
アフリカ　13, 122, 229, 233
アマゾン河流域　7, 243
アラル海　20, 196
アルジェリア　174
アルゼンチン　36, 152, 161, 168, 175
イエメン　173
イギリス　60, 135, 171, 175, 177
イスラエル　173
イタリア　172
イラク　173, 174
イラン　7, 9, 54, 260
インド　29, 52, 62, 91, 97, 107, 120, 147, 155, 186, 231, 232, 240, 247, 253, 260
インドネシア　9, 29, 51, 83, 87, 89, 112, 156, 238, 243, 250, 260, 276
エジプト　111
エチオピア　98
オーストラリア　4, 104, 138, 175, 208, 241
オランダ　172

カ　行

カナダ　138
韓国　169, 173, 175, 219, 221
北アフリカ　233, 234
北朝鮮　173, 223
旧ソ連　158, 165, 188, 210, 230
キューバ　82, 173
コロンビア　173

サ　行

サウジアラビア　166, 173
サハラ以南アフリカ　9, 13, 97, 230
シンガポール　169, 170, 246
スイス　172

スペイン　60, 172

タ　行

タイ　9, 134, 147, 155, 179, 180, 243, 248, 256, 260
大英帝国　176
中国　29, 50, 62, 91, 124, 134, 146, 148, 185, 214, 220, 231, 240, 253
ドイツ　142, 171, 175, 261

ナ　行

ナイジェリア　87, 157
南米　56
西アジア　54
西アフリカ　55
西ヨーロッパ　54
日本　30, 50, 83, 86, 126, 148, 173, 175, 200, 221, 260
ニュージーランド　104, 138, 158
ノルウェー　68

ハ　行

パキスタン　61
パプアニューギニア　38, 87, 89
バングラデシュ　61
パンジャブ州　110
東ヨーロッパ　188
フィリピン　155
ブラジル　20, 30, 36, 82, 93, 161, 168, 209, 240, 271, 274, 275
フランス　27, 126, 133, 135, 142, 149, 175, 254, 261,
米国　30, 56, 126, 133, 135, 138, 147, 155, 161, 165, 179, 202, 240, 255, 261, 274
ベトナム　52, 112, 134, 155, 233, 236, 238, 243, 245, 250
ベネズエラ　173, 174
ペルー　173
ポルトガル　60, 172

索　引　297

マ　行

マレーシア　9, 87, 89, 134, 156, 164, 169, 173, 243, 246, 260, 276
南アフリカ　9, 234
ミャンマー　97, 155, 245
モロッコ　185

ヤ　行・ラ　行

ヨーロッパ　205
リビア　173
ロシア　83, 185

【事項・人名】

ア　行

IIASA　17, 18, 20, 84, 93
アブラヤシ　87
粟　29, 131
イスラム　51, 61, 194, 255
稲わら　77
いも類　32, 36, 73
インディカ米　158
Input（投入量）　17
ヴァンダナ・シバ　110, 113
衛星データ　3
エタノール　73, 76, 85, 118, 270
エネルギー作物　75, 249, 270
エビ　181
FAO　3, 17, 33
オイルパーム　19, 87, 243
大麦　29, 31
オガララ帯水層　205

カ　行

外貨　230
化学肥料　77
拡張可能面積　19
カシの木　49, 54
過剰灌漑　20, 196
化石地下水　205
過放牧　78
灌漑　194, 249
　　——過剰　20
　　——面積　194

気温　19
基盤整備　249
規模拡大　140
キャッサバ　37
休耕地　12, 13, 204, 225
休耕田　12, 244, 250
牛肉　48
牛乳　43, 57, 61, 263
漁業生産　66
近代農業技術への懐疑論　109
グアノ　101
経済
　　——格差　46
　　——危機　51
兼業農家　143
減反政策　13
高位推計　251
降雨量　19
合計特殊出生率　253
高所得層　235
耕地　2
穀物　25, 32, 73, 263
　　——貿易　152, 212
　　——栽培面積　23, 113
　　——自給率　142, 171
　　——単収　27, 227, 232
　　——貿易量　157, 214
コーヒー　237
小麦　27, 29, 30, 61, 177
米　29, 61, 225
　　——栽培面積　203, 245
　　——単収　111, 248
　　——貿易　155, 269

サ　行

菜食主義　53
採草地　12
栽培
　　——適地　17, 84, 93
　　——適地面積　19
　　——面積　23, 28, 34, 268
魚　43, 64
サツマイモ　36
サトウキビ　19, 25, 79, 84, 242
沙漠　4

砂漠　3, 78
サバンナ　210
三圃式農業　101
GIS　17
市街地　21
自給率　6, 152, 166, 171
資源の制約　67
GDP　129
　　一人当たり――　125, 130, 246, 259
シナリオ　262
死亡率　252
JICA　242
ジャガイモ　37
ジャポニカ米　158
収穫面積　10
樹園地　2
取水率　192
取水量　192
狩猟生活　66
純輸入量　153, 154
少子高齢化　256
硝石　101
食肉　43, 47, 48, 50, 217, 219, 221, 258
食文化　46, 70
食料輸入額　178
食用
　　――穀物　41, 267
　　――油消費量　91
食料
　　――との競合　272
　　――危機　226
食糧管理制度　145
飼料　26, 33, 218, 263
　　――消費量　219
　　――用穀物　40
人口
　　――増加率　223
　　――ピラミッド　252
　　――密度　21
新大陸　9
森林　2, 5, 241
　　――破壊　22
　　――面積　15
水牛　57
水産物　65

寿司　71, 222
西洋と東洋　6, 39, 45, 63, 68
セラード　20, 241
セルロース　77
繊維　24
　　――作物　24
総栽培面積　10, 11, 14, 16, 23, 224
草地　2, 3, 5, 265
粗糖　79
粗放農業　104
ソルガム　31

タ 行

大豆　33, 215, 242, 274
　　――需要　221
　　――ミール　33, 219, 264, 266
大土地所有制　275
堆肥　77
卵　43, 44, 62
単収　24, 26, 35, 81, 89, 107, 109, 111, 268
淡水
　　――魚　222
　　――養殖　68, 223
短粒米　158
地下水
　　――汚染　117
　　――の硝酸汚染問題　106
地球温暖化　117
畜産
　　――技術　44
　　――振興　162
窒素
　　――固定細菌　104
　　――投入量　232
　　――肥料　77, 80, 100, 230
　　――肥料投入量　105, 207, 226, 232, 236
　　――肥料貿易量　233
中位推計　251, 258
中山間地　150
沖積平野　7
長粒米　158
地理情報システム　17
ツンドラ　3
低位推計　251
ディーゼル油　73, 270

索　引　299

低賃金　275
甜菜　79
天水田　191
ドイモイ　112
投機資金　204, 272
動物性タンパク質　43, 259
トウモロコシ　29, 30, 76, 270, 274
道路網　140
都市
　——化　21
　——部　217
鶏肉　44, 48, 265

　　ナ　行

尿素　102
熱帯
　——雨林　9, 38, 72, 86, 95, 275
　——地域　15
農業
　——機械　128
　——残渣　77
　——人口　120
　——人口割合　125, 229
　——生産額　129
　集約——　104
農村
　——の過疎化　256
　——部　217
農地　2, 5, 10
　——の拡張　16
　——率　8, 9, 17
農民
　——戸籍　124
　——票　150
農用地　3

　　ハ　行

バイオエタノール　73, 202, 270
バイオマスエネルギー　72, 118, 249, 270, 275
廃棄物　73
バーチャルウォーター　198
ハーバー・ボッシュ法　101
パーム油　87, 271
稗　29, 131
一人っ子政策　254

非農業人口　121
品種改良　17
ヒンドゥー教徒　52
富栄養化　117
豚肉　48, 51, 52, 55, 57
扶養
　——可能人口　7
　——人口　6
プランテーション　94
ブロイラー　44, 51, 132
平地林　21
ペティの法則　131
貿易率　162
放牧　78, 210
牧草　264
補助金　136, 273, 276

　　マ　行

マグロ　70
マルサス　67, 235
ミスキャンタス　78
水資源量　192
緑の革命　28, 110
ミニマムアクセス　158
ミレット　31
木材　95
木質系廃棄物　74
籾　26, 77

　　ヤ　行

野菜　24
　——工場　24
野生動物　66
　——の保護区　210
有機肥料　77
輸出
　——価格　93, 165, 170
　——補助金　206
輸入総額　177
油用作物　73
養殖　67
　——エビ　181

　　ラ　行

ライ麦　29, 31

硫安　102
リン　184
　——鉱石　191
　——資源　184
——肥料　185
ルイスモデル　135
レスター・ブラウン　110, 214, 223

著者略歴

川島博之（かわしま・ひろゆき）
1953 年　東京に生れる
1983 年　東京大学工学系大学院博士課程　単位取得退学（工学博士）
1983 年　東京大学生産技術研究所助手
1989 年　農林水産省農業環境技術研究所主任研究官
1998 年　東京大学大学院農学生命科学研究科助教授
現在　　東京大学大学院農学生命科学研究科准教授

〈主要著書〉
『「食糧危機」をあおってはいけない』（文藝春秋，2009），『東京大学公開講座 74　未来』（共著，東京大学出版会，2002），『バイオマスエネルギーハンドブック』（共著，オーム社，2002）

世界の食料生産とバイオマスエネルギー
2050 年の展望

　　　　　　2008 年 5 月 22 日　初版発行
　　　　　　2009 年 3 月 6 日　第 2 刷

　　　　　［検印廃止］

著　者　川島博之
発行所　財団法人 東京大学出版会
　　　　代表者 岡本和夫
　　　　113-8654 東京都文京区本郷 7-3-1
　　　　http://www.utp.or.jp/
　　　　電話 03-3811-8814　FAX 03-3812-6958
　　　　振替 00160-6-59964
印刷所　三美印刷株式会社
製本所　矢嶋製本株式会社

©2008 Hiroyuki Kawashima
ISBN 978-4-13-072102-8 Printed in Japan

Ⓡ〈日本複写権センター委託出版物〉
本書の全部または一部を無断で複写複製（コピー）することは，著作権法上での例外を除き，禁じられています．本書からの複写を希望される場合は，日本複写権センター（03-3401-2382）にご連絡ください．

宇沢弘文・細田裕子　編
地球温暖化と経済発展
持続可能な成長を考える　　Economic Affairs 9

A5 判・320 ページ・4000 円

石　弘之　編
環境学の技法

A5 判・288 ページ・3200 円

石見　徹
開発と環境の政治経済学

A5 判・256 ページ・2800 円

生源寺　眞一
現代日本の農政改革

A5 判・286 ページ・5000 円

生源寺　眞一
現代農業政策の経済分析

A5 判・368 ページ・5800 円

鳥越皓之
環境社会学
生活者の立場から考える

4/6 判・242 ページ・2400 円

八木宏典　編
経済の相互依存と北東アジア農業
地域経済圏形成下の競争と協調

A5 判・336 ページ・7400 円

泉田洋一
農村開発金融論
アジアの経験と経済発展

A5 判・240 ページ・6200 円

ここに表記された価格は本体価格です．ご購入の際には消費税が加算されますのでご了承ください．